室内健康环境营造技术丛书

面向未来的空气净化技术与测试评价方法

路 宾 冯 昕 主编

中国建筑工业出版社

图书在版编目（CIP）数据

面向未来的空气净化技术与测试评价方法/路宾，冯昕主
编．—北京：中国建筑工业出版社，2020.10
（室内健康环境营造技术丛书）
ISBN 978-7-112-25336-4

Ⅰ.①面…　Ⅱ.①路…②冯…　Ⅲ.①室内空气-空气净化
Ⅳ.①TU834

中国版本图书馆 CIP 数据核字（2020）第 135857 号

　　责任编辑：张文胜
　　责任校对：姜小莲

室内健康环境营造技术丛书
面向未来的空气净化技术与测试评价方法
路　宾　冯　昕　主编

*

中国建筑工业出版社出版、发行（北京海淀三里河路 9 号）
各地新华书店、建筑书店经销
北京科地亚盟排版公司制版
北京富生印刷厂印刷

*

开本：787×1092 毫米　1/16　印张：16　字数：398 千字
2020 年 8 月第一版　　2020 年 8 月第一次印刷
定价：**58.00** 元
ISBN 978-7-112-25336-4
（35930）

序

现代社会中，人们超过80％的时间在各种建筑物内度过，室内空气质量对人体健康有着重要影响，也是当前科学技术领域研究热点之一。室外大气环境空气质量的改善，往往需要控制现代工业活动所产生的各种污染物排放，提升工艺制作水平，加强环保措施，甚至调整国家产业结构以及能源供给结构，进展缓慢，但通过应用各类空气净化措施，室内空气质量可以获得"立竿见影"的改善。

2014年开始，全国多个城市或地区连续出现严重雾霾天气，空气品质尤其是室内空气品质得到社会前所未有的广泛关注，推动了国内空气净化行业及市场的快速发展。从全球空气净化行业发展来看，其市场规模在近15年的年增长率约为6％，总体规模约为500亿美元，而我国市场规模仅2015年、2016年两年间就几乎扩张了1倍。其后，2018年年中开始的非洲猪瘟疫情，推动我国规模以上养殖场所开始安装净化过滤通风系统，当前的新冠肺炎疫情，如同2003年的非典疫情一样，催生出大量的空气净化以及消毒灭菌社会需求。我国是全球第二大经济体，也是拥有全球五分之一人口的庞大市场，巨大并且快速发展的市场需求就像一把双刃剑，既是推动行业迅速发展的强劲引擎，也容易导致众多新技术、新产品未经充分论证、检验就匆忙推向市场，从而导致室内环境没有得到应有改善，反而消耗了不必要的能源以及环境资源。一旦在技术以及产品选择上走了弯路，所带来的过度能源消耗、材料消耗及废弃物所导致的环境负担，将对我国以及全球的能源供给以及环境承载力造成不利影响。更低的能耗、适宜的效率、更小的环境承载需求是空气净化技术在当前也是未来必须要坚持的目标与方向。

中国建筑科学研究院建筑环境与节能研究院（原空调所）是我国最早开展空气净化领域研究工作的科研团队之一，早在20世纪60年代就成功研发出我国第一台玻纤高效过滤器；主持编写了我国空气净化领域大多数产品及工程建设标准，以中英文出版多部学术专著，以中、英、法等多种语言发表相关学术论文上百篇；获多项中、美、欧洲发明专利授权，是目前国内外在相关领域成果最为丰硕、突出的技术团队之一。路宾研究员和冯昕研究员长期从事空气净化领域研究工作，是我国"十一五""十二五"以及"十三五"期间众多空气净化领域相关研发项目的主要参与人，主持编写了《通风系统用空气净化装置》GB/T 34012—2017、《高效空气过滤器》GB/T 13554等相关国家标准，也是国际标准化组织《空气及其他气体净化设备》ISO/TC 142的中方专家，是国内空气净化领域的知名专家。

本书总结了室内空气品质领域"十三五"重点研发课题近三年的最新研究成果，并针对当前肆虐全球的新冠肺炎疫情，增加了环境空气中致病微生物的净化处理与评价技

3

术章节，本书内容将对行业技术人员提供有益的帮助与参考，促进空气净化行业的科学优质发展。

当前我国新冠肺炎疫情防控已取得阶段性重要成效，各行各业逐步恢复生产，人们也逐渐恢复日常生活；但国外的新冠肺炎疫情还远未得到有效的阻断与遏制。我国抗击疫情的阶段性胜利告诉人们，齐心协力、万众一心，人类必将如同战胜历史上无数苦痛经历一样，赢得这场"战疫"胜利！

二〇二〇年四月于北京

前　言

我国对于空气净化处理及评价技术的研究始于 20 世纪 60 年代初，从行业发展历程来看，在发展初期的大约 20 年内，空气净化行业在当时技术信息严重匮乏的条件下重点解决了"从无到有"的问题；在其后的 20 年间，空气净化行业在逐渐孕育发展的市场刺激下逐步加速了发展进程，服务行业也从传统的军工以及核电行业扩展到微电子、医疗卫生、生物制药等众多民用领域。2000 年以后，受以下主要因素推动，空气净化行业市场规模以及相应的技术研发得到了非常迅猛的发展：

第一，大量基础医学、公共卫生以及流行病学研究提升了全社会对于室内空气质量、典型室内污染物与人体健康重要关联性的认识；

第二，2000 年至今，SARS、H1N1、MERS 以及当前新冠肺炎等多起世界规模传染病疫情提升了人们对于科学防范空气传播疾病的认识与需求；

第三，2014 年起全国范围尤其是京津冀地区多次出现空气 $PM_{2.5}$ 重污染天气，将普通民众对于空气污染的了解以及对于净化设备的广泛需求推动至前所未有的高度。

但行业市场需求、规模以及技术研发的快速发展并不等同于科学健康发展，必须关注新技术以及传统技术应用于新技术领域时的有效性、安全性、全生命周期能耗等资源需求以及环境负担。面对这些问题，中国建筑科学研究院会同相关研究单位共同承担"十三五"国家重点研发计划课题"建筑室内空气质量控制关键产品开发（2017YFC0702705）"，并开展相应研究工作。鉴于此，课题组特将课题相关研究成果进行梳理并汇总成书，以期为未来的室内污染控制技术的研发、应用提供有益的借鉴。

本书共分为 11 章，各章主要内容以及主要执笔人分别为：

第 1 章主要介绍了室内外空气质量相关标准，以及我国室内外空气污染现状。结合相关调研报告，分析了我国大型公共建筑、医疗卫生建筑、地下车库以及厨房等常见民用建筑内的主要空气污染物的种类、来源以及危害，并简单介绍了污染物的健康负担。由中国建筑科学研究院张惠、刘芳执笔。

第 2 章根据空气中污染物的不同种类，分别介绍针对颗粒物与气态污染物的净化技术。详细介绍了不同净化技术针对颗粒物或者气态污染物的净化机理以及不同净化技术的发展历程和研究现状，并且对比分析了不同空气净化技术的优缺点，为读者选择合适的空气净化技术提供一定的参考。由吉林建筑大学白莉、郭禹岐、荆钰童执笔。

第 3 章介绍了新型电凝并静电增强过滤装置以及基于该装置的新风净化机的优化设计研究。研制的静电增强过滤装置和新风净化机具有高效低阻的特性，对于降低建筑运行能耗具有重要作用。由远大洁净空气科技有限公司贺建华、张雄，中国建筑科学研究院李剑东执笔。

第 4 章对现有梯度滤料的概念和应用情况进行了介绍，并提出了一种基于反问题求解的新型梯度过滤器的设计方法，能够快速准确的达到设计目标，依据此设计方法完成了梯度过滤器的研制。由武汉第二船舶设计研究所金珍、毛旭敏、钟小普、陈乾、余涛、姜勇执笔。

第 5 章通过讲述新风设备概念、分类、净化原理，对比不同类型新风设备优缺点，详细阐述了新风设备的常用净化技术。在此基础上针对室内污染状况如何对新风设备的净化技术选择、功能模块设计、控制系统设计及结构初步设计及 CFD 技术进行结构优化设计，提供了新风设备整体设计方案。由中国科学院过程工程研究所岳仁亮、江苏中科睿赛污染控制工程有限公司齐丛亮执笔。

第 6 章鉴于空气净化设备在民用建筑应用的重要性，重点介绍了空气净化设备在民用建筑中的应用方式、空气净化设备的性能要求及实际应用中的选型方法，并介绍了长效低阻免维护空气净化预处理技术在重污染场所的应用。由中国建筑科学研究院杨英霞、冯昕执笔。

第 7 章从一般通风系统用空气过滤器和新风净化机两个方面，分别阐述了国内外的标准体系，并指出了现行标准中存在的问题和挑战，并对标准的未来发展提出展望。由中国建筑科学研究院王志勇、侯银燕、冯昕执笔。

第 8 章针对现行国内外标准试验方法体系中，所采纳各种试验粉尘粒径分布特征均与大气尘实际分布特征存在较大差异，难以反映空气净化设备实际运行性能的主要问题，通过开展室外大气尘粒径分布特征调研测试，研究归纳其规律性特征，并在此基础上，提出了基于实际大气颗粒物特征的新型标准试验尘及试验方法。由中国建筑科学研究院冯昕、路宾执笔。

第 9 章在遵循传统的生命周期评价理念和方法的基础上，综合国家发展高端绿色产品制造的要求，以一种新的视野和理念从产品设计阶段评价、生产过程评价、使用评价、售后服务评价和产品废弃处理评价等方面对空气净化装置全生命周期的评价进行了介绍，并对全生命周期综合评价未来工作进行了展望。由中国建筑科学研究院李剑东、徐昭炜、石莹执笔。

第 10 章针对室内环境及净化设备相关检测往往是短期测试，无法实现全过程监测这一问题，展开三部分的探讨。首先，介绍室内空气质量和空气净化设备性能监测平台架构及传感器原理；其次，介绍《建筑室内空气质量监测与评价标准》T/CES 615—2019 标准内容；最后，分别介绍室内空气质量监测和新风机性能监测案例，并对监测数据进行分析。由中国建筑科学研究院王志勇、石莹执笔。

第 11 章针对当前疫情防护需求，概述了国内外主要技术标准中对于环境空气微生物限值要求，传统的空气悬浮微生物处理净化技术的主要技术特点及工作原理，以及各类技术在处理空气悬浮微生物时的主要缺点。同时，本章对传统的微生物采样检测技术、2000 年后新兴发展的紫外激光诱导荧光检测技术的原理与特点，以及当前我国标准体系中空气净化设备微生物去除净化效果的标准评价方法进行了介绍。由中国建筑科学研究院冯昕、路宾执笔。

本书的编写凝聚了编委会所有参编人员和专家的集体智慧，在大家辛苦付出下才得以完成，中国建筑科学研究院路宾、冯昕负责全书的统稿和审校工作，石莹负责全书的筹备和组织工作。由于编写时间仓促，编者水平有限，书中疏漏和不妥之处在所难免，恳请广大读者批评指正！

本书编委会
2020 年 4 月 15 日

目　　录

上篇　面向未来的空气净化技术

第1章 室内环境中的典型污染物

1.1 概述

按国际标准组织（ISO）给出的定义，空气污染是指由于人类的活动和自然灾害引起的某种物质进入空气中，呈现出足够的浓度、达到足够的时间，并因此危害了人体的舒适和健康或危害了环境的现象。

干净的空气被认为是人类健康和发展的基本需求，然而空气污染逐渐成为一个全球的健康威胁。根据世界卫生组织的调查发现，由于室内和室外空气污染而引起的疾病，每年约导致2百万人死亡。而人的日常生活中，约90%的时间在室内度过，因此室内空气质量不仅决定着人们的舒适感觉、生产及工作效率，还与人们的健康息息相关。

20世纪90年代以来，随着我国经济和工业的发展，以及城市化进程的加快，新建建筑开始大量涌现，建筑行业快速发展，住宅建筑装修成风，各种装饰材料、家具以及日用化学品等散发有毒有害物质，而且为了强调节能，现代建筑物的密封性较强，新风量较小，从而导致室内空气污染相当严重，对人体健康造成了一定威胁，导致"病态建筑综合征（Sick Building Syndrome）""建筑相关疾病（Building Related Illness）"等频繁发生。

1.2 国内外室内空气质量标准

世界卫生组织（WHO）颁布的《室内空气质量导则》（*Guidelines for Indoor Air Quality*）[1]，为世界各国制定相关法规提供了重要依据。全球60多名科学家参与到这个项目的研究。报告认为，室内空气中存在的9种主要化学物质对人类身体健康会产生重要影响，过量吸收这些化学有毒物会导致多种疾病，威胁生命。而提高室内空气质量，则可以有效降低人类健康面临的风险。9种化学物质的种类及其浓度限值见表1-1：

WHO颁布的影响人体健康的主要空气污染物　　　　　　　　　　　　　　表 1-1

污染物	浓度	备注
苯	无建议值	空气中苯浓度每增加$1\mu g/m^3$，得白血病的概率增加$6\times10^{-4}\%$； 空气中苯浓度每增加$17\mu g/m^3$、$1.7\mu g/m^3$、$0.17\mu g/m^3$，危害身体健康的风险增加1/10000、1/100000、1/1000000
一氧化碳	$100mg/m^3$（15min） $35mg/m^3$（1h） $10mg/m^3$（8h） $7mg/m^3$（24h）	
甲醛	$0.1mg/m^3$（30min）	
萘	$0.01mg/m^3$（年平均值）	

续表

污染物	浓度	备注
二氧化氮	$200\mu g/m^3$（1h） $40\mu g/m^3$（年平均值）	
多环芳烃	无建议值	苯并芘被认为是多环芳烃的最好单一指示化合物； 苯并芘的浓度每增加 $1ng/m^3$，得肺癌的概率增加 $8.7\times10^{-3}\%$； 空气中苯并芘浓度每增加 $1.2ng/m^3$、$0.12ng/m^3$、$0.012ng/m^3$，得肺癌的风险增加 1/10000、1/100000、1/1000000
氡	无建议值	对不吸烟者来说，空气中氡浓度每增加 $1Bq/m^3$，由氡引起的肺癌致死率增加 $6\times10^{-4}\%$，对吸烟者来说，空气中氡浓度每增加 $1Bq/m^3$，由氡引起的肺癌致死率增加 $1.5\times10^{-2}\%$； 对吸烟者来说，空气中氡浓度每增加 $1670Bq/m^3$、$167Bq/m^3$，危害身体健康的风险增加 1/100、1/1000，对不吸烟者来说，空气中氡浓度每增加 $67Bq/m^3$、$6.7Bq/m^3$，危害身体健康的风险增加 1/100、1/1000
三氯乙烯	无建议值	空气中浓度每增加 $1\mu g/m^3$，致病率增加 $4.3\times10^{-5}\%$； 空气中浓度每增加 $230\mu g/m^3$、$23\mu g/m^3$、$2.3\mu g/m^3$，危害身体健康的风险增加 1/10000、1/100000、1/1000000
四氯乙烯	$0.25mg/m^3$（年平均值）	

WHO 于 2007 年出版 Air Quality Guidelines：Global Update 2005[2]，对可吸入颗粒物（PM_{10} 和 $PM_{2.5}$）、臭氧（O_3）、二氧化氮（NO_2）和二氧化硫（SO_2）浓度限值提出了更严格的要求，适用于世界卫生组织所有区域，并指出可吸入颗粒物的准则可以适用于室内空气质量（表 1-2）。

WHO 所规定的空气污染物限值　　　　　　　　　　　表 1-2

污染物名称		浓度水平	备注
颗粒物	$PM_{2.5}$	$10\mu g/m^3$	年平均值
		$25\mu g/m^3$	24h 平均值
	PM_{10}	$20\mu g/m^3$	年平均值
		$50\mu g/m^3$	24h 平均值
臭氧		$100\mu g/m^3$	8h 平均值
二氧化氮		$40\mu g/m^3$	年平均值
		$200\mu g/m^3$	1h 平均值
二氧化硫		$20\mu g/m^3$	24h 平均值
		$500\mu g/m^3$	10min 平均值

美国《洁净空气法》要求环境保护局制定国家环境空气质量标准（NAAQS），对被认为对公众身体健康及环境状况有害的污染物含量进行了规定。《洁净空气法》将空气标准分为两级，其中一级标准为保护公众健康安全，如保护敏感人群（哮喘病人，儿童及老人）的健康；二级标准为保护公众福利，降低对动植物及建筑物的伤害（表 1-3）[3]。

美国环境空气标准　　　　　　　　　　　表 1-3

污染物名称	一级或二级标准	平均时间	浓度水平
一氧化碳	一级标准	8h	9ppm
		1h	35ppm

续表

污染物名称		一级或二级标准	平均时间	浓度水平
铅		一级和二级标准	3个月平均值	$0.15\mu g/m^3$
氮氧化物		一级标准	1h	100ppb
		一级和二级标准	1年	53ppb
臭氧		一级和二级标准	8h	0.075ppm
颗粒物	PM2.5	一级标准	1年	$12\mu g/m^3$
		二级标准	1年	$15\mu g/m^3$
		一级和二级标准	24h	$35\mu g/m^3$
	PM10	一级和二级标准	24h	$150\mu g/m^3$
硫氧化物		一级标准	1h	75ppb
		二级标准	3h	0.5ppm

在 WHO《室内空气质量导则》（Guidelines for Indoor Air Quality）及 NAAQS 的基础上，美国制定了 ASHRAE62 Ventilation for Acceptable Indoor Air Quality[4]，并提出了"可接受的 IAQ"概念，其定义为：空调房间中绝大多数人没有对室内空气表示不满意，并且空气中已知污染物没有达到可能严重威胁人体健康的浓度。标准中对空气污染物的浓度限值见表1-4：

美国 ASHRAE62 所规定的室内空气污染物限值标准 　　表 1-4

污染物	来源	浓度	备注
一氧化碳	燃料燃烧、停车场、室外大气	9ppm	8h平均值
甲醛	复合板产品、家具、装饰材料	$0.1mg/m^3$（0.081ppm）（30min）	30min
		27ppb（8h）	8h平均值
		76ppb（1h）$94\mu g/m^3$ 27ppb（8h）$33\mu g/m^3$	
铅	漆、室外大气	$1.5\mu g/m^3$	3个月平均值
二氧化氮	燃料燃烧、室外大气	$100\mu g/m^3$	年平均值
		$470\mu g/m^3$	24h平均值
气味	居住者、VOC、厨房	至少80%满意	
臭氧	静电设备、办公设备、臭氧发生器、室外大气	$100\mu g/m^3$（50ppb）	8h平均值
PM2.5	燃烧产物、做饭、蜡烛燃烧、烟、二次悬浮、室外大气	$15\mu g/m^3$	年平均值
PM10	尘、烟、劣质材料、室外大气	$50\mu g/m^3$	年平均值
氡	土壤	4pCi/L	年平均值
二氧化硫	壁炉、室外大气	$80\mu g/m^3$	年平均值

20 世纪 90 年代我国的住房改革发展迅速，由住房改革引起房屋装修的盛行，也由此导致我国室内空气中甲醛等有害物污染问题非常严重。为此，我国先后制定了《民用建筑工程室内环境污染控制规范》GB 50325—2001（该规范已于 2013 年进行了修订）、"室内装饰装修材料有害物质限量"、《室内空气质量标准》GB/T 18883—2002 等相关规范，对

我国城镇室内空气化学污染物污染的改善起到了积极作用。

（1）《民用建筑工程室内环境污染控制规范》GB 50325—2010（2013 年版）[5]

该标准的目的是为了预防和控制民用建筑工程中基本建筑材料和装饰装修材料产生的室内环境污染，保障公众健康，维护公共利益，做到技术先进、经济合理。适用于新建、扩建和改建的民用建筑工程室内环境污染控制。规范中给出浓度限值的室内环境污染物有甲醛、苯、总挥发性有机物、氨、氡 5 项指标。并将民用建筑工程分为两类：Ⅰ类民用建筑是指住宅、老年公寓、托儿所、医院、学校等；Ⅱ类民用建筑是指商场、体育馆、书店、宾馆、办公楼、图书馆、展览馆、文化娱乐场所、公共交通等候室等。见表 1-5。

《民用建筑工程室内环境污染控制规范》GB 50325—2010（2013 年版）规定的
室内主要污染物以及相应浓度限值　　　　　　　　　　　　　　　　表 1-5

污染物	Ⅰ类民用建筑工程	Ⅱ类民用建筑工程
氡（Bq/m^3）	≤200	≤400
甲醛（mg/m^3）	≤0.08	≤0.1
苯（mg/m^3）	≤0.09	≤0.09
氨（mg/m^3）	≤0.2	≤0.2
总挥发性有机物（mg/m^3）	≤0.5	≤0.5

（2）《室内空气质量标准》GB/T 18883—2002[6]

该标准的目的是保护人体健康，改善和控制室内空气污染，适用于住宅和办公建筑物室内环境。室内空气质量标准要求室内空气应无毒、无害、无嗅味。室内空气质量参数指室内空气中与人体健康有关的物理、化学、生物和放射性参数。4 项物理性参数中，温度、湿度必须控制在标准值范围内，新风量和空气流速应大于或等于标准值；其他包括甲醛、苯、氨、可吸入颗粒物、二氧化碳、二氧化硫等 13 项化学性参数，1 项生物性和 1 项放射性参数均应小于或等于标准值。

《室内空气质量标准》GB/T 18883—2002 规定的室内污染物
以及对应浓度限值　　　　　　　　　　　　　　　　　　　　表 1-6

序号	参数类别	参数	单位	标准值	备注
1	物理性	温度	℃	22～28	夏季空调
				16～24	冬季采暖
2		相对湿度	%	40～80	夏季空调
				30～60	冬季采暖
3		空气流速	m/s	0.3	夏季空调
				0.2	冬季采暖
4		新风量	$m^3/(h \cdot 人)$	30	
5	化学性	二氧化硫	mg/m^3	0.50	1h 均值
6		二氧化氮	mg/m^3	0.24	1h 均值
7		一氧化碳	mg/m^3	10	1h 均值
8		二氧化碳	%	0.10	日平均值
9		氨	mg/m^3	0.20	1h 均值
10		臭氧	mg/m^3	0.16	1h 均值
11		甲醛	mg/m^3	0.10	1h 均值

续表

序号	参数类别	参数	单位	标准值	备注
12	化学性	苯	mg/m³	0.11	1h均值
13		甲苯	mg/m³	0.20	1h均值
14		二甲苯	mg/m³	0.20	1h均值
15		苯并芘	ng/m³	1.0	日平均值
16		可吸入颗粒物	mg/m³	0.15	日平均值
17		总挥发性有机物	mg/m³	0.60	8h均值
18	生物性	菌落总数	cfu/m³	2500	依据仪器定
19	放射性	氡	Bg/m³	400	年平均值

为保障市民的健康,我国香港特别行政区于2003年颁布了《办公室及公共场所室内空气质量指引》[7],对室内空气污染物浓度提出来较为严格的限值,该指引适用于所有为满足人体舒适性而装有机械通风或空调系统的建筑物,但不包括住宅建筑、医院建筑及工业建筑。见表1-7。

我国香港室内空气质量规定   表1-7

参数	单位	8h平均	
		卓越级	良好级
室内温度	℃	20至<25.5	<25.5
相对湿度	%	40至<70	<70
空气流动速度	m/s	<0.2	<0.3
二氧化碳	ppmv	<800	<1000
一氧化碳	μg/m³	<2000	<10000
	ppmv	<1.7	<8.7
可吸入悬浮粒子	μg/m³	<20	<180
二氧化氮	μg/m³	<40	<150
	ppbv	<21	<80
臭氧	μg/m³	<50	<120
	ppbv	<25	<61
甲醛	μg/m³	<30	<100
	ppbv	<24	<81
总挥发性有机物	μg/m³	<200	<600
	ppbv	<87	<261
氡气	Bq/m³	<150	<200
空气中细菌	cfu/m³	<500	<1000

1.3 我国室内外空气污染现状

1.3.1 我国室外空气污染现状

(1) 工业污染

由于我国的能源主要依赖于煤炭,而煤炭燃烧过程中往往会导致SO_x、NO_x及颗粒污染物的大量排放。据《2014 中国环境状况公报》[8]显示，2014 年，二氧化硫排放总量为 1974.4 万 t，同比下降 3.40%；氮氧化物排放总量为 2078.0 万 t，同比下降 6.70%。见表 1-8。

2014 年全国废气中主要污染物排放量　　　　表 1-8

二氧化硫（万 t）				氮氧化物（万 t）				
排放总量	工业源	生活源	集中式	排放总量	工业源	生活源	机动车	集中式
1974.4	1740.3	233.9	0.2	2078.0	1404.8	45.1	627.8	0.3

（2）交通污染

不可否认的是，公路运输在旅客运输和货物运输中发挥了重要作用，给人民的生活带来了极大便利，但与此同时，它也成为能源消耗和空气污染的一个重要因素，对交通可持续发展提出了挑战。在能源消耗方面，根据国家统计局的统计资料，在交通运输能耗中，公路运输（包括城市公共交通）约占 51.6%，铁路运输约占 17.2%，水路运输约占 17.3%，航空运输约占 9.7%，其他为管道运输，见图 1-1。在空气污染方面，根据各地的监测数据分析，我国汽车尾气排放量占大气污染源的 50% 以上，在北京、广州等大城市，80% 以上的一氧化碳和 40% 以上的氮氧化物来自汽车尾气排放；此外，温室效应、酸雨的形成、光化学烟雾、臭氧层的破坏等均与道路交通尾气排放有一定的关系[9]。

机动车尾气污染物主要是指燃料不完全燃烧产生的有害氧化物，机动车尾气的成分非常复杂，往往含有数百种不同的物质，主要包括一氧化碳（CO）、碳氢化合物（HC）、氮氧化物（NO_x）、二氧化硫（SO_2）、颗粒物和醛类等。由于汽油发动机和柴油发动机的燃烧机理不同，所以他们排放的尾气污染物的成分也不同，汽油发动机的污染物主要有一氧化碳（CO）、碳氢化合物（HC）和氮氧化物（NO_x）；柴油发动机的污染物主要有碳氢化合物（HC）、氮氧化物（NO_x）和颗粒物。机动车尾气污染物会不同程度地危害人体健康以及植物的生长。

2018 年，全国 338 个地级及以上城市中，121 个城市环境空气质量达标，占全部城市数的 35.8%；217 个城市环境空气质量超标，占 64.2%，见图 1-2。

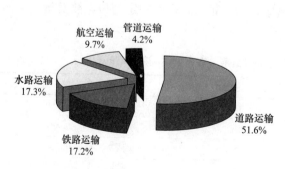

图 1-1　交通运输能源消耗结构图

图 1-2　全国 338 个地级及以上城市空气质量达标情况

338 个城市平均优良天数比例为 79.3%；平均超标天数比例为 20.7%。7 个城市优良天数比例为 100%，186 个城市优良天数比例为 80%～100%，120 个城市优良天数比例为 50%～

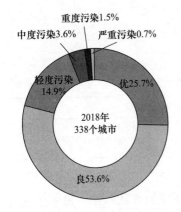

图 1-3　全国 338 个地级及以上城市
环境空气质量各级天数比例

80%，25 个城市优良天数比例低于 50%。

338 个城市发生重度污染 1899 天次，比 2017 年减少 412d；严重污染 822 天次，比 2017 年增加 20d。以 $PM_{2.5}$ 为首要污染物的天数占重度及以上污染天数的 60.0%，以 PM_{10} 为首要污染物的占 37.2%，以 O_3 为首要污染物的占 3.6%，见图 1-3[10]。

1.3.2　我国室内空气污染现状

我国当前的建筑物室内空气质量现状的主要特点为"内忧外患"，即同时受到室内外污染物来源的影响，一方面，从前文总结的环境空气质量现状来看，以 $PM_{2.5}$ 为代表的颗粒污染物为当前大气污染的主要问题，而我国绝大多数公共及民用建筑缺乏针对性的净化处理措施，导致室内 $PM_{2.5}$ 污染问题突出。而另一方面，随着近年来我国城市化进程加快，房地产业迅猛发展，新建建筑不断涌现，大量建筑装饰装修材料和复合材料被制成室内物品使用，其中很多材料会散发较多的化学污染物。我国关于这些材料和物品的有害物限量法规和标准不够完善，而消费者很难鉴定这些材料和物品的环保程度以及对健康的影响，致使很多不合格产品进入市场，并投入使用，引起室内空气污染，对百姓的生活和健康造成危害。

对于颗粒污染物，在缺乏必要净化控制措施的建筑室内环境来说，现有的研究成果表明，室内外细颗粒物浓度呈现出较为明显的关联性，表 1-9～表 1-12 给出了 2013～2014 年在京津地区医疗卫生设施中所进行的调研测试结果，该调研房间虽为医疗卫生设施功能用房，但为诊室、候诊室等普通用房，其通风空调系统的设置与一般公用建筑类似，因此调研结果具有代表性。调研结果显示，当室外细颗粒物浓度水平高时，室内浓度进一步升高，可到达室外浓度的 70%～80%，此时，即使采取关闭门窗等方式仍不能有效阻挡室外颗粒污染物渗透进室内，同时，关闭门窗降低通风换气的措施还会导致室内 CO_2 等气态污染物的聚集，对室内空气质量形成进一步的不利影响。而当室外空气较好时，以医疗卫生设施为代表的公用建筑又因为人员密集，活动频繁，产生一定的粉尘散发量，从而导致室内浓度明显的高于室外环境。

北京地区医院 A 室内 $PM_{2.5}$ 测试结果（室外 $PM_{2.5}$ 浓度 429μg/m³）　　表 1-9

房间名称	室内 $PM_{2.5}$ 浓度（μg/m³）	室内/室外浓度比
骨科诊室	373	0.869
放射科	346	0.807
放射科 2	244	0.569
取药大厅	228	0.531
医生办公室	329	0.767
B 超室	379	0.883
门诊大厅	366	0.853
儿科诊室	407	0.949

续表

房间名称	室内 PM$_{2.5}$ 浓度（$\mu g/m^3$）	室内/室外浓度比
儿科候诊	388	0.904
平均值	**340**	**0.792**

北京地区医院 B 室内 PM$_{2.5}$ 测试结果（室外 PM$_{2.5}$ 浓度 304$\mu g/m^3$） 表 1-10

房间名称	室内 PM$_{2.5}$ 浓度（$\mu g/m^3$）	室内/室外浓度比
大厅	230	0.757
中控	273	0.898
儿科门诊	229	0.753
急诊候诊	209	0.688
机房走廊	186	0.612
机房	167	0.549
值班室	272	0.895
平均值	**224**	**0.736**

北京地区医院 C 室内 PM$_{2.5}$ 测试结果（室外 PM$_{2.5}$ 浓度 10$\mu g/m^3$） 表 1-11

房间名称	室内 PM$_{2.5}$ 浓度（$\mu g/m^3$）	室内/室外浓度比
挂号、收费大厅	27	2.700
血液室	12	1.200
检验科免疫室	14	1.400
儿科门诊	12	1.200
消化门诊	15	1.500
口腔门诊	17	1.700
锅炉房	16	1.600
B 超	22	2.200
内镜	20	2.000
平均值	**17**	**1.722**

天津地区医院 D 室内 PM$_{2.5}$ 测试结果（室外 PM$_{2.5}$ 浓度 48$\mu g/m^3$） 表 1-12

房间名称	室内 PM$_{2.5}$ 浓度（$\mu g/m^3$）	室内/室外浓度比
X 光片室	92	1.917
外科 14 诊室	166	3.458
外科 10 诊室	178	3.708
检验科	76	1.583
主任办公室	72	1.500
检验科休息室（东区）	68	1.417
检验科（西区）免疫室	32	0.667
检验科（西区）微生物室	30	0.625
门诊大厅	69	1.438
平均值	**87**	**1.813**

天津地区医院 E 室内 PM$_{2.5}$测试结果（室外 PM$_{2.5}$浓度 28μg/m³） 表 1-13

房间名称	室内 PM$_{2.5}$浓度（μg/m³）	室内/室外浓度比
门诊大厅	52	1.857
9 诊室	57	2.036
10 诊室	50	1.786
2 诊室	44	1.571
检验大厅	46	1.643
检验大厅（西）	46	1.643
X 片室 8#	46	1.643
平均值	**48.3**	**1.740**

　　对于以苯系物、甲醛以及 TVOC 为代表各类气态污染物，从目前各研究结果来看，其主要的污染物来源仍是居室建筑的装修活动。例如，对北京地区某医院候诊区装修前后的 VOCs 浓度测试显示，装修后主要来自于油漆涂料等的高碳烷烃（C9～C11）浓度增加了 50～100 倍[11]。表 13 总结了刘汝青、原福胜、王怀富、徐国峰等人[12-22]对广州、杭州、太原等不同城市不同建筑的室内空气质量调研测试结果，调研结果表明，对于新装修的房屋，气态污染物的污染情况较为突出，但随着时间的推移，建筑装饰材料中的污染物逐渐散发消散，污染情况会逐步的得到缓解，例如，对于广州地区的监测结果显示，在装修 3 个月以内至 1 年后，甲醛超标率由 90.45％降低至 28.59％，相应的 TVOC 超标率由 25.89％降低至 6.74％。

不同地区不同类型房间污染物超标率（单位:％） 表 1-14

检测城市	研究者	房间类型	甲醛	TVOC	苯	甲苯	二甲苯	装修时间
广州	刘汝青等	居室	90.45	25.89	—	—	—	3 个月内
			85.66	17.96	—	—	—	3～6 个月
			46.68	15.88	—	—	—	6 个月～1 年
			28.59	6.74	—	—	—	1 年后
杭州	张旭慧等	居室	38.7	80.0	2.8	7.5	9.3	装修后未入住
太原	原福胜等	居室	80.0	—	69.5	76.8	77.9	2 年内
莱芜	王怀富等	住宅	100	—				装修中
			100	—				装修 3 个月内
			64.29	—				1 年
			6.25	—				10 年以上
南宁	万逢洁等	居室	74.4	—	2.4	10.5	8.1	新装修
濮阳	徐国锋等	住房	74.29	—	14.3	17.14	17.14	新装修
荆门	范丽等	居室	72.56	—				新装修
兰州	孟宪军	住房	74	55	41			装修 6 年内
梅州	陈梅秀等	住房	41.9	—	29	4.8	33.9	新装修
		宾馆酒楼公共场所	46.3	—	38.8	12.5	42.5	
		办公楼	18.8	—	12.5	0	13.4	
西安	刘俊含等	居室	60.8	69.8	3.1	1.6	8.7	新装修

续表

检测城市	研究者	房间类型	甲醛	TVOC	苯	甲苯	二甲苯	装修时间
阳江	梁雄宇等	自建房	58.12	—	52.5	81.88	40.0	新装修
		商品房	68.33	—	58.33	55	33.33	
		办公场所	25	—	10	10	5	
		公共场所	33.33	—	16.67	16.67	—	

1.4 常见民用建筑物内的主要空气污染物及其危害

1.4.1 大型公共建筑（商场、写字楼等）

现代大型公共建筑的室内空气污染主要来源于装修、办公家具、办公用品以及通风空调系统污染。室内空气品质对人们的身心健康和工作效率有很大影响，特别是一些现代化密闭性强的写字楼，其影响尤其明显。

通过对一些使用面积大的现代化空调办公室进行室内空气测试和调查发现，约60%～70%的工作人员出现了类似病态建筑综合征（SBS）[23]。

广东省建筑材料研究院的邱佳文[24]通过对86个企事业单位的办公写字楼室内环境进行监测采样和实验分析，统计出办公室内空气污染现状，具体数据见表1-15。

86个企事业单位的办公写字楼室内环境监测数据   表1-15

监测项目	甲醛（mg/m³）	氨（mg/m³）	苯（mg/m³）	总挥发性有机物（mg/m³）	氡（Bq/m³）
浓度范围	0.029～0.853	未检出～0.411	未检出～0.374	0.078～3.02	12.8～512
年平均值	0.185	0.108	0.031	0.631	80.6
年超标率	63.9	1.8	3.6	35.6	2.1
评价标准	0.10	0.20	0.11	0.60	400

调查显示，五项主要污染物的浓度值均有超过国家标准。其中，甲醛的年超标率最高，达63.9%，年平均值为0.185mg/m³，超标0.85倍；其次是TVOC，年超标率为35.6%，年平均值为0.631mg/m³，超标0.05倍；其余三项污染物浓度值相对较低，年平均值未超标，年超标率在3.6%以下。

江西省环境监测中心站的张丽等[25]对全省11个城市的公共建筑、居住场所及宾馆内的甲醛含量进行了调查，结果显示全省约76.2%的室内空气中甲醛含量超标。

刘章现等[26]对平顶山市具有代表型的综合商场内的$PM_{2.5}$、PM_{10}浓度进行调查，调查结果见表1-16。

平顶山市具有代表型的综合商场内的 $PM_{2.5}$、PM_{10} 浓度   表1-16

采样点	超标率（%）	
	PM_{10}	$PM_{2.5}$
中原商场	27.6	31.0
商业大楼	13.6	95.5
食品城总店	0	17.6

根据调查结果可以看出，公共场所的内可吸入颗粒物的浓度较高，超标率最高可达95.5%。

李文迪[27]选择上海地区的82户正式投入使用的办公场所，进行室内空气中甲醛、TVOC和苯三项指标的测试，测试结果见表1-17。

82户正式投入使用的办公场所测试结果 表1-17

指标	超标率（%）	
	办公区域	办公室
甲醛	24.5	24.1
总挥发性有机物	11.9	27.7
苯	3.8	3.7

测试结果显示，目前公共建筑内甲醛及TVOC超标严重，苯含量超标率较低，约为3.8%、3.7%。

杨艰萍等[28]在上海6个区随机选着18家三至五星级宾馆为调查对象，其中三、四、五星级宾馆各6家。调查结果见表1-18。

18家三至五星级宾馆调查结果 表1-18

宾馆类别	样本数	二氧化碳合格率（%）	细菌总数合格率（%）	PM_{10}合格率（%）	甲醛合格率（%）
三星级	6	100.0	100.0	100.0	0.0
四星级	6	66.7	100.0	100.0	16.7
五星级	6	66.7	100.0	100.0	33.3
合计	18	77.8	100.0	100.0	16.7

调查结果显示，CO_2及甲醛的合格率最低，分别为77.8%和16.7%，甲醛最高超标2.33倍。6家三星级宾馆甲醛浓度均不合格，6家四星级宾馆仅1家合格，6家五星级宾馆4家不合格。18家宾馆中，所有指标均合格的仅有3家。

综上所述，目前公共建筑内的可吸入颗粒物、甲醛及TVOC含量超标较为严重。

1.4.2 医疗卫生建筑

医院是一个特殊的公共场所，汇集着各种病人，人员流动性非常大，空气中细菌和病毒的浓度比一般室内要高。医院中清洁剂和消毒剂的使用也非常频繁，在一些特殊功能的科室还会使用大量的化学试剂，如福尔马林和二甲苯等。

国家"十二五"科技支撑计划课题"医院建筑绿色化改造技术研究与工程示范"，对既有医院建筑室内空气污染物（$PM_{2.5}$、甲醛、TVOC、微生物）浓度状况进行了调研，调研对象报告三级甲等医院51家、三级医院31家、二级甲等医院12家、二级乙等医院6家[29]。调研结果显示：

（1）各类型功能房间TVOC、甲醛平均浓度基本符合现行国家标准《室内空气质量标准》GB/T 18883—2002中的要求（TVOC不大于$600\mu g/m^3$、HCHO不大于$100\mu g/m^3$），调研结果见图1-4。

（2）室内外$PM_{2.5}$浓度具有明显的关联性。当室外空气较好时，室内浓度均高于室外，室内污染源（人员、设备）对$PM_{2.5}$浓度贡献明显；当室外空气较差时，室外新风经由围护结构渗入室内，其对室内 $PM_{2.5}$ 浓度的影响大于室内自身污染源的影响，同时由于 $PM_{2.5}$ 本身的衰减作用，造成室内浓度略低于室外。大部分科室缺乏降低室内 $PM_{2.5}$ 浓度的能力。

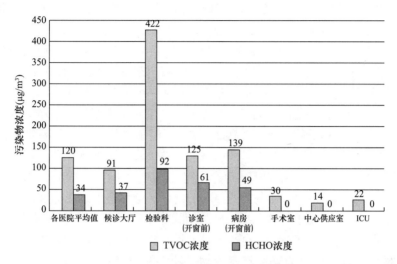

图 1-4 既有医院甲醛、TVOC 调查结果

（3）医院各功能用房悬浮微生物浓度数据统计见表 1-19。

悬浮微生物浓度数据 表 1-19

浮游菌（cfu/m³）	平均值
手术室	25.2
ICU	236.2
中心供应	250.4
检验科	485.7
诊室	556.5
病房	998.3
候诊大厅	1066.0

门诊大厅、候诊区及感染性疾病病区主要特点为人员集中拥挤、流动大，使得空气中气溶胶浓度较高，加之对于既有医院上述区域大部分通风条件较差，使得气溶胶无法被有效稀释，由于细菌附着在空气中的气溶胶上，造成空气中浮游菌含量较高。

对于门诊科室、普通病房、化验室而言，人员集中程度较低，流动量较小，空气中浮游菌含量较之门诊大厅等区域略低。

对于 ICU、中心供应室区域虽存在病患较集中、物品活动度大的现象，但由于该类型区域一般均设置集中式空调系统，通风效果较好，部分区域系统末端风口安装过滤装置，降低了空气中气溶胶的浓度，因此上述区域空气中浮游菌含量较低。

对于洁净手术部区域，由于该区域病患属易被感染群体，要求空调系统除采用集中式空调系统、房间末端加装高效过滤器外，对房间换气次数、压力梯度以及医护人员着装均有较严格的要求，因此，该类型区域空气中浮游菌含量在医院功能用房中最低。

1.4.3 地下车库

地下停车场由于车辆进出停车场刹车、急速及启动时排放了大量没有完全燃烧的尾气，同时，又因处于地下，面积较大，通风性能较差，必须依靠有效的气流组织方能保证车库内的空气质量。我国现行国家标准中并没有对公共地下车库内的各种污染物浓度限值确立明确的规定，只是要求排风系统换气次数不低于 6 次/h，但在实际运行过程中，处于节约费用的考虑，相当部分地下车库的机械通风系统仅保持间歇运行甚至不运行状态，从而导致部分地下车库室内 CO 以及 NO_x 为代表的尾气污染较为严重[30]。

深圳市罗湖区环境保护监测站的王广慧等人[31]，对福田区赛格地下停车场、市民中心地下停车场、罗湖区国贸地下停车场、罗湖商业城地下停车场共 4 个停车场进行了为期 1 年的环境监测，检测项目包括 NO_x、NO_2、SO_2、CO、PM_{10}。调研结果显示：全封闭式停车场氮氧化物超过标准值约 5~6 倍，半封闭式停车场超过标准值约 4 倍；全封闭式停车场一氧化碳大部分较二级标准高出约 3 倍，半封闭式停车场则几乎全部达到二级标准；全封闭与半封闭式二氧化氮区别不大，略高于二级标准；全封闭式停车场可吸入颗粒物超过标准值约 1 倍，半封闭式停车场全部达到二级标准；全封闭与半封闭式停车场二氧化硫均达到二级标准。

陈国平等[32]选取上海市静安区汽车流动量较大的两家宾馆地下车库，监测空气中的 CO、Pb、NO_x 及飘尘浓度，监测结果参照《环境空气质量标准》GB 3095—2012 进行评价，监测结果显示，通过与作为对照的会堂内空气质量比较，两个地下车库 CO 超标最为明显，其中通风较好的车库，CO 最高浓度达 32.5mg/m³，为对照点浓度的 13 倍，而通风较差的车库，CO 最高浓度达 64.2mg/m³，为对照点浓度的 26.7 倍。但对于 NO_x，二者偏差不明显，上述两车库最高浓度分别为对照点浓度的 1.3 倍以及 1.44 倍。与之类似的，田利伟等[48]对北京地区某车库开启以及停止机械通风系统时的污染物浓度比对结果显示，关闭通风系统后，车库内 CO 上升近 3 倍，并超出了现行国家标准 GB/T 18883—2002 所规定的 10mg/m³ 限值要求，但 NO_2 以及 SO_2 则没有显示出明显差异，其中，通风系统开启以及停止状况下，NO_2 浓度分别为 0.020mg/m³ 以及 0.021mg/m³；SO_2 浓度分别为 0.30mg/m³ 以及 0.36mg/m³。

1.4.4 厨房

住宅厨房烹调油烟颗粒是市内空气污染的主要来源之一，厨房设计隐蔽，空间狭小，中式传统烹饪主要利用燃料如煤气、煤、炭等进行蒸、煮、炒、炸、烘、烤和烙制各种食品，在烹饪过程中产生大量污染物，导致厨房内空气污染，而中式烹饪时间长，厨房内新风不足，从而影响人体健康。研究发现，食用油加热过程中至少生成 200 化合物，包括具有致癌性的杂环胺类和 B（a）P 为代表的多环烃类化合物，还有醛、醇、酮脂肪酸等[33-38]，而烹饪所用燃料燃烧一会产生 CO、NO_x 以及颗粒物等污染物。研究发现，中式烹饪对室内 0.5~5μm 的颗粒物浓度贡献率为 30%[39]，中式烧烤会导致 $PM_{2.5}$ 浓度升高，甚至可升高至正常值的 90 倍[40]。

餐饮油烟中含有大量的有毒有害物质，长期暴露于油烟浓度较高的环境下，会对人体呼吸道造成严重伤害，甚至会引起基因突变、DNA 损伤、染色体损伤等严重后果。高玉堂等[41]对上海市 672 例女性肺癌病例分析研究得出烹饪油烟与患肺癌概率具有较高相关性，烹饪时间越长，患癌风险越高。Yin 等[42]的研究表明烹饪油烟中的一些有害物质可引起染色体损伤，是引发肺癌的潜在因素。周美玲等[43]的研究结果显示，烹饪过程中会产生大量的脂溶性化合物，其经呼吸道进入人体，在此过程中可能会产生肝毒性物质，损伤肝脏，并影响人体能量代谢机制。张腾等[44]对餐饮源油烟产生的颗粒物进行的研究表明，烹饪过程中产生的 $PM_{2.5}$ 可比大气北京浓度高出数十倍，其中烧烤产生的 $PM_{2.5}$ 浓度更是可达 $5.7mg/m^3$。不仅如此，餐饮油烟排放到室外后，更是会形成光化学烟雾[45]，甚至有人认为餐饮油烟是继工业废气排放、汽车尾气外导致大气污染的又一元凶[46]。

1.5 常见民用建筑物内的主要空气污染物来源及危害

由上文总结可知，在常见的民用建筑物中，主要空气污染物为

（1）颗粒污染物：主要来自室外空气渗透、侵入；

（2）化学气态污染物：主要来自室内装修装饰材料的使用，其污染情况会随时间推移而逐渐减弱；

（3）氮氧化物：主要为封闭式停车场为代表的一些特殊环境中的特定污染物。

本报告以下将对上述主要空气污染物的来源以及危害性进行简单的总结与描述。

1.5.1 颗粒污染物及其危害

通常把粒径在 $10\mu m$ 以下的气溶胶颗粒物称为 PM_{10}，又称为可吸入颗粒物或飘尘。颗粒物的直径越小，进入呼吸道的部位越深。$10\mu m$ 直径的颗粒物通常沉积在上呼吸道，$5\mu m$ 直径的可进入呼吸道的深部，$2\mu m$ 以下的可 100% 深入到细支气管和肺泡。可吸入颗粒物（PM_{10}）在环境空气中持续的时间很长，对人体健康和大气能见度影响都很大。$PM_{2.5}$ 是指由固体粒子和液态混合组成的、粒径小于 $2.5\mu m$ 的细粒子。$PM_{2.5}$ 气溶胶是典型的大气累积性的复合污染形态。$PM_{2.5}$ 气溶胶的复合污染作用往往超过传统的大气污染物，日益成为表征城市大气污染的首要指标。

（1）来源

室内环境中 $PM_{2.5}$ 来源主要为室内污染源及室外空气渗透两种，其中 $PM_{2.5}$ 的室内污染源主要为室内燃料的燃烧、烹饪过程、装饰材料和家具表面的散发、设备（如复印机、打印机、计算机等）的使用以及空调系统及由人员在室内吸烟、呼吸、咳嗽、走动及打扫等活动导致的粒子再悬浮及粒径的凝聚等。

室内环境中 $PM_{2.5}$ 的浓度与室外空气环境具有很显著的相关性，通过渗透作用由室外进入室内的 $PM_{2.5}$ 占据一定比重。国家"十二五"科技支撑计划课题中《医院建筑室内环境测试与调研分析报告》[29]显示，当室外空气较好时，室内浓度均高于室外，室内污染源（人员、设备）对 $PM_{2.5}$ 浓度贡献明显；当室外空气较差时，室外新风经由围护结构渗入室内，其对室内 $PM_{2.5}$ 浓度的影响大于室内自身污染源的影响，同时由于 $PM_{2.5}$ 本身的衰减作用，造成室内浓度略低于室外。

大气中颗粒物的来源主要有工业排放、煤的燃烧、汽车的尾气和地面扬尘等人为污染源及火山、地震等自然排放源。机动车尾气排放时，由气相变成固相（颗粒物），开始的时候形成的粒径很小，但经过一段时间的相互碰撞后，体积会慢慢增大，形成 $PM_{2.5}$。近

些年由于机动车数量的持续增长，其对 $PM_{2.5}$ 的贡献比例也在不断增加。

（2）危害

$PM_{2.5}$ 由于具有比表面积大的特点，有较强的吸附能力，能够很容易的富集空气中有害有毒的物体，成为空气中细菌、病毒的载体，在其所富集的物体中不仅有多种有机化合物，还包括许多的重金属。

美国环境保护署的研究表明，$PM_{2.5}$ 具有很大的环境活性和危害，哈佛大学的一项研究结果也显示，与 PM_{10} 比较，$PM_{2.5}$ 与死亡率之间的关系更为密切，更具影响力，且由于 $PM_{2.5}$ 的结构特性，能够在大气中悬浮 $7\sim30d$，造成更大范围内的污染。Pope 等[47]在美国 50 个州的近 500000 成人中，进行为期 16 年（1982～1998 年）的研究结果显示，$PM_{2.5}$ 浓度的增加会直接导致人体心、肺相关疾病及总死亡率的增加。且 $PM_{2.5}$ 不仅具有呼吸、心血管和血液系统毒性，还具有生殖系统毒性，可使胎儿发生宫内发育迟缓、低出生体重的风险性增加等。

不同粒径的颗粒物对人身体的危害也不同。等于或大于 $5\mu m$ 的颗粒物一般只可以在上呼吸道滞留，会导致慢性鼻咽炎及慢性气管炎的发生；而小于 $5\mu m$ 的颗粒物，尤其是 $1\sim3\mu m$ 的颗粒物，会通过深入用来做气体交换的肺泡，对人体的心血管、神经系统和呼吸系统产生不同程度的危害，进而对人的身体产生全方面的影响。

《WHO室内空气质量限值》[48]中 $PM_{2.5}$ 的年平均浓度指导限值为 $10\mu g/m^3$，PM_{10} 的年平均浓度指导限值为 $20\mu g/m^3$，随着颗粒物浓度的升高，致病风险有显著升高，如表 1-20 所示。

WHO空气质量指导限值及过渡时期微粒浓度值（年平均值）　　　　表 1-20

	PM_{10}（$\mu g/m^3$）	$PM_{2.5}$（$\mu g/m^3$）	浓度标准依据
过渡时期 1（IT-1）	70	35	长期接触，比 AQG 水平致病风险增加 15%
过渡时期 2（IT-2）	50	25	长期接触，比 IT-1 水平致病风险降低 6%
过渡时期 3（IT-3）	30	15	长期接触，比 IT-2 水平致病风险降低 6%
空气质量指导限值（AQG）	20	10	心肺疾病及癌症的致病风险可降低 95%

越来越多的证据表明[49]，人们对空气污染的健康反应存在地域差异。例如，中国和印度很多人生活在污染严重的工业化城市，导致相关死亡人数很多，但是欧美国家的城市居民面临的相对风险更大。如与中国人暴露在相同的 $PM_{2.5}$ 浓度中，欧美人更容易死于心脏病和急性呼吸道疾病。

污染空气的风险因城市而异。当雾霾浓度激增时，伦敦和纽约居民的死亡风险高于北京居民。与拉合尔或洛杉矶相比，米兰污浊空气中每微克 $PM_{2.5}$ 更有可能含有对人体造成伤害的活性氧（自由基）。中国东部城市，如上海、杭州和南京，随着 $PM_{2.5}$ 浓度增加而增长的居民死亡风险高于中国其他城市的居民。换句话说，这些东部城市每微克 $PM_{2.5}$ 的毒性比中国其他地方更大。北京的冬季雾霾比广州的更致命。

1.5.2　气态污染物及其危害

（1）VOC

VOC（有机挥发物）是有机化合物的总称，美国环境署对其定义为：二氧化碳、碳酸盐等一些参与大气中光化学反应之外的含碳化合物，主要为烃类、卤代烃、氧烃和氮烃，它包括：苯系物、有机氯化物、氟里昂系列、有机酮、胺、醇、醚、酯、酸和石油烃化合物等。而 TVOC 即总挥发性有机化合物，从广义上讲，常温下任何液体或固体挥发出的有机化合物都算是总挥发性有机化合物。现行国家标准《民用建筑工程室内环境污染控制规范》GB 50325—2010 指出 TVOC 为在规范规定的试验条件下测得的空气中挥发性有机化合物的总量。

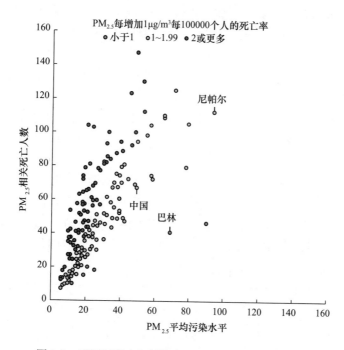

图 1-5 不同国家空气污染中 PM$_{2.5}$ 的健康风险差异性

从定义可以看出 VOC 的种类很多，其单独的浓度很低，一般不逐个表示，以 TVOC 表示其总量。近年来研究表明，尽管大多数 VOC 浓度较低，但多种 VOC 共同存在于室内时，其相互影响，加剧了对人类身体健康的影响。

1）来源

室内来源：

建筑装修材料中的油漆、油漆溶剂、木材防腐剂、涂料、胶合板等，在常温下即可向室内释放 VOC，使室内挥发性有机物污染加剧。化纤地毯、纯毛地毯、地毯胶垫、热管道等都会散发 VOC，主要包括乙醛、甲醛等化合物，是室内 VOC 的主要来源[50]。

吸烟是室内 VOC 的一个重要来源，香烟烟雾中的挥发性有机物约 70 种，其种类有烷烃、烯烃、单环芳烃、多环芳烃等挥发性低分子有机物[51]。

室内使用的防虫蛀剂、清洁剂、杀虫剂等其他化学日用品以及现代化办公用具（如打印机、复印机等）等也是导致室内 VOC 浓度增加的重要原因。

厨房燃料废气含有甲醛和多环芳烃等，烹饪油烟也含有醛、酮、酯等十余种 VOC 有害气体，而且燃料的不完全燃烧也会增加室内 VOC 的浓度。

此外，人类自身的新陈代谢也是室内 VOC 的一个来源，何正杰等人应用气相色谱质谱技术检测了密闭环境下人体呼出气中的挥发性成分有 48 种。人体汗液中也检测到 9 种挥发性成分，其中丙烯酸甲酯、氨基甲酸甲酯、茚、2-乙基四戊醛、甲基庚醇、吡咯、苯基氰等 7 种物质检出率为 100%。人体尿液中也检测出 18 种 VOC。

室外来源：

机动车尾气中含有大量的 VOC 污染物，这些气体通过住宅窗户和空调等进入室内，从而对室内空气产生较大的污染。

饮食业废气所排放的苯系物、低碳数烷烃、甲醛和多环芳烃等污染物增加了临街建筑物室内的 VOC 浓度。另外，意外失火也可产生大量的 VOC。

2）危害

研究表明，TVOC 可有嗅味，表现出毒性、刺激性，而且有些化合物为致癌物或具有基因毒性，可引起基因突变。TVOC 能引起机体免疫水平失调，影响中枢神经系统功能，出现头晕、头痛、嗜睡、无力、胸闷等自觉症状，还可能影响消化系统，出现食欲不振、恶心等不良反应[52]。长期吸入 TVOC 可致癌，严重时可损伤肝脏和造血系统，致人死亡[53]。

一般认为，"不良建筑物综合征"与暴露于 TVOC 的综合作用有关，而不是由于单个化合物的作用。目前已鉴定出的 TVOC 已有 300 多种，除醛类以外，常见的还有苯、甲苯、二甲苯、三氯乙烯、三氯甲烷、萘、二异氰酸酯（TDI）等。它们各自的浓度往往不高，但若干种 TVOC 共同存在于室内时，其联合作用是不容忽视的[54]。

部分 TVOC 对人体健康的影响　　　　表 1-21

TVOC 种类	对健康的影响
苯	致癌，刺激呼吸系统
二甲苯	麻醉，刺激，影响心脏、肾和神经系统
甲苯	麻醉、贫血
苯乙烯	麻醉、影响中枢神经系统，致癌
甲苯二异氰酸酯	过敏、致癌
三氯乙烯	动物致癌，影响中枢神经系统
乙苯	对眼睛、呼吸系统产生严重刺激，影响中枢神经系统
二氯甲烷	麻醉，影响中枢神经系统，可能导致人体癌症
1,4-二氯苯	麻醉，眼睛、呼吸系统产生严重刺激，影响中枢神经系统
氯苯	刺激或抑制中枢神经系统，影响肝脏和肾脏功能，刺激眼睛和呼吸系统
丁酮	刺激或抑制中枢神经系统
汽油	刺激中枢神经系统，影响肝脏和肾脏功能

丹麦学者 Lars Molhave 等[55]根据各国的流行病研究资料及其控制暴露人体实验结果，得出了 TVOC 与人体的反应关系，见表 1-22。

TVOC 浓度与人体反应关系[55]　　　　表 1-22

TCOV 浓度（mg/m³）	健康效应	分类
<0.2	无刺激、无不适	舒适
0.2~0.3	与其他因素联合作用时，可能出现刺激和不适	多因协同作用
3.0~25	刺激和不适；与其他因素联合作用时，可能出现头痛	不适
>25	除头痛外，可能出现其他的神经毒性作用	中毒

（2）甲醛

甲醛是一种有强烈刺激气味的无色气体，且易溶于水，具有防腐、消毒和漂白功能的福尔马林就是 $30\%\sim40\%$ 浓度的甲醛溶液。

1）来源

甲醛是一种良好的溶剂，具有较强的粘合性，同时还可加强板材的硬度和防虫、防腐能力，被广泛用作生产脲醛树脂、含醛油漆等的原料。这些树脂用作胶粘剂，在各种装饰材料及家具中大量使用。以脲醛树脂为胶粘剂的各种人造板（胶合板、纤维板、刨花板等）、脲醛树脂隔热材料（UFFI）、含醛类消毒防腐剂的水溶性涂料是室内甲醛的主要来源。室内空气中的甲醛来源于室内的人造板材等装饰装修材料，甲醛位于人造板材的深层而不是在表面，甲醛的释放是一个缓慢的、连续的、不间断的过程，释放出来的甲醛在室内不断累集，导致室内甲醛浓度超标。聚脲醛树脂是一种由尿素和甲醛缩聚而成的氨基树脂胶粘剂，它会慢慢释放甲醛，高温及高湿下，脲醛树脂会加快水解，释放甲醛量增多，夏季甲醛释放量高出平时的 $20\%\sim30\%$。室内装修时，家具及建筑材料中的甲醛纷纷进入室内，地板胶、塑贴面、胶合板、乳胶漆、合成纤维、胶粘剂等都会释放出甲醛，新装修的宾馆、客房、家庭居室，由于使用了上述装修材料，易造成室内空气甲醛污染。室内装修所致室内空气中甲醛污染具有普遍性、潜在性和长期性。日本横滨国立大学的研究表明，室内甲醛的释放期一般为 $3\sim15$ 年。

使用不同的燃料，如木、煤、煤油及液体石油，都能导致一定的甲醛和其他污染物产生。有报道表明，北京远郊农村住宅的厨房内，若同时使用煤炉和液化石油气，甲醛浓度可达 $0.4mg/m$ 以上，同时发现厨房内甲醛浓度变化曲线中峰值的出现时间与炊事时间相吻合。人们吸烟产生的烟雾中也会产生甲醛。

我国又是一个烟草消费大国，经常吸烟人口总数超过 3.2 亿人，吸烟人口总量占全世界的 1/3。吸烟时排放出大量有毒有害的化学物质，在 $30m^3$ 的室内吸两支烟可使室内空气中甲醛浓度高达 $0.1mg/m^3$ 以上，每吸一口烟容积约 40mL，甲醛浓度可达 $81\mu g$（即 $2.025mg/m^3$）[56]。

日常使用的化妆品、清洁剂、杀虫剂、化纤纺织品、书籍、印刷油墨等日用品中有些也含有甲醛。尤其是广泛应用于医院、科学实验室，病理及解剖时作为消毒剂和防腐剂直接使用的福尔马林对空气污染尤为严重。

2）危害

甲醛对人体的危害很大，对眼睛、呼吸道及皮肤有强烈刺激性。长时间接触甲醛，会引起结膜炎、角膜炎、鼻炎、支气管炎等疾病。

当甲醛浓度在 $0.06\sim0.07mg/m^3$ 时，儿童就会发生轻微气喘。当室内空气中甲醛含量为 $0.1mg/m^3$ 时，就有异味和不适感，达到 $0.5mg/m^3$ 时，可刺激眼睛，引起流泪[58]。当空气中甲醛的浓度超过 $0.6mg/m^3$ 时，眼睛就会感到刺激，咽喉亦会感到不适甚至肿痛，如果空气中甲醛浓度超过 10ppm 时，停留几分钟，眼睛就会流泪不止。吸入高浓度的甲醛时，人体呼吸道会感到强烈刺激，水肿及头痛，也会引发直接接触的皮肤得过敏性皮炎、色斑甚至坏死。长期吸入低浓度的甲醛，也会引起正常人的呼吸道疾病、皮肤疾病，还有可能引起新生儿的体质降低，甚至引起鼻咽癌[57]，而医院内抵抗力差的病人及儿童非常集中，对空气中甲醛浓度的要求更高。世界卫生组织将甲醛确定为致癌和致畸形物质，并指出当室内空气中甲醛含量超过10%时，需引起足够的重视。

（3）苯

1）来源

苯是一种有特殊芳香气体的无色液体，且易挥发。常用作装修及建筑材料的各种涂料、胶、防水材料或稀释剂等有机溶剂含有大量苯。

苯、甲苯、二甲苯等污染物主要来源于油漆、树脂、橡胶、油脂和涂料等，目前室内装饰中多用甲苯、二甲苯代替纯苯做各种胶、油漆、涂料和防水材料的溶剂或稀释剂，经装修后大量的有机化合物挥发到室内空气中。苯系污染物主要在以下几种装饰材料中含量较高：①油漆：苯系物主要从油漆中挥发出来；②稀料：油漆涂料的添加剂中存在大量的苯系物；③各种胶黏剂：在生产中使用了含苯高的胶黏剂；一些家庭购买的沙发释放出大量的苯；④防水材料：用原粉加稀料配制成防水涂料，施工后15h后检测，室内空气中苯含量超过国家允许最高浓度的14.7倍。

2）危害

苯会引起人体造血功能障碍，对皮肤及黏膜有刺激作用。如果人短时间的吸入高浓度的苯，会麻醉人体的中枢神经系统，身体健康的人会有头晕、头疼、胸闷、四肢无力、恶心、意识模糊等症状，而体质较弱的人甚至会导致其呼吸及血液循环衰竭而死亡。长期在较低浓度苯的环境下生活，相当于慢性中毒，会引起头痛、失眠、记忆力衰退等神经系统症状[29]。目前，苯已被世界卫生组织列为强烈致癌物质，苯系物的毒性见表1-23。

苯系物的毒性 表1-23

化合物	毒性
苯	人体致癌剂，主要经呼吸道吸入和皮肤吸收中毒；急性毒性累及中枢神经系统，产生麻醉作用；慢性毒性主要影响造血机能及神经系统；对皮肤有刺激作用
甲苯	属低毒性，具麻醉作用，对皮肤粘膜有较大刺激性，可经呼吸道及皮肤侵入机体
乙苯	属低毒类，能通过呼吸道、皮肤和消化道吸入，急性毒性主要是对眼和呼吸道的刺激作用，但对造血系统无毒
邻二甲苯	属低毒类，主要是对中枢神经系统和植物神经系统的麻醉和刺激作用，慢性毒性比苯弱，对造血系统损害尚无确实证据，可引起轻度、暂时性的末梢血象改变
间二甲苯	
对二甲苯	

（4）NO_x

1）来源

氮氧化物（NO_x）包括一氧化氮和二氧化氮。氮氧化物的自然源主要是生物源，人为源主要来自于车辆废气、火力发电站和其他工业的燃料燃烧以及硝酸、氮肥、炸药的工业生产过程。氮氧化物可刺激肺部，使人较难抵抗感冒之类的呼吸系统疾病，呼吸系统有问题的人士如哮喘病患者，会较易受二氧化氮影响。对儿童来说，氮氧化物可能会造成肺部发育受损。研究指出，长期吸入氮氧化物可能会导致肺部构造改变。

近年来，我国总颗粒物排放量基本得到控制，二氧化硫排放量有所下降，但是氮氧化物排放量随着能源消费和机动车保有量的快速增长而迅速上升，机动车尾气已成为城市大气污染的一个重要来源。特别是北京、广州、上海等大城市，大气中氮氧化物的浓度严重超标，北京和广州氮氧化物空气污染指数已达四级，已成为大气环境中首要的污染因子，这与机动车数量的急剧增长密切相关。有关研究结果表明，北京、上海等大城市机动车排放的污染物已占大气污染负荷的 60% 以上，其中，排放的一氧化碳对大气污染的分担率达到 80%，氮氧化物达到 40%，这表明我国特大城市的大气污染正由第一代煤烟型污染向第二代汽车型污染转变。

2）危害

氮氧化物（NO_x）的破坏力很强，是一种毒性很强的腐蚀剂，当空气中的 NO_x 被吸入到肺内，就会在肺泡内形成亚硝酸（HNO_2）和硝酸（HNO_3），由于这两种酸有较强的刺激作用，会增加肺毛细血管的通透性，导致胸闷、咳嗽、气喘甚至肺气肿等症状。光化学烟雾产生的是 NO_2 和 HC。当空气中有这两种物质存在，再遇到合适的气候条件时，如强烈阳光、无风、逆温等，就会产生光化学烟雾。光化学烟雾对人的影响主要是对眼睛和呼吸道产生刺激，使红眼病患者增加，促进哮喘病人发作，并引发其他疾病[59]。

1.5.3 新污染物 SVOC

在一些发达国家，如美国已经意识到室内 SVOC 的污染与控制的重要性，SVOCs 及其相关问题已经成为室内环境和健康领域的研究热点。但在我国，对这一问题的重视程度仍不够。SVOC 对人体健康的危害大多是慢性的、长期的，容易被人们忽视。

根据世界卫生组织对室内有机物的分类原则，半挥发性有机化合物（Semi-volatile Organic Compounds，简称 SVOC）是指一类沸点在 $240 \sim 400 \, ^\circ\text{C}$ 之间的有机化合物[60]。由于 SVOCs 的分子量大，沸点高、饱和蒸汽压低，吸附性较强，在环境中较稳定，因此在环境中较挥发性有机化合物更难降解，存在的时间会更长且浓度较低。据报道，室内的 SVOC 可以存在于多相介质中，如图 1-6 所示，人们主要通过三种途径暴露于 SVOC：吸入、摄入和皮肤吸收[61]。研究表明，目前已发现人类接触某些室内 SVOC 会产生各种不良的健康影响，

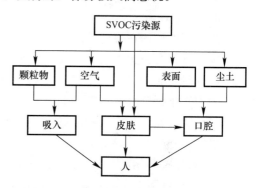

图 1-6 暴露介质与室内 SVOCs 的三种途径

如内分泌失调、出生缺陷、过敏、哮喘，甚至癌症。由于 SVOC 相对蒸汽压较低，很容易被各种表面吸附（或吸收），如颗粒物。因此，气态的 SVOCs 总是同时以气相和颗粒相的形式存在[62]。

（1）来源

SVOC 源特性对理解室内 SVOC 暴露和控制至关重要。室内挥发性有机物的来源有：助剂，如提高塑料制品中的增塑剂和许多室内材料和产品中的阻燃剂；家用日化消费品，如家用杀虫剂或化妆品；以及诸如吸烟、烧香、烹饪等人为活动所产生的排放[63]。

1）助剂[64]

增塑剂用于聚合物以增强材料的柔韧性和延展性。阻燃剂的作用是降低材料的可燃性，增加材料的点燃难度，抑制火焰的蔓延。这两种助剂的产量和消耗量都非常高。由于他们多具有半挥发性，在材料的加工和使用过程中会缓慢迁移散发，成为室内 SVOC 的重要来源。

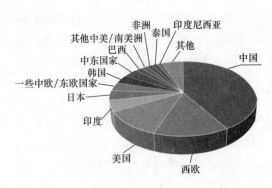

图 1-7　2017 年不同国家和地区的增塑
剂消耗比例[65]

2）增塑剂

增塑剂是世界产量和消费量最大的塑料助剂之一。它常被用于制造塑料制品，如玩具、建筑材料、电子零件、汽车零件和医疗零件等。图 1-7 展示了 2017 年不同国家和地区的增塑剂的消耗量比例，其中约 41％ 的消耗量来自中国，超过其他国家[65]。

目前我国使用的增塑剂主要为邻苯二甲酸二异辛酯类（DEHP）和邻苯二甲酸二丁酯类（DBP）。此外，还生产了邻苯二甲酸二异癸酯（DIDP）、邻苯二甲酸二异壬酯

（DINP）、对苯甲酸酯、氯化石蜡、烷基磺酸酯、脂肪族二酸酯、环氧酯、苯三甲酸、磷酸盐等 50 种 SVOCs，其中邻苯二甲酸酯类增塑剂的年产量最大。随着世界各国环保意识的提高，医药及食品包装、日用品、玩具等塑料制品为主的增塑剂提出了更高的纯度及卫生要求，但目前国内企业生产的增塑剂在许多性能上，特别是卫生、低毒性等难以满足环保的要求。

3）阻燃剂[66]

阻燃剂的使用在各类的高分子材料中仅次于增塑剂。阻燃剂广泛应用于化工建材、电子电气设备、交通运输系统、家居家具、室内装饰材料等领域。在有机阻燃剂中，溴系阻燃剂因其具有添加量小、阻燃效率高、价格适中、对材料性能影响小等优点而被大量使用，但溴系阻燃剂释放到环境中，尤其性质稳定，难以通过物化和生物的方法降解，还可能通过食物链在人体内大量富集，影响生殖发育系统，干扰甲状腺激素分泌，对人体健康产生威胁。

4）家用日化用品[63]

2010 年我国卫生杀虫剂产品销售总额已超过 200 亿元，产品销往全国 31 个省市，我国已成为卫生用农药的生产和消费大国。家庭用卫生杀虫剂主要有气雾剂、蚊香、电热蚊香等。在过去，我国卫生杀虫剂有效成分以有机磷类、有机氯类、氨基甲酸酯类为主，现已转为以拟除虫菊酯类杀虫剂为主，大部分气雾剂和蚊香的有效成分均为菊酯类农药。卫生杀虫剂的有效成分及其燃烧产物大部分是 SVOC，故其也是室内 SVOC 的重要来源。

5）燃烧产物

燃烧产生 SVOCs 有两种方式：一是 SVOCs 的高温加热从源头排放；二是不完全燃烧产生 SVOCs。在各种燃烧产物中，多环芳烃是最常见的产物，对人体健康的影响最大。食用油的高温加热（在典型的中国烹饪过程中经常发生）也会产生大量的多环芳烃[67]。Fan 等报道了 16 种多环芳烃可能致癌物质；长期接触多环芳烃可能诱发肺癌。在中国，香烟的生产和消费也非常高。2004 年底，全球烟民人数为 3.1 亿人，约占全球烟民总数的 25％；香烟年消费量约 1.7 万亿支，约占全球香烟年消费量的 1/3。这些数据表明，室内多环芳烃污染在我国是一个非常严重的问题。实地测量还表明，中国烹饪、煤炭燃烧和香烟可以产生大量的多环芳烃。

6）室外源[68]

煤炭、石油等有机化合物的不完全燃烧过程均会产生 SVOC，固有燃烧源都可能产生 SVOC，造成室外大气污染。而被污染的室外大气有可能通过门窗等各种途径进入室内，成为室内 SVOC 的潜在污染源。

（2）室内 SVOC 的污染现状

SVOCs 被释放到大气中后，即以气体相和颗粒相的形式存在于空气中。SVOCs 可以随风运输，运输过程中通过直接和间接光解进行转化，并通过干湿沉积从大气中去除[69]。然而，气态和粒子结合的 SVOCs 在大气中可能表现不同。总的来说，气态的 SVOCs 比那些颗粒结合的 SVOCs 更具有流动性，更容易光解。因此，气相和颗粒相之间的分配是一个关键因素，它对大气中的所有过程和 SVOCs 的整体环境命运产生重大影响。

由于迁移过程缓慢，聚合物产品向室内空气中排放 SVOC 可能需要几个月到几年的时间。在室内和室外环境中暴露于空气中的 SVOCs 可能导致不利的健康风险。清华大学石珊珊等[70]建立了一个模型来评估暴露在空气中的 SVOCs。在这个模型中，SVOCs 的相对浓度是通过考虑粒子动力学的动力学划分模型来估计的。空气中 SVOCs 的暴露途径包括吸入气相和颗粒相暴露、皮肤直接气相暴露和皮肤直接颗粒沉积暴露。以两种典型的 SVOCs 分类为例，分析了"参考人群"的暴露情况，作为该模型的一个应用实例。这两种 SVOCs，一种同时来源于室内和室外，主要为多环芳烃，另一种只来自室内，以二-2-乙基己基邻苯二甲酸酯（DEHP）为代表。对于挥发性较高的多环芳烃，吸入气相的量最大，从 6.03～16.4（ng/kg/d）。对于挥发性较低的多环芳烃，吸入暴露于颗粒相 1.48～1.53（ng/kg/d）是最重要的暴露途径。在 DEHP 方面，经气体直接接触皮肤途径的皮肤暴露为 460（ng/kg/d），这是忽略服装屏障效应时最显著的暴露途径。

Moreau-Guigon 课题组[69]同时考察了在法国巴黎市中心的 3 个室内（公寓、托儿所和办公楼）和 1 个室外环境，并测定了 58 种 SVOCs。除四溴双酚 A 外，所有这些化合物都在这三种环境的气态和颗粒态中进行了定量，每种 SVOC 的主要化合物的频率为 100%。对于大多数污染物，托儿所的浓度明显高于公寓和办公室。总的来说，室内空气浓度是室外空气浓度的 10 倍。PAEs、多氯联苯和多环芳烃存在季节性变化。除了一些高分子量的多环芳烃和多氯联苯外，SVOCs 主要存在于气态（>90%）。

SVOCs 的现场测量是一项艰巨的任务。气体相浓度可能太低而不能产生有意义的结果，所以灰尘、微粒或皮肤表面浓度的测量成为预测气相或颗粒相中 SVOC 浓度的主要方法[71]。更进一步，SVOC 的暴露和摄入量可以通过测量 SVOC 来估计人尿浓度。迄今为止，对室内 SVOC 浓度的相关研究还很少。表 1-24 总结了在中国 11 个城市的 300 户住宅中，邻苯二甲酸盐浓度的现场研究文献，邻苯二甲酸盐是一种广泛用作增塑剂的 SVOC 家族中的一种[72]。有证据表明，邻苯二甲酸酯类化合物如 DBP、DEP、DMP 等的检测频率非常高，而 DEHP 基本普遍存在，说明中国人普遍存在 SVOC 暴露风险。通常情况下，检测到的平均浓度总 PAEs 范围在气体和粒子阶段为 $10^0 \sim 10^1 \mu g/m^3$，而在灰尘浓度范围可以在 $10^2 \sim 10^3 \mu g/g$。由于邻苯二甲酸盐或其他 SVOCs 大多来源于室内，或由颗粒物或粉尘带入室内，因此不同城市住宅建筑的浓度差异相对于多种介质之间的差异不显著。因此，保持室内清洁且灰尘少、空气中的颗粒物少，可以有效减少室内邻苯二甲酸盐或其他挥发性有机物的接触。

表 1-24

地点	测量日期	住宅数量	房间功能	媒介（单位）	邻苯二甲酸丁苄酯	邻苯二甲酸丁基苄基酯	邻苯二甲酸二丁酯	邻苯二甲酸二异辛酯	邻苯二甲酸二乙酯	邻苯二甲酸二异丁酯	邻苯二甲酸二甲酯	邻苯二甲酸二正丁酯	邻苯二甲酸二辛酯	邻苯二甲酸酯类
								浓度，平均值（最小值，最大值）						
重庆	2014.11~2015.02	30	客厅	气体（μg/m³）		ND(ND,0.02)		0.35(0.11,1.4)	0.17(0.08,0.44)	0.58(ND,1.9)	0.9(0.37,1.6)	0.38(ND,0.02)		
			客厅	尘土（μg/g）		0.2(ND,2.8)		2353(279,7424)	14.6(0.7,91.3)	146.9(8.9,1029)	4.9(ND,25.3)	228.4(24.7,1087)		
			卧室	气体（μg/m³）		0.01(ND,0.18)		0.38(0.07,1.1)	0.17(0.07,0.45)	0.54(ND,1.8)	0.87(0.2,1.6)	0.36(ND,1.7)		
			卧室	尘土（μg/g）		0.8(ND,10.9)		1892(1218,7958)	16(0.2,99.4)	181.6(4.8,842)	6.0(ND,32.0)	180.0(33.6,493.5)		
天津	2010.12~2011.06	13	客厅	PM2.5（μg/m³）	0.32(ND,0.01,4.8)		130.7(5.7,1132.1)	44.36(0.87,179.8)	0.75(0.07,4.5)		3.0(0.19,24.3)		0.10(ND,0.78)	179.2(7.3,1244.2)
			客厅	PM10（μg/m³）	0.63(ND,0.01,8.0)		318.4(7.3,1466.2)	92.30(2.62,304.9)	1.6(0.08,7.4)		9.0(0.25,47.5)		0.206(ND,2.6)	422.1(13.9,1591.3)
西安	2012.09~2013.01	14	未分类	气体（μg/m³）				0.47(0.05,1.9)		1.0(ND,6.2)	0.51(ND,2.5)	0.59(ND,2.2)	2.6(0.20,8.3)	
			未分类	颗粒物（μg/m³）				1.0(0.09,4.2)		1.6(ND,8.0)	0.10(ND,1.8)	1.1(ND,4.9)	3.8(0.09,14.8)	
			未分类	尘土（μg/g）				798.6(67.1,3475)		901.0(ND,7228)	5.7(ND,68.8)	447.8(3.6,4357)	2153(122.9,9504)	
杭州	2011~2012	10	客厅	气体（μg/m³）	2.7(ND,3.7)		0.74(0.35,1.1)	1.2(0.03,1.3)	2.7(0.73,4.8)		3.7(0.43,5.3)			11.0(1.5,16.1)
			客厅	颗粒物（μg/m³）	2.0(ND,3.5)		1.2(0.54,2.0)	1.7(0.28,3.5)	0.62(0.21,0.85)		0.80(0.28,1.3)			6.3(1.3,11.0)
			卧室	气体（μg/m³）	1.4(ND,1.5)		1.0(0.54,1.5)	1.3(0.30,2.1)	0.90(0.48,4.8)		0.92(ND,6.6)			5.5(1.3,16.6)
			卧室	颗粒物（μg/m³）	1.7(0.68,2.2)		1.1(0.48,1.7)	0.72(0.56,9.0)	0.55(0.14,0.86)		0.23(ND,0.70)			4.2(1.9,14.5)

续表

浓度,平均值（最小值,最大值）

地点	测量日期	住宅数量	房间功能	媒介（单位）	邻苯二甲酸丁苄酯	邻苯二甲酸丁基苄基酯	邻苯二甲酸二丁酯	邻苯二甲酸二异辛酯	邻苯二甲酸二乙酯	邻苯二甲酸二异丁酯	邻苯二甲酸二甲酯	邻苯二甲酸二正丁酯	邻苯二甲酸二辛酯	邻苯二甲酸酯类
杭州	2011~2012	10	书房	气体（μg/m³）	2.1 (ND,3.1)		0.87 (0.40,1.5)	0.87 (0.25,1.3)	1.8 (0.48,2.9)		0.80 (0.24,2.2)			6.5 (1.4,11.1)
				颗粒物（μg/m³）	2.0 (0.47,2.4)		0.95 (ND,1.3)	1.6 (0.60,3.9)	0.22 (ND,0.42)		0.15 (ND,0.56)			4.9 (1.1,8.5)
南京	2011.03~2011.06	215	未分类	尘土（μg/g）	2.9 (ND,38.7)		52.3 (ND,2150)	462 (0.3,9950)	0.9 (ND,33.9)		0.4 (ND,24.0)		1.6 (ND,39.5)	520 (0.9,10900)
北京	2010.05~2010.06	11	未分类	尘土（μg/g）		0.6 (0.1,1.1)	18.9 (7.0,31.5)	156 (47.6,883)	0.4 (0.1,0.6)	12.6 (7.2,83.2)	0.7 (ND,1.6)			255 (63,930)
上海		21				0.2 (0.1,12.0)	11.6 (9.2,58.7)	146 (56.6,949)	0.2 (0.2,0.8)	11.1 (4.5,63.9)	0.3 (0.2,0.9)			173 (75.6,1080)
广州		11				0.1 (ND,0.1)	9.3 (2.3,128)	98.2 (9.9,252)	0.1 (ND,0.3)	10.4 (2.6,19.7)	0.06 (ND,0.7)			151 (24,303)
乌鲁木齐		7				0.2 (0.2,0.6)	21.9 (10.9,147)	348 (149,939)	1.5 (0.8,6.1)	26.0 (13.2,299)	0.1 (0.1,0.3)			428 (180,1040)
济南		13				0.2 (ND,7.4)	26.9 (1.5,96.2)	319 (117,1380)	0.4 (ND,45.5)	33.6 (7.0,85.9)	0.2 (0.1,0.8)			401 (204,1540)
齐齐哈尔		12				0.4 (0.2,1.2)	170 (77.9,1160)	563 (204,8400)	0.8 (0.3,1.0)	32.8 (6.5,87.9)	0.5 (0.3,8.2)			765 (450,85900)
北京	2008.05	10	未分类	尘土（μg/g）	36		39	1606	20		18			

1.6　污染物健康负担

空气污染所引发的健康问题逐渐引起了大众的重视，国内外陆续开展了室内空气污染所致疾病负担的研究工作。目前国际上开展的典型的室内空气污染所致疾病负担的研究案例有三个，包括 WHO 开展的欧洲空气污染物疾病负担评估、美国住宅室内空气污染慢性健康影响评估项目以及全球疾病负担项目中室内空气污染物的评估。

（1）欧洲空气污染物疾病负担评估（EBoDE）

EBoDE 于 2009 年发起，由比利时、芬兰、法国、德国、意大利和荷兰共 6 个国家承担。该项目最终确定了 9 个主要的室内污染物，即苯、二噁英、二手烟、甲醛、铅、噪声、臭氧、$PM_{2.5}$ 和氡。评估结果表明，$PM_{2.5}$ 是首要污染物，其所致疾病负担之占比 68%，每百万人的伤残调整寿命损失年（disability asjusted life year，DALY）达 4500～10000；其次为二手烟和噪声，分别占比 8%，两者的 DALY 分别为 600～1200 和 400～1500；之后是氡，其占比为 7%，DALY 为 450～1100；其余污染物的占比均不到 5%，所造成的 DALY 均不到 1000[73]。

（2）美国住宅室内空气污染慢性健康影响评估项目

该评估案例将疾病发病率与 DALY 健康效应相结合，评估长期吸入室内空气污染物所引起的人均健康成本。该项目最终选取了 70 种污染物，评估其对人体健康的影响[74]。评估结果显示，$PM_{2.5}$ 为主要空气污染物，其次为丙烯醛和甲醛，占总 DALY 损失的 80%[75]。二手烟和氡也是室内住宅环境的重要污染物，但在美国，其暴露人群仅在少数家庭中。

（3）全球疾病负担项目中室内空气污染物的评估

全球疾病负担（Global Burden of disease，GBD）项目最早由世界银行于 20 世纪 90 年代发起，首次全面系统地评估全球健康问题。该项目由全球 50 个国家 300 多个研究机构共同参与完成。该研究分地区、年龄和性病评估了全球 21 个地区、67 种危险因素、291 中疾病和伤害的疾病负担、1160 种疾病结局。空气污染所致疾病负担仅是其中的一部分，包括 $PM_{2.5}$、住宅燃料燃烧所致空气空燃、臭氧以及氡[76]。评估结果显示，空气污染危险因素中，$PM_{2.5}$ 为首要污染物，并且呈上升趋势；住宅燃料燃污染物为次要污染物，2010 年所致疾病负担为首位，之后有所下降，但呈上升趋势；臭氧以及氡所致疾病负担相对较小，且呈波动式起伏[77-79]。

1.7　小结

（1）我国当前民用建筑领域，室内首要污染物问题为颗粒污染物，调研结果显示，室内外 $PM_{2.5}$ 具有较为明显的关联特性，雾霾天气下关闭门窗，不通风并不能有效降低室内 $PM_{2.5}$ 浓度，反而会带来 CO_2 等气态污染物超标问题，积极采取主动的去除净化措施应为今后通风空调系统设计、建设以及改造升级过程的主要关注点。

（2）从目前民用建筑物室内主要气态污染物来源来看，其主要来源是建筑装修装饰过程的各种非金属材料，如油漆、粘合剂等，对于这些污染问题的解决的核心思路是尽量从源头，即选择绿色环保材料来从根本上解决问题。而从室内气态污染物的现状特点来看，其污染物源强以及室内污染情况随时间推移而呈逐渐递减趋势，因此对于已发生的污染环境治理，应尽量采用开窗通风，或使用便携、移动式的净化处理措施，而不建议通过常设的，甚至与中央空调系统相结合的净化解决措施与方案。

（3）对于以地下车库为代表的内有污染源密闭大空间环境，当前报道的各种污染问题的普遍原因，一是建筑物管理单位出于自身运行成本考虑而没有正确的运行机械通风系统，二是通风系统设计不合理，从而导致某些区域易产生污染物聚集[80]。要解决当前地下车库等密闭大空间空气质量问题，需要从通风系统的设计上转换思路，当前系统设计的主要缺陷在于对于通风量选取多是基于污染物持续稳定散发，通风系统定风量运行的稳态工况计算[81]，需要进一步开发研究基于污染物实时测量变风量通风系统，这一措施目前在一些大体量的科学实验室建筑中正在逐渐得到越来越广泛的应用，并实现更好的节能运行方式以及更佳的环境空气质量控制效果[82]。

参考文献

［1］　WHO. Guidelines for Indoor Air Quality ［M］. 2010.

［2］　WHO. Air Quality Guidelines：Global Update 2005 ［M］. 2005.

［3］　U. S EPA. National Ambient Air Quality Standards（NAAQS）［M］. 2010.

［4］　ASHRAE. Ventilation for Acceptable Indoor Air Quality ［M］. 2013.

［5］　住房和城乡建设部. GB 50325—2010 民用建筑工程室内环境污染控制规范 ［S］. 北京：中国计划出版社，2011.

［6］　国家质量监督检验检疫总局. GB/T 18883—2002 室内空气质量标准 ［S］. 北京：中国标准出版社，2003.

［7］　香港特别行政区政府室内空气质素管理小组. 办公室及公共场所室内空气质量指引.

［8］　中华人民共和国环境保护部. 2014 中国环境状况公报.

［9］　王小霞. 道路机动车尾气污染物排放量的预测与控制措施研究 ［D］. 西安：长安大学，2012.

［10］　中华人民共和国环境保护部. 2018 中国生态环境状态公报.

［11］　骆娜，刘晓云，谢鹏，等. 北京市医院候诊区空气中 VOCs 的污染特征 ［J］. 中国环境科学，2010，30（7）：992~996.

［12］　张旭慧，周紫鸿，徐玲，等. 杭州市室内装修空气污染状况调查与分析 ［J］. 中国卫生检验杂志. 2009，3（19）：669-671.

［13］　范丽，杨东岳，郭孝鹏. 荆门市装修后居室空气质量的调查 ［J］. 职业与健康，2009，12（25）：2592-2593.

［14］　原福胜，宫斐，梁瑞峰. 居室装修后室内空气污染及变化趋势 ［J］. 环境与职业医学，2009，10（26）：441-443.

［15］　王怀富，高鲁红. 居室装修后室内空气污染状况调查 ［J］. 预防医学论坛，2008，10（14）：872-873.

［16］　陈梅秀，王志城. 梅州市新装修建筑物室内空气污染状况调查 ［J］. 职业与健康，2006，3（22）：368-369.

［17］　万逢洁，韦小敏，张志勇，等. 南宁市新装修居室空气污染状况及其对人群健康的影响 ［J］. 环境与健康杂志，2008，12（25）：1069-1071.

［18］　刘俊含，郭玉明，潘小川，等. 西安市部分新装修居室空气污染及其影响因素 ［J］. 环境与健康

杂志，2008，4（25）：323-325.

[19]　梁雄宇，黄义活，麦浪，等. 阳江市装修后室内空气质量调查与研究［J］. 中国卫生检验杂志，2009，5（19）：1140-1142.

[20]　徐国锋，侯书芬，李凤苏. 装修所致室内空气污染状况调查［J］. 环境与职业医学，2008，2（25）：76-78.

[21]　刘汝青，杜德荣，蔡承铿，等. 广州市装修居室室内空气污染状况及其对人群健康的影响［J］. 环境与健康杂志，2010，4（27）：361.

[22]　孟宪军. 兰州市部分住户居室装修后室内空气污染及对人体不良反应的调查与分析［J］. 甘肃科技，2005，6（21）：6-8.

[23]　王桂芳，陈烈贤，宋瑞金，等，办公室内空气污染的调查［J］. 环境与健康杂志，2000，17（3）：156-157.

[24]　邱佳文. 广州地区办公写字楼室内空气污染现状与防治对策浅析［J］. 广东建材，2008（8）：110-113.

[25]　张丽，万志勇，杨辛，等. 江西省城市室内空气中甲醛调查研究［J］. 江西科学，2007，8（25）：446-450.

[26]　刘章现，王国贞，刘林洪. 大中型商场空气中 PM_{10} 和 $PM_{2.5}$ 污染水平分析［J］. 环境与健康杂志，2006，7（23）：336-338.

[27]　李文迪. 上海市建筑室内空气污染现状研究［J］. 住宅科技，2011，12：30-33.

[28]　杨艰萍. 星级宾馆客房室内空气卫生质量调查分析［D］. 上海：第二军医大学，2007.

[29]　李屹，党宇. 国家"十二五"科技支撑计划课题《医院建筑室内环境测试与调研分析报告》.

[30]　闫育梅，王军玲，刘小玉. 公共地下车库空气质量调查与评价［J］. 环境评价，2003，8：38-43.

[31]　王广慧，张岸亭. 地下停车场环境空气问题及防治建议［J］. 环境，2008，S1：99-100.

[32]　陈国平，蒋颂辉. 地下车库汽车废气污染状况调查［J］. 上海环境科学，1999，8（18）：374-375.

[33]　Smith P，Beven K，Tawn J. Discharge-Dependent pollutant dispersion in rivers：Estimation of aggregated dead zone parameters with surrogate data［J］. Water Resources Research，2006，42：4412-4420.

[34]　Borrego C，Tchepel O，Costa A M. Emission and dispersion modelling of lisbon air quality at local scale［J］. Atmospheric Environment，2003，37（37）：5197-5205.

[35]　Chua A K M，Kwokb R C W，Yua K N. Study of pollution dispersion in urban areas using Computational Fluid Dynamics（CFD）and Geographic Information System（GIS）［J］. Environmental Modelling&Software，2005，20：273-277.

[36]　Zhu X D，Wang K X，Zhu J L. Cooking oil fume-Induced cytokine expression and oxidative stress in human lung epithelial cells［J］. Journal of Agricultural and Food Chemistry，2001，49（10）：4790-4794.

[37]　Yen G C，Wu S C. Reduction of mutagenicity of the fumes from cooking oil by degumming treatment［J］. Lebensmittel-Wissenschaft and Technologie，2003，36（1）：29-35.

[38]　Tung Y H，Ko J L，Liang Y F. Cooking oil fume-Induced cytokine expression and oxidative stress in human lung epithelial cells［J］. Environmental Research，2001，87（1）：47-54.

[39]　Liao C，Chen S，Chen J，et al. Contributions of Chinese-style cooking and incense burning to personal exposure and residential PM concentrations in Taiwan region［J］. Sci Total Environ，2006，358：72-84.

[40]　He C，Morawska L，Hitchins J，et al. Contribution from indoor sources to particle number and mass concentrations in residential houses［J］. Atmos Environ，2004，38（21）：3405-3415.

[41] 高玉堂，郑苇，张溶，等. 上海市 672 例女性肺癌病例对照研究 [J]. 肿瘤，1987，7：194.

[42] Yin Z, Li H, Cui Z, et al. Polymorphisms in pre-miRNA genes and cooking oil fume exposure as well as their interaction on the risk of lung cancer in a Chinese nonsmoking female population [J]. Oncotargets&Therapy, 2016, 9：395-401.

[43] 周美龄. COFs 对肝细胞线粒体损伤及能量代谢障碍机制的研究 [D]. 福州：福建医科大学，2015.

[44] 张腾，彭林，李颖慧，等. 餐饮源油烟中 $PM_{2.5}$ 的化学组分特征 [J]. 环境科学研究，2016，29（2）：183-191.

[45] To W M, Yeung L L. Effect of fuels on cooking fume emissions [J]. Indoor&Built Environment, 2011, 20 (5)：555-563.

[46] 黄丹雯. 烹饪油烟影响 $PM_{2.5}$ [J]. 环境，2013，(11)：69-71.

[47] Richard T B, Arden C Pope Ⅲ, Majid E, et al. An integrated risk function for estimating the global burden of disease attributable to ambient fine particulate matter exposure [J]. environmental Health Perspectives, 2014, 11：898-903.

[48] WHO Global update 2005. WHO Air Quality Guidelines for Particulate Matter, Ozone, Nitrogen, Dioxide and Sulfur Dioxide [M]. WHO, 2005.

[49] Li X D, Jin L, Kan H D. Air pollution：A global problem needs local fixes [J]. Nature, 2019：437-439.

[50] 缪毅敏. 室内污染物的种类及污染源分析 [J]. 山西建筑，2008，11 (34)：344-345.

[51] 李建华，刘江凤. 吸烟对人类健康主要危害的研究进展 [J]. 国际内科学杂志，2008，5 (35)：285-287.

[52] 方剑. 浅析室内污染物 TVOC 的危害 [J]. 安徽建筑，2012 (5)：187-188.

[53] 王慧. 室内空气中总挥发性有机化合物的特征物质变化与研究 [J]. 建材与装饰，2019，5：54-55.

[54] 刘丹，杨光，赵笑时. 论引起新居综合症的原因之一——挥发性有机化合物（TVOC）[J]. 科技信息，2010，20：687.

[55] John D C, Jonathan M S, John F M. Indoor Air Quality Handbook [M]. the 1st edition. New York：McGraw-Hill Companies, Inc. , 2001.

[56] 李秀菊. 我国控制吸烟的现状分析与对策研究 [D]. 天津：天津大学，2007.

[57] 庄晓虹. 室内空气污染分析及典型污染物的释放规律研究 [D]. 沈阳：东北大学，2009.

[58] 朱颖新. 建筑环境学 [M]. 北京：中国建筑工业出版社，2010.

[59] 王禹苏，张蕾，陈吉浩，等. 大气中氮氧化物的危害及治理 [J]. 科技创新与应用，2019 (7)：137-138.

[60] Lucattini L, Giulia P, Adrian C, et al. A review of semi-volatile organic compounds (SVOCs) in the indoor environment：occurrence in consumer products, indoor air and dust [J]. Chemosphere, 2018, 201：466-482.

[61] Wang L, Zhao B, Liu C, et al. Indoor SVOC pollution in China：A review [J]. Chin. Sci. Bulletin, 2010, 55 (15), 1469-1478.

[62] Demirtepe H, Lisa M, Miriam L D, et al. Linking past uses of legacy SVOCs with today's indoor levels and human exposure [J]. Environ. Int. , 2019, 127：653-663.

[63] Peter P, Hans S. Indoor Air Pollution [M]. Berlin：Springer, 2018.

[64] Hao J, Zhu T, Fan X. Indoor Air Pollution and Its Control in China [J]. Frontiers of Environmental Science&Engineering in China, 2007, 1 (2)：129-142.

［65］ Plasticizers-Chemical Economics Handbook ［M］. HIS Markit，2018.

［66］ 魏瑞超. 增塑剂邻苯二甲酸二丁酯对硝化棉热行为的影响研究 ［D］. 合肥：中国科学技术大学，2019.

［67］ Fan G，Xie J，Yoshino H，et al. Common SVOCs in house dust from urban dwellings with school-children in six typical cities of China and associated non-dietary exposure and health risk assessment ［J］. Environ. Int.，2018，120：431-442.

［68］ Al-Khulaifi N M，Al-Mudhaf H F，Abu-Shady A I，et al. A new method for simultaneous analysis of semi-volatile organic compounds in outdoor/indoor air of large office buildings ［J］. Int. J. Environ. Sci. Technol.，2018，16 (6)：2667-2682.

［69］ Moreau-Guigon E，Alliot F，Gaspéri J，et al. Seasonal fate and gas/particle partitioning of semi-volatile organic compounds in indoor and outdoor air. Atmospher. Environ.，2016，147：423-433.

［70］ Shi S，Zhao B. Modeled exposure assessment via inhalation and dermal pathways to airborne semivolatile organic compounds (SVOCs) in residences：Environ. Sci. Technol.，2014，48 (10)：5691-5699.

［71］ Cao J，Mo J，Sun Z，et al. Indoor particle age，a new concept for improving the accuracy of estimating indoor airborne SVOC concentrations，and applications ［J］. Build. Environ.，2018，136：88-97.

［72］ Ye W，Zhang X，Gao J，et al. Indoor air pollutants，ventilation rate determinants and potential control strategies in Chinese dwellings：A literature review ［J］. Sci. Total Environ.，2017，586：696-729.

［73］ Hänninen O，Knol A B，Jantunen M，et al. Environmental burden of disease in Europe：Assessing nine risk factors in six countries ［J］. Environ Health Perspect，2014，122 (5)：439-446. DOI：10. 1289/ehp. 1206154.

［74］ Huijbregts M A，Rombouts L J，Ragas A M，et al. Human-toxicological effect and damage factors of carcinogenic and noncarcinogenic chemicals for life cycle impact assessment ［J］. Integr Environ Assess Manag，2005，1 (3)：181-244.

［75］ Logue J M，Price P N，Sherman M H，et al. A method to estimate the chronic health impact of air pollutants in U. S. residences ［J］. Environ Health Perspect，2012，120 (2)：216-222. DOI：10. 1289/ehp. 1104035.

［76］ 高学欢，陈仁杰，阚海东，等. 室内空气污染疾病负担研究方法介绍 ［J］. 中华预防医学杂志，2018，52 (12)：1315-1320.

［77］ Lim S S，Vos T，Flaxman A D，et al. A comparative risk assessment of burden of disease and injury attributable to 67 risk factors and risk factor clusters in 21 regions，1990-2010：A systematic analysis for the Global Burden of Disease Study 2010 ［J］. Lancet，2012，380 (9859)：2224-2260. DOI：10. 1016/S0140-6736 (12) 61766-8.

［78］ Forouzanfar M H，Alexander L，Anderson H R，et al. Global，regional，and national comparative risk assessment of 79 behavioural，environmental and occupational，and metabolic risks or clusters of risks in 188 countries，1990-2013：A systematic analysis for the Global Burden of Disease Study 2013 ［J］. Lancet，2015，386 (10010)：2287-2323. DOI：10. 1016/S0140-6736 (15) 00128-2.

［79］ Forouzanfar M H，Afshin A，Alexander L T，et al. Global，regional，and national comparative risk assessment of 79 behavioural，environmental and occupational，and metabolic risks or clusters of risks，1990-2015：A systematic analysis for the Global Burden of Disease Study 2015 ［J］. Lancet，2016，388（10053）：1659-1724. DOI：10. 1016/S0140-6736（16）31679-8.

[80] 李若岚，李博洋，张振伟，等. 地下车库空气中一氧化碳污染状况分析与控制对策 [J]. 环境卫生学杂志，2013，3（3）：211-217.

[81] 车国平. 关于地下车库的通风设计 [J]. 通风除尘，1995，4：39-41.

[82] Gordon P. Sharp，Cutting Lab Energy Use by Up to 50％ with Demand Based Control [C]. 2015（第三届）科学实验室环境控制技术国际论坛论文集，2015，72-76.

第 2 章　现有的空气净化处理技术

2.1　引言

近年来，随着全球工业化进程的不断加快，环境污染问题日趋严重，空气中的颗粒物、气态污染物、有害微生物病毒等对人们的身体健康产生了不良影响。为了满足人们日常生活生产所需的环境要求，空气净化技术经过不断的丰富发展，适应了当前空气中颗粒物和气态污染物等多重污染物作用的复合型污染。

本章从空气中污染物的种类不同分别介绍针对颗粒物的净化处理技术以及针对气态污染物的净化处理技术。介绍不同净化处理技术针对颗粒物或者气态污染物的净化机理以及不同净化处理技术的发展历程和研究现状，并且对比分析了各种空气净化技术的优缺点，为读者选择合适的空气净化处理技术提供一定的参考。

2.2　针对颗粒物的净化处理技术

颗粒物是气溶胶体系中均匀分散的各种固体粒子或液体粒子，是气溶胶状态污染物的俗称。所谓的气溶胶是指固体粒子或液体粒子在气体介质中的悬浮体。捕集并去除空气中颗粒物是为了满足室内空气质量标准或者工艺生产和工业生产中对于室内空气质量的要求以及洁净室、无菌室等场所的特殊要求。将空气中的颗粒物捕集并去除，主要采用带阻隔性质的纤维过滤技术和利用静电力作用的静电净化技术。所以本节将主要阐述纤维过滤技术、静电净化技术和其他净化技术的净化机理与发展历程以及各种空气净化技术的优缺点。

2.2.1　纤维过滤技术

纤维过滤技术是利用带阻隔性质的纤维过滤材料实现空气中的颗粒物与空气分离的一种过滤分离技术[1]。在颗粒物捕集技术中，带阻隔性质的过滤分离技术是通过空气过滤器来完成的，而空气过滤器大多数都是采用纤维作为基础材料制成的过滤材料，如石棉纤维、玻璃纤维、合成纤维等，所以过滤分离技术也被称为纤维过滤技术[2]。

纤维过滤技术针对颗粒物的净化效果明显，空气可以随意通过，而细小的颗粒物却无法通过，可以很好的实现空气中的颗粒物与空气分离的目的。但也只能滤除颗粒物，无法滤除有害气体。相对的纤维过滤技术风阻较大，而且需要良好的气密性设计，否则含有颗粒物的空气会绕过滤网而失去效果。此外，滤网需要定期清洁或更换，具有一定的隐形成本。

1. 发展历程及研究现状

纤维过滤材料的产生和发展与人们的生活密不可分。早在两千多年前，罗马人在水银提纯的过程中就利用粗麻制作成面具来保护自己。但纤维过滤材料首次出现是在第一次世界大战期间，石棉纤维因其耐高温特性广泛应用于防毒面具，后因其致癌性已停止使用。

直到 20 世纪 40 年代美国诞生了一种新型过滤材料——玻璃纤维。玻璃纤维滤纸对质量中值直径 $0.3\mu m$ 的颗粒物的过滤效果达到 99.97% 以上，此后多个国家对玻璃纤维进行了广泛的研究。到了 20 世纪 60 年代以后，由于玻璃纤维生产技术和工艺不断提升，得到了更广泛的应用，促进了玻纤工业的飞速发展。到了 20 世纪 70 年代采用超细玻璃纤维作为过滤材料的 HEPA（High Efficiency Particulate Air）高效空气过滤器应运而生[3]。到了 20 世纪 80 年代，ULPA（Ultra Low Penetration Air）超高效过滤器研制成功，对 $0.1\mu m$ 的颗粒物过滤效率达 99.999999%。

20 世纪 80 年代末期，纳米技术诞生，于是出现了纳米纤维过滤材料。纳米纤维过滤材料因其具有较大的比表面积和表面张力，以及孔隙尺寸小、孔隙率高等特点可以过滤超小粒径的颗粒物。纳米纤维过滤材料通过增加了空气中悬浮颗粒物在其表面上的沉积概率，从而提高了过滤效率。

20 世纪 90 年代中期，人们将膨胀聚四氟乙烯（Expended Poly Tetra Fluoro Ethylene，简称 EPTFE 或 PTFE）覆盖在机织布、非织造布和玻纤滤料上，研发出了一种新型滤料，即薄膜复合滤料。它对粒径为亚微米的粉尘的过滤效率可达 99.9% 以上，阻力却只有传统滤料的 30%~40%，因此在空气净化行业得到了广泛的应用[4]。

21 世纪以来，人们把研究方向逐渐转向功能性空气过滤材料和新型高效低阻复合滤料的研制，如功能性材料有二氧化钛光催化滤料、活性炭滤料以及应用于特殊环境的耐高温、耐腐蚀、抗静电、阻燃、拒水、拒油等过滤材料，新型滤料有活性炭纤维、驻极体过滤材料、纳米复合过滤材料等。

驻极体过滤技术是利用驻极体过滤材料实现颗粒物与空气分离的一种过滤分离技术。驻极体是指那些能够长期储存空间电荷和极化电荷的电解质材料，尤其指一些受电场作用后发生极化，且极化电荷在电场去除后，仍能保持极化电荷长期储存于电解质表面或体内的一类物质[5]。驻极体过滤材料是凭借颗粒物和过滤纤维之间的静电效应来提高过滤效率的一种过滤材料，由于在普通过滤机理的基础上增加了静电效应，故而过滤效率有所提高而阻力却不增加。

近几年国内关于新型高效低阻复合滤料的研究也在增加。如东华大学的王娜在 PM$_{2.5}$ 空气过滤用静电纺微/纳纤维材料的结构设计及性能研究中制备了蛛网纤维材料，对 $0.3\mu m$ 的颗粒物净化效率高达 99.993%，压阻却仅有 80.6Pa[6]；东华大学的李小崎在驻极聚醚酰亚胺-二氧化硅纳米纤维膜在空气过滤中的应用研究中制备了静电纺-驻极体复合滤料（无机驻极体），所制备的复合滤料不仅电荷存储稳定性强，而且还具有着高效低阻的特点，在过滤 PM$_{2.5}$ 方面具有很大的应用前景[7]。天津工业大学的程博闻在狙击 PM$_{2.5}$ 新利器——电纺纳微纤维驻极过滤材料的研究中制备了聚乳酸（PLA）、氯化聚氯乙烯（CPVC）等有机高分子纳微纤维驻极过滤材料，通过复合这些过滤材料得到的驻极过滤材料，对 PM$_{2.5}$ 过滤效率达 99.99%[8]。清华大学深圳研究生院新材料所的唐国翌教授在纳米 SiO$_2$ 驻极体/聚乳酸复合熔喷非织造材料的制备及性能的研究中，通过添加少量的纳米 SiO$_2$ 驻极体可显著提高非织造材料的过滤效率，相同过滤阻力下效率提高了 34.74%，接近商用 HEPA 级 PP 过滤效率[9]。江南大学的邓炳耀教授在梯度结构复合滤料的制备及性能研究中以聚丙烯腈为原料，聚丙烯熔喷布为基布，制备了梯度结构的复合滤料。

2. 纤维过滤技术机理

纤维过滤材料对颗粒物的过滤理论以纤维层空气过滤理论为基础，经过几十年的丰富和发展，纤维过滤理论已逐渐趋于成熟和完善。研究表明，颗粒物的性质和纤维过滤材料的性质，以及它们两者之间的相互作用对纤维过滤器的过滤过程有着重要的影响，目前大多数的研究者倾向于把纤维过滤器的过滤过程归结为两个阶段，即稳定阶段和非稳定阶段。

第一阶段称为稳定阶段，在这个阶段里，过滤器对颗粒物的补集效率和阻力是不随时间改变的，而是由过滤器的固有结构、颗粒物的性质和气流的特点决定。在这个阶段里，过滤器结构由于颗粒物沉积等原因而引起的厚度上的变化是很小的。对于过滤颗粒物浓度很低的气流，如在空气洁净技术中过滤室内空气，这个阶段对于过滤器就很重要了。

第二阶段称为不稳定阶段，在这个阶段里，补集效率和阻力不取决于颗粒物的性质，而是随着时间的变化而变化，主要是随着颗粒物的沉积、气体的侵蚀、水蒸气的影响等而变化。尽管这一阶段和上一阶段相比要长得多，并且对一般工业过滤器有决定意义，但是在空气洁净技术中仅对亚高效以下效率的过滤器有一定的意义，而对亚高效及以上效率的过滤器意义不大。

空气过滤相关理论研究从 19 世纪开始初步探索，直到 20 世纪 30 年代纤维过滤器理论取得了突破性进展，这为经典过滤理论发展到现代过滤理论奠定了坚实的理论基础。近年来随着纤维过滤器理论研究的逐步深入，得出纤维过滤器补集颗粒物的过滤效率是由拦截效应、惯性效应、扩散效应、重力效应和静电效应五种作用效应的综合作用。

（1）拦截效应

当某一粒径的颗粒物随着气流刚好运动到纤维表面附近时，如果颗粒物的中心线到纤维表面的距离小于或者等于颗粒物的半径时，颗粒物就会被纤维表面拦截而沉积下来，这就是纤维过滤器的拦截效应，也被称作接触效应或钩住效应。如图 2-1 所示。纤维过滤材料的纤维呈现无规则排列，所以会形成无数的网格，如果颗粒物的粒径大于纤维网格，颗粒物随着气流穿过纤维层时也会被纤维表面拦截阻留下来，这就是纤维过滤器的筛率效应，如图 2-2 所示。

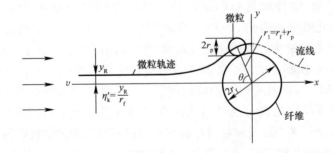

图 2-1　拦截效应

筛率效应也是拦截效应的一种，但是筛率效应或者拦截效应并不是纤维过滤器补集颗粒物的唯一作用效应。因为筛率效应只能筛去粒径大于纤维网格的颗粒物，而在纤维过滤器内，并不是所有粒径小于纤维网格的颗粒物都能穿透过去，也并不是所有小粒径颗粒物都在纤维表面沉积。在纤维过滤器内，颗粒物一般都深入纤维层内很多，因而还有其他作用效应。

Langmuir 提出了拦截过滤效率的计算公式：

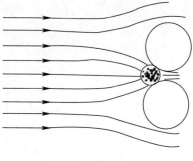

图 2-2 筛率效应

$$\eta_R = \frac{1}{2(2-\ln Re)} \times$$

$$\left[2(1+R)\ln(1+R) - (1+R) + \frac{1}{(1+R)} \right]$$

$$(2-1)$$

$$R = \frac{r_p}{r_f} \qquad (2-2)$$

式中　R——拦截系数；

　　　r_p——微粒半径，μm；

　　　r_f——纤维半径，μm；

　　　Re——雷诺数。

Kuwabara 通过用 Kuwabara 流场分布来计算 Kuwabara 流场的流量，获得了更接近实际情况的拦截效应计算公式：

$$\eta_R = \frac{1}{2K_u} \left[2(1+R)\ln(1+R) - (1+R) + \frac{1}{(1+R)} \right] \qquad (2-3)$$

$$K_u = \frac{1}{2}\ln\alpha + \alpha - \frac{3}{4} - \frac{\alpha^2}{4} \qquad (2-4)$$

式中　K_u——Kuwabara 动力学因子；

　　　α——填充率；

$$\alpha = \frac{\omega}{1000H\rho_f} \times 100\% \qquad (2-5)$$

　　　ω——滤料单位面积质量，g/m^2；

　　　H——滤料厚度，mm；

　　　ρ_f——滤料纤维密度，g/cm^3。

（2）惯性效应

因为纤维过滤材料的纤维排列错综复杂，所以当颗粒物随着气流穿过纤维层时，颗粒物的流线必然因为复杂的纤维结构要经历多次的拐弯。如果颗粒物的质量或者速度较大时，颗粒物会因为惯性力作用导致颗粒物不能随着气流拐弯绕过纤维，而是脱离流线保持原有的运动方向在纤维上发生碰撞而沉积下来，这就是纤维过滤器的惯性效应，如图 2-3 所示。

惯性作用下的过滤器效率是惯性参数——斯托克斯参数（St）的函数，计算公式为

$$\eta_I = \frac{St^3}{St^3 + 0.77St^2 + 0.22} \qquad (2-6)$$

其中

$$St = \frac{D_P^2 \rho_P u}{18\mu D_f} \qquad (2-7)$$

式中　ρ_P——微粒密度，kg/cm^3。

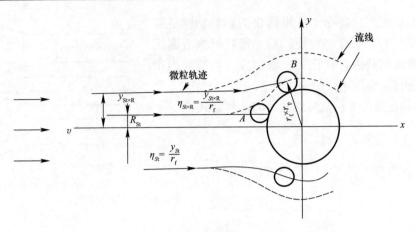

图 2-3　惯性效应

（3）扩散效应

空气中的颗粒物会因为与气体分子热运动发生碰撞而产生无规则布朗运动。对于颗粒物而言，颗粒物的粒径越小，颗粒物与气体分子发生碰撞而产生的布朗运动就越剧烈，与纤维碰撞的概率就越大，过滤效率就越高。颗粒物尺寸以 $0.1\mu m$ 和 $0.3\mu m$ 为临界点。常温下 $0.1\mu m$ 的颗粒物每秒钟扩散的距离达 $17\mu m$，比纤维间的距离大几倍甚至几十倍，这就使得颗粒物更加容易与纤维表面接触并沉积下来，这就是纤维过滤器的扩散效应，如图 2-4 所示。对于粒径大于 $0.3\mu m$ 的颗粒物，因颗粒物与气体分子碰撞产生的布朗运动很弱，所以一般情况下颗粒物不足以凭借布朗运动脱离流线与纤维表面接触并沉积下来。

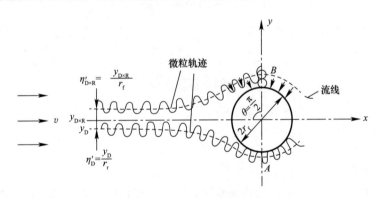

图 2-4　扩散效应

Stechkina 提出扩散作用下的过滤效率计算公式为

$$\eta_{D1} = 2Pe^{-\frac{2}{3}} \tag{2-8}$$

Lee 提出的效率计算公式为

$$\eta_D = 2.6 \left[\frac{(1-\beta)}{K_u} \right]^{\frac{1}{3}} Pe^{-\frac{2}{3}} \tag{2-9}$$

$$Pe = \frac{D_f u}{D} \tag{2-10}$$

式中：D_f——纤维直径，μm；

$\quad\quad u$——气体流速，m/s；

β——纤维填充密度，g/cm³；

K_u 为水力学常数，$K_u \approx 3$。

D 为气体扩散系数，单位 m²/s，计算公式如下：

$$D = \frac{kT}{3\pi\mu D_p}$$ (2-11)

式中　k——玻尔兹曼常数，1.38×10^{-23} J/K；

T——流体温度，K；

μ——空气动力学黏度，kg/(m·s)；

D_p——纤维直径，μm。

（4）重力效应

当颗粒物随着气流穿过纤维层时，颗粒物会因为重力作用产生脱离流线的位移而沉降到纤维表面，这就是纤维过滤器的重力效应，如图 2-5、图 2-6 所示。重力效应只对粒径大于 0.5μm 的颗粒物产生效果，而对于粒径小于 0.5μm 的颗粒物，重力效应可以完全忽略，因为颗粒物随着气流穿过纤维层的时间远远小于 1s，并且小粒径颗粒物受到的重力作用太小，所以小粒径颗粒物还没有沉降到纤维表面就已经穿过了纤维层。

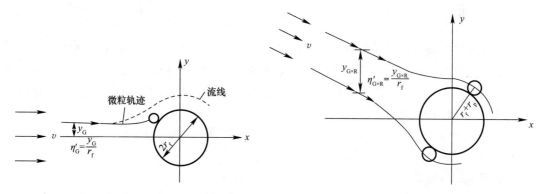

图 2-5　重力效应（重力与气流方向平行）　　图 2-6　重力效应（重力与气流方向垂直）

重力效应作用下的过滤效率计算公式为

$$\eta_G = G(1 + R)$$ (2-12)

其中，重力项的计算公式为

$$G = \frac{\rho_P D_P^2 C_C g}{18\mu v_0}$$ (2-13)

式中：v_0——过滤速度，m/s；

C_C——颗粒滑动修正系数；

R——气体常数；

ρ_P——微粒的密度，kg/m³；

μ——气体黏滞系数，Pa·s。

Tafdos 等提出的效率计算公式为

$$\eta_G = G_a St$$ (2-14)

其中

$$G_a = \frac{D_f}{2} g v_0$$ (2-15)

（5）静电效应

当颗粒物随着气流穿过纤维层时，由于气流摩擦或者某些原因，会使得纤维和颗粒物都带上电荷，纤维会产生吸引颗粒物的静电效应，从而增加了纤维吸附颗粒物的能力，这就是纤维过滤器的静电效应，如图 2-7 所示。但是这种电荷既不能长时间存在，并且形成的电场强度又很弱，所以对颗粒物产生的吸引力很小，一般情况下可以忽略，除非有目的性的使纤维和颗粒物带电。

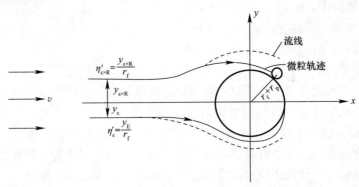

图 2-7　静电效应

在纤维过滤器内，颗粒物被补集可能是由五种作用效应中的一种或者几种共同作用的结果。这是根据颗粒物的尺寸、密度、纤维粗细、纤维层的填充率以及气流速度等条件决定的。但在一般情况下，重力效应和静电效应可以忽略，基本上由拦截效应、惯性效应、扩散效应共同作用的结果。

静电效应分三种情况，分别为微粒单独带电、纤维单独带电和两者同时带电，三种情况下的静电过滤效率表达式如下。

微粒单独带电情况：

$$\eta'_{E \cdot Q_0} = \frac{(\varepsilon - 1)4D_P^2 Q^2}{(\varepsilon + 2)3\mu D_f^3 v} \tag{2-16}$$

式中：ε——相对介电常数；

　　Q——单位长度纤维所带电荷，C。

纤维单独带电情况下，过滤效率表达式为

$$\eta'_{E \cdot Q_q} = 2\left[\frac{(\varepsilon - 1)}{(\varepsilon - 2)}\frac{q^2}{3\mu D_f^2 v}\right]\left(\frac{1}{2(2 - \ln Re)}\right)^{\frac{1}{2}} \tag{2-17}$$

微粒和纤维同时带电情况下，过滤效率计算公式为

$$\eta'_{E \cdot Q_q} = \frac{4Qq}{3\mu D_P D_f v} \tag{2-18}$$

式中：q 表示微粒所带的电荷，C。

2.2.2　静电净化技术

静电净化技术是利用静电力实现空气中的颗粒物与空气分离并且进行捕集的一种净化技术。静电净化技术主要应用于工业烟气粉尘的处理，是实现工业烟气粉尘排放达到国家相关标准的重要技术手段。由于静电净化技术在滤除较小粒径的颗粒物的同时，还可以将

空气中的细菌、病毒等一并除去，所以近年来已广泛应用于建筑室内空气净化领域。

静电净化技术因其阻力小、杀菌除尘的效率高和能效高的优势使其具备良好的应用前景。并且静电净化技术无需耗材，可反复清洗使用的优势使其不再增加使用成本。但是劣势也是十分明显，相对而言前期投入成本较大，并且对安装维护人员要求较高，需要定期进行维护清洗，另外可能会有副产物臭氧的产生。

1. 静电净化技术发展历程及研究现状

近年来，对于静电过滤技术的研究主要为定性研究，集中表现为设计参数和运行参数对静电过滤效果的影响，其中设计参数包括极板间距、电场结构、电晕线线径等，运行参数包括电场电压、风速和粒子粒径。电场电压小于击穿电压时，静电过滤对颗粒物的去除效果随电场电压的升高而增加，随过滤速度的增大而减小，静电过滤对小粒径颗粒物的过滤效果更好，此外，电晕线线径越细，对颗粒物的过滤效果越好，臭氧产生量越少，但线径需满足机械强度和刚度要求，不能太细[10]。

此外，电凝并增强技术也是近年来获得较多研究的一项新技术。电凝并是指微细颗粒通过物理或化学的途径互相接触而凝结成较大的颗粒的过程，凝并可以作为除尘的预处理阶段，使小颗粒凝并长大，再利用静电设备加以收集，这种方式可以大大提高收尘效率，因而得到了广泛的应用。目前，电凝并主要有同极荷电颗粒在交变电场中的凝并、异极性荷电粉尘的库仑凝并、异极性荷电颗粒在交变电场中的凝并、异极荷电颗粒在直流电场中的凝并四种及其组合变形，另外还有一些改进的凝并设备，如四级凝并器。四种电凝并技术中，两区式异极荷电颗粒在交变电场中的凝并效果优于三区式，但均面临能耗和一次环保投资较高的问题，若颗粒物比电阻较高，还需加入降低比电阻的工艺。调研过程中还发现，电凝并过程受诸多因素影响波动较大，对粉尘的变化敏感，粉尘比电阻过小易造成二次扬尘，而粉尘比电阻过大又会产生反电晕又导致除尘效率迅速下降。

2. 静电净化技术机理

静电净化技术是当含尘气流经过高压静电场时，由于空气电离和电晕放电产生的正离子和自由电子使得颗粒物荷电，带电的颗粒物在静电力的作用下，遵循异极电荷相互吸引的原理，使得带电颗粒物朝着极性相反的电极运动，然后在极性相反的电极上被捕集从而达到与空气分离的目的。

作为静电净化装置，电场多采用双区式电场结构，即把电离极和集尘极分开，第一区是电离区为了使颗粒物荷电，第二区是集尘区为了使颗粒物被捕集，如图2-8所示。相对于单区式电场结构，这样既可以把电晕极电压降低，又可以采用多块集尘极板，增大了集尘面积，减小了极板距离，从而提高了净化效率。同时集尘极可以只用几千伏的电压，这样也更加安全。

空气电离和电晕放电是静电净化技术的第一阶段。

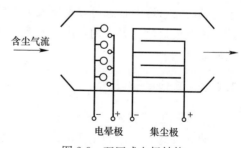

图2-8 双区式电场结构

外界对静电除尘装置的两极施加直流电压，随着电压的升高，电场内被处理气体中原本存在的少量自由电子获得能量，开始冲击中性气体分子。当电场电压升高到足已使气体中原来的自由电子获得的能量，使其速度达到超过其临界速度而成为其高速电子时，高速电子轰击中性气体分子或原子，使之发生碰撞电离，从而产生大量电子和正离子；因碰撞而失去能量的自由电子则与其他中性气体分子结合成为负离子。以上就是空气电离过程。

随着两极电场的外施电压继续升高，不仅高速电子能够轰击中性气体分子或原子，使之发生碰撞电离，而且气体中的活性较大的负离子和活性较小的正离子也都先后获得了足够的能量去轰击中性气体分子或原子使之电离。由于电子和正、负离子都参与了轰击中性气体分子，因此气体电离如雪崩似的剧烈进行，致使电场中的电子和气体离子在极短时间内急剧增加，这种现象称为"电子崩"现象。在大量气体被电离的同时，有部分离子会重新结合，结合时将会发出辉光。随着电场电压的升高，离子结合过程也越趋激烈，特别是在放电极周围，因其电场强度最高，离子结合也就最激烈。从而，在放电极周围可看到点状光点或环状光环，称之为电晕；同时可听到吱吱的声音，甚至听到噼里啪啦的声响，这一现象称为电晕放电。

被处理气体中的颗粒物荷电是静电净化技术的第二阶段。

颗粒物荷电是其可能被捕集的必要条件，颗粒物的荷电量越大，越容易被捕集。颗粒物的荷电是通过自由电子、离子与颗粒物碰撞，并附着于颗粒物之上而完成的，称之碰撞荷电。颗粒物荷电量的大小随离子大小而异。颗粒物荷电理论认为，在电晕电场中存在两种不同的颗粒物荷电机理，即电场荷电和扩散荷电。

颗粒物的电场荷电，是电晕放电产生的气体离子在静电力作用下移向集尘极的过程中，与悬浮于气体中的颗粒物相碰撞的结果。

颗粒物的扩散荷电也是一种碰撞荷电，即由于悬浮于气体中的细小颗粒物与气体中作不规则运动（热运动或浓度梯度引起的）离子相碰撞的结果。

电场荷电和扩散荷电的相对重要性主要取决于颗粒物的直径。粒径大于 $1.0\mu m$ 的颗粒物，主要靠电场荷电；而粒径小于 $0.2\mu m$ 的颗粒物，主要靠扩散荷电。介于以上两者之间的颗粒物，两种荷电机制都存在并发生作用。

荷电颗粒物在集尘区中受电场力作用，通过延续的电晕电场或不放电的电极之间的纯净电场而最终被捕集、清除，这是静电净化技术的第三阶段。

处在放电极与集尘极之间的荷电颗粒物，主要受到重力、惯性力、静电力和气体阻力等四重力作用。由于其粒子的质量很小，受到的重力和惯性力也很小，可以忽略。因此，可以认为颗粒物只受静电力和气体介质阻力的作用。在这两种力的作用下，荷电颗粒物向集尘极运动。运动状态可以是层流也可以是紊流，研究表明以紊流为主。只有颗粒物运动进入贴近极板的边界层内，由于摩擦力作用，离子运动状态变为层流，才能受静电力作用被捕集[11-13]。

2.2.3 其他净化技术

1. 湿式过滤技术

湿式过滤技术是利用清洁水与颗粒物接触实现颗粒物与空气分离并且进行捕集的一种净化技术。湿式过滤技术是在纤维过滤技术的基础上发展而成的一种净化技术，湿式过滤技术的核心部件就是湿式过滤材料，湿式过滤材料是一种特殊的纤维过滤材料，是由吸水性能好、耐水性能强、湿水状态下不易变形的多孔材料制成的。

湿式过滤技术的工作介质是清洁水和多孔材料，通过两种工作介质相互协同作用实现空气中颗粒物与空气分离并且进行捕集。湿式过滤技术与纤维过滤技术相比，过滤材料不易被沉积的颗粒物堵塞，因为湿式过滤技术具有一定自洁能力，不需要专门的清洗，所以湿式过滤材料的使用寿命较长。并且清洗过后可以重复使用，从而减少了更换过滤材料的额外费用。最重要的是湿式过滤技术具有一定空气加湿和降温的作用。尽管湿式过滤技术的耗水量较小，不会造成水资源的浪费，但在潮湿的环境容易滋生微生物和细菌导致二次污染，而且在严寒地区还要考虑防冻的问题。

湿式过滤技术的工作原理如图 2-9 所示。清洁水通过供水管被输送到过滤材料顶部的分水器内，清洁水在自身重力的作用下，沿着过滤材料的孔隙自上而下的流动，流动的同时会不断的被过滤材料吸收和扩散，直到清洁水流到过滤材料底部，最终流到水箱中排出。由于过滤材料具有多孔性和强吸水性，当清洁水流经过滤材料内的孔隙时，不仅在过滤材料表面形成一层水膜和水泡，并且过滤材料吸收的清洁水会迅速向其他位置扩散，直到过滤材料完全湿透。所以当含有颗粒物的空气垂直通过过滤材料时，空气中的颗粒物因其扩散运动而与过滤材料孔隙中的水膜、水泡和水滴发生碰撞、扩散和粘附作用而被捕集，其中大部分颗粒物浸入水清洁水中，随着清洁水最终流到水箱中排出，实现颗粒物与空气的分离[14,15]。

湿式过滤技术净化颗粒物的机理首先在于颗粒物通过惯性碰撞、截留与水膜、水泡或水滴发生接触而被浸湿、粘附和捕集；其次在于颗粒物依靠扩散作用与水膜、水滴接触而被捕集；最后在于含有颗粒物的空气通过过滤材料时被加湿，导致颗粒物凝并而沉降。以上三种净化机理对于不同粒径颗粒物的作用不尽相同。对于粒径大于 $1\mu m$ 的颗粒物，第一种净化机理起主要作用。对于粒径小于 $1\mu m$ 的颗粒物，第二种和第三种净化机理起主要作用。

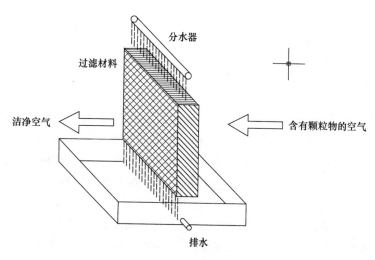

图 2-9 湿式过滤技术工作原理

2. 负离子净化技术

负离子净化技术是利用空气电离和电晕放电产生的负离子实现颗粒物凝并与沉降的一种净化技术。负离子净化技术是针对颗粒物的有效途径，是未来空气净化领域的重要组成部分，是一种面向未来的新兴的空气净化技术。

　　负离子有着"空气维生素"的美称是因为负离子不单单拥有降尘除尘、杀菌灭菌的作用，同时拥有更为突出的生物作用。负离子不仅具有提升人体合成和储存维生素的功能，还具有强化和激活人体的生理活动的作用，对人体的生理活动有着积极的影响。产生负离子的负离子发生器体积小、使用方便、无耗材且成本低廉，在空气净化器产品中应用广泛。但负离子只是使小颗粒物凝并成大颗粒物沉降下来，并没有从根本上去除颗粒物，所以很容易引起二次扬尘，而且在产生负离子的过程中会有副产物臭氧的产生，危害人体健康。

　　20 世纪 70 年代，一些西方国家早已开始使用负离子空气净化器，而我国在 20 世纪 80 年代才引进负离子发生器，开始了负离子技术的研究，到了 20 世纪 90 年代，我国也陆续推出了第一代负离子空气净化器[16]。第一代负离子空气净化器仅依靠负离子发生器产生的负离子净化空气，所以生成的负离子浓度低，而且产生的副产物臭氧浓度严重超标，净化效率与西方国家相比还有着巨大差距。第二代负离子空气净化器虽然提升了负离子浓度和净化效率，但依然存在臭氧浓度严重超标的情况。此后，西方国家开始制定了负离子空气净化器的行业标准，一旦臭氧浓度超标便判定负离子空气净化器不合格。我国制定的《室内空气中臭氧卫生标准》中指出，臭氧的一小时均值不得超过 0.1mg/m³。于是研发出第三代负离子空气净化器，它结合其他空气净化技术综合净化室内空气，在提升了负离子浓度和净化效率的同时，也解决了臭氧超标的问题。经历了三代的技术变革，负离子空气净化器技术逐渐成熟并走向了市场。目前，负离子净化技术还是在研究如何提高负离子浓度和净化效率以及副产物臭氧的控制问题，以及与其他净化技术的综合应用[17,18]。

　　负离子净化技术处理颗粒物的机理在于负离子在自身的电荷作用下，很容易吸附空气中的微小颗粒物和带正电的颗粒物，通过正负离子吸引使得空气中的颗粒物凝并成为大颗粒物，大颗粒物会因为其重力作用沉降下来。

2.3　针对气态污染物的净化处理技术

　　前一小结介绍了针对细颗粒物的净化处理技术。由于气溶胶的粒径分布不会导致其质量浓度的变化，但是气体到颗粒的转化过程会导致气溶胶质量浓度的增加[19]。气—颗粒转化可以发生在均匀气相过程，也可以发生在颗粒相过程中，这使得控制污染物的过程不仅仅需要处理固态污染物，还要处理气态污染物。本章主要介绍典型气态污染物的净化处理技术。气态污染物可以分为有机污染物如甲醛、脂肪烃、芳香烃、卤代烃等，以及无机污染物如 CO、NO_2 等，它们可以由建材、电子办公用品以及地板、装饰胶粘剂等散发。不仅严重危害人类的健康，同时也给人们的生存环境造成了很大的影响。

　　本章节介绍了吸附技术、催化技术、等离子净化技术以及其他气态污染物的净化处理技术，比较了不同种类气体污染物处理方法的优缺点，梳理了气态污染物净化处理技术的原理以及基本方法。

2.3.1　吸附技术

　　吸附是一种将液体（或气体）的一种或多种成分吸引到固体表面上以达到去除或分离

污染物的目的的技术。由于吸附设备简单、操作方便的优点，具有广泛的应用范围。吸附方法分为气固吸附和液固吸附。本章仅讨论气固吸附。

1. 发展历程及研究现状

A. B. Fontana 在 1777 年报道了木炭能够去除一定量的其他气体的现象。从那以后，许多科学家，例如 J. Priestley 和结晶学家 M. E. Mitscherlich 等广泛研究了多种气体和液体中各种物质的吸附特性。1920～1930 年，吸附开始成为一个独立的科学体系，并且出版了许多有关吸附的书籍。活性炭的工业化始于 1890 年。到 20 世纪后，有关气体吸附的研究已经发展起来。第一次世界大战期间，活性炭被用于防毒面具。美国生产大量用于潜水艇内部结构干燥的有机硅。1940 年，发现了合成沸石的方法。第二次世界大战期间，吸附研究被迫停止。20 世纪 50 年代，随着世界经济的复苏，科学技术都得到了飞速发展，吸附技术又开始了新一轮的研究热潮。

目前，中央民族大学的海浩和北京大学的王婷通过混酸氧化法对多壁碳纳米管（multi-walled carbon nano tubes，MWCNTs）进行氧化改性（MWCNT-O），并研究其改性前后对苯酚、甲酚、甲氧基苯酚、羟基苯甲醛和硝基苯酚 5 种典型酚的吸附作用。结果表明：298K 下，与未改性的 MWCNTs 相比，五种酚类化合物对 MWCNTs-O 的吸附能力均有提升[20]；天津大学的安亚雄使用 Materials Studio 软件建立了 0.902nm、1.997nm、3.000nm、4.000nm 孔径的活性炭狭缝孔模型，采用巨正则蒙特卡洛模拟（Grand Canonical Monte Carlo）的模拟方法计算了其对挥发性有机物（VOCs：异己烷、苯、甲苯、丙酮和甲醇）的吸附数据，考察了活性炭孔径的变化对 VOCs 吸附性能的影响，并对实际应用进行指导[21]。

2. 吸附原理

通常，将具有吸附功能的固体称为吸附剂，被吸附物称为吸附质。

由于混合气体（称为气相，下同）中吸附气体的浓度大于吸附剂固体表面和微孔内部的浓度，该浓度差驱动气体吸附物的分布。该浓度差是使吸附的气体从气相区域分散到吸附剂及其孔的固体表面的驱动力，这是吸附机理。图 2-10 简要描述了气固吸附过程[22]。图 2-10 的横截面显示了不同孔隙和微孔颗粒的固体吸附剂。根据流体动力学边界层理论，在固体颗粒的外表面附近存在薄的气体边界层，气体边界层以外为气相主体区。通过浓度差驱动吸附的组分气体，气相通过边界层分布在吸附性固体颗粒的外表面上，然后分散到固体孔和微孔中。整个吸附过程通常经历以下三个步骤（图 2-10 中用①、②、③表示）。

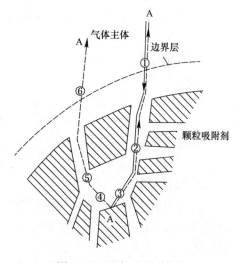

图 2-10 吸附过程示意图

（1）组分气体被吸附物从气相区域分散并穿过固体外围的气体边界层到达吸附性固体的外表面。此过程称为外部扩散过程（图 2-10 中①）。

（2）吸附气体从固体吸附剂的外表面分布到其孔隙和内表面上。此过程称为内部扩散过程（图 2-10 中②）。

（3）吸附气体被吸附在固体微孔的内表面上。这种现象称为表面吸附过程（图 2-10 中③）。在化学吸附的情况下，③之后还会发生相应的化学反应。

在上述吸附过程中，除了吸附现象外，随着吸附在吸附剂表面上的吸附物的数量逐渐增多，由于热运动会在吸附剂表面去除一些吸附物，该过程称为解吸。解吸是吸附的逆过程，在图 2-10 中用④、⑤、⑥表示脱附的进行过程。由图 2-10 也可以看出，吸附剂的吸附容量也与比表面积和孔隙大小有关，比表面积越大，孔隙越小，吸附能力越强。

在一定的温度和压力下，当吸附速度与脱附速度相同时，或当吸附剂上所吸附的吸附质与该吸附质在气相中的初始浓度达到平衡时，称为达到平衡吸附或处于饱和吸附状态。此时，吸附质的浓度（或分压）称为平衡浓度（或平衡分压）；吸附剂对吸附质的吸附量称为平衡吸附量，亦即最大吸附量或静吸附量分数、静活性分数，简称吸附剂静活性。一般用单位质量吸附剂在吸附平衡时所吸附的吸附质的质量来表示，即用 X_T（质量分数无量纲）或 $m_{吸附质}$ 除以 $m_{吸附剂}$ 表示。它反映了固体吸附剂对气体吸附质的吸附极限。

吸附质在固体上的吸附量（M）是绝对温度（T）、气体压力（p）或液体浓度（c）和固体气体之间的吸附作用势（E）的函数，用式（2-19）表示。

$$M = f[T, p, E] \quad 或 \quad M = f(T, c, E) \tag{2-19}$$

对于给定的固-气体系，当温度 T 一定时，可认为吸附作用势 E 一定。这时吸附量 M 只是压力 p 的函数，这个关系叫做吸附等温线（adsorption isotherm）。压力一定时，吸附量 M 与温度 T 的关系叫做吸附等压线（adsorption isobar）。吸附量 M 一定时，p 与 T 的关系叫做吸附等量线（adsorption isostere）。它们的具体表达式见式（2-20）～式（2-22）。

吸附等温线

$$M = f(p)_{T,E} \tag{2-20}$$

吸附等压线

$$M = f(T)_{p,E} \tag{2-21}$$

吸附等量线

$$p = f(T)_{M,E} \tag{2-22}$$

3. 吸附分类

在某些条件下，当气体吸附质与固体吸附剂完全接触时，气体吸附质被吸附在固体吸附剂的表面上，我们称之为吸附过程。在整个吸附过程中，吸附质气体的扩散和吸附是传质过程。

根据吸附剂与吸附质间作用力的不同，吸附过程分为物理吸附和化学吸附两种。如果吸附是物理吸附，则吸附过程通常受外部扩散和内部扩散控制；如果是化学吸附，则既具有表面动力学控制又具有内部和外部扩散控制。

（1）物理吸附

吸附剂与吸附质间由于分子间作用力（范德华力）产生的吸附现象，称为物理吸附。物理吸附的主要特征有以下 5 点：

1）对吸附气体无选择性。表现为一种吸附剂可以吸附多种吸附质。因为吸附剂或吸附质的极性不同，所以特定吸附剂在不同吸附物上的吸附量不相同，但是通常来说，越易液化的气体越易被吸附。

2）物理吸附可以是单层吸附或多层吸附，但通常是多分子层吸附。如图 2-11 所示，在物理吸附过程中，第一层吸附是由于固体和气体的分子间作用力。但是，吸附的气体分子的第一层仍对其他气体分子有引力作用，因此，在第一层吸附分子之上还可以吸附第二层、第三层……

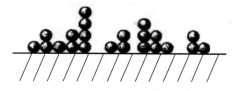

图 2-11　多层分子吸附示意

3）由于物理吸附是放热过程，所以低温对物理吸附是有利的。由于吸附现象的发生是分子间作用力引起的，因此物理吸附放热很少，约为 $2.09\sim20.9kJ/mol$，接近相应气体的液体热量。因此，物理吸附可以看作是气体在固体表面上的凝聚。

4）物理吸附过程非常快，并且可以在短时间内达到吸附平衡，但正因为物理吸附过程时间较短，这就要求吸附剂容量足够大。

5）物理吸附是可逆的。由于固体吸附剂和气体吸附剂之间的吸附较弱，一些吸附的气体分子会因其热运动或在操作条件改变（例如温度升高和压力降低）时从吸附剂中释放出来，这种现象称为解吸。在此过程中，脱附物仍为原来的吸附质，其物理和化学性质保持不变。通常，利用物理吸附的可逆性，可以对吸附剂进行再生处理；同时，吸附质的回收也比较容易实现。

（2）化学吸附

由于吸附剂固体表面与吸附质分子之间的化学键的作用而产生的吸附现象称为化学吸附，该现象涉及吸附质分子与固体吸附剂之间的电子交换或共有。由于化学吸附的发生需要一定的活化能，因此也称为活性吸附。化学吸附的主要特征如下：

1）吸附具有很强的选择性，只能吸附化学反应中涉及的特定气体。

2）从吸附厚度的角度来看，化学吸附总是被单层或单原子层吸附，并且吸附主要发生在固体吸附剂的表面上。

3）化学吸附涉及分子中化学键的活化和重组，因此必须提供一定的活化能（吸附热），而重新活化的热量与化学反应热相同（绝对值在 $80K/mol$ 以上），因此化学吸附可以看做是表面化学反应。

4）吸附剂与被吸附物牢固结合。化学吸附通常是不可逆的吸附，只有在高温下才可以发生脱附现象。且脱附物往往与原来的吸附质不相同。例如木炭吸附氧（O_2）后，其脱附物中还有 CO 和 CO_2。

化学吸附速率通常较慢。化学吸附在低温下不易达到吸附平衡，但吸附速率随温度的升高而增加，因此必须在较高的温度下进行吸附。

通过化学吸附去除有害气体的应用有很多例子，例如使用溴浸渍的活性炭去除乙烯或丙烯；用硫化钠浸渍的活性炭去除甲醛是化学吸附。

需要说明的是，在实际的吸附过程中，通常不可能严格区分吸附过程是物理吸附还是化学吸附。在相同的吸附系统中，由于条件不同，物理吸附后会同时发生化学吸附或物理吸附和化学吸附。

物理吸附和化学吸附的主要特征示于表 2-1。

物理吸附与化学吸附的主要特征比较　　　　　　　　　　　　　表 2-1

比较项目	物理吸附	化学吸附
吸附剂	一切固体	某些固体
吸附质	低于临界点的一切气体	某些能与之起化学反应的气体
温度范围	低温	通常是高温
吸附热	低，与凝结热数量级相同	高，与反应热的数量级相同
速率及活化能	非常快，活化能低	速率较低；非活性吸附活化能低；活性吸附活化能高
覆盖情况	单层或多层吸附	单分子层或单原子层
可逆性	可逆	通常是不可逆的

2.3.2　催化技术

污染物气体的催化净化是一种净化处理技术，可将污染的空气污染物转化为无害物质或易于清除的物质。这种方法避免了其他方法可能造成的二次污染，并简化了操作过程。针对不同浓度的污染物实现高转化率。

1. 发展历程及研究现状

催化现象的发生可以追溯到数百年前。如果包括生物催化，那么它的出现时间会更久远。但是在早期的化学工业中，除了生物催化的酿造工业以外，其他工业通常都不是催化工业。针对催化作用的研究已经有近一个世纪的历史了，特别是化学热力学和化学动力学为催化学科的发展奠定了基础。20 世纪出现的化学实验的事实和理论，例如反应介质的形成和转化、晶格缺陷和活性表面中心的吸附等，以及许多新的研究方法的形成，对于探索催化作用的本质、改进原有催化剂和原有催化机理、促进催化科学方面发挥了一定的推动作用[23]。

催化技术国内研究方向主要光催化技术：中国科学院的黄谢意制备出了非晶态中孔磷酸盐化 TiO_2（ATO-P）高比表面积的负载型铂催化剂。P 型掺杂较之前传统催化剂表面积提高 21 倍。具有无定形介孔特征的负载型铂催化剂对 VOCs 的氧化表现出超强的性能和出色的热稳定性[24]。上海交通大学的朱本必以玻璃纤维布为基底，以 TiH_2 为原料，通过简易的化学合成及溶胶-凝胶法制备了光热增强光催化性能的二氧化钛（B）/玻璃纤维布复合材料（B-T/GFC）。该复合材料在 1 个太阳光强度下（$1kW/m^2$），相对于玻璃纤维布具有更强的光热能力。其光催化降解切削废液中有机污染物（COD）的能力优于黑色 TiO_2（B-T）和 P25，光照 2h 的降解率约为 P25 的 2.3 倍[25]。天津大学的张卫国副教授采用高温水热法和共沉淀法，制备了不同摩尔比例的 pn 型 Cu_2O-WO_3 复合半导体材料，以罗丹明 B（RhB）溶液的光降解表征材料的光催化性能的过程中，在可见光下光照 8h 后，相较于 WO_3 和 Cu_2O 仅为 22.2% 和 45.2% 的光降解率，摩尔比为 1∶2 的 Cu_2O-WO_3 复合物的降解效率达到了 90.6%[26]。

2. 催化原理

化学反应的速率随物质的添加而变化，但是在反应结束时不改变的物质的体积和性质的影响称为催化作用，而该添加物称为催化剂。其中，将加快反应速度的技术称为正催化剂；延缓反应速度的技术称为负催化剂。当反应器和催化剂处于同一相时，称为均相催化反应。当反应器和催化剂异相时，称为多相催化反应（或多相催化反应）。

催化剂分为贵金属催化剂、稀有氧化物催化剂和普通金属氧化物催化剂。贵金属催化剂是目前性能最好、寿命最长的催化剂，但由于价格高而未被广泛使用。稀有氧化物资源丰富，价格低廉、抗毒能力强，因此在中国得到了研究。普通的金属氧化物催化剂（如 CuO 和 TiO_2）也具有特定的催化作用，但作为主要催化剂，稳定性差、寿命短、光温度高、热稳定性也不佳，但普通的氧化物资源丰富、价格低廉[27]。

催化剂加速反应平衡的速率归因于改变了反应历程、降低活化能。催化剂的化学性质在反应前后都没有改变，但是在反应过程中，由于参与反应，可能在反应过程中形成一些不稳定的中间体化合物。因此，催化剂本身的化学性质在反应前后不会改变，但通常会发生物理变化。催化剂不影响化学平衡。从热力学观点来看，催化剂不能改变反应体系中的 ΔG，并且催化剂只能缩短达到平衡所需的时间，不能移动平衡点。对于气-固相催化反应，增加催化剂体积或增加催化剂比表面积会增加每单位时间的反应体积。向催化剂或反应体系中添加少量杂质通常会强烈影响催化剂的作用，催化剂的作用既可能是助催化剂，又可能是反应的毒物。这表明催化剂表面不是全部相等，并且存在具有特定结构的活性表面的中心。

催化剂通常由主活性物质、载体和助催剂组成。催化作用通常发生在主活性材料的表面上，其厚度为约 $20\sim30nm$，并且主活性材料通常附着在支撑结构上。该载体具有两个功能：一是提供大的比表面积，以节省主要活性成分，并提高催化剂活性；二是提高催化剂的机械强度、导热系数和热稳定性，延长催化剂寿命。助催剂本身没有催化性能，但是少量添加可以改善催化剂性能，从而提高催化效率。助催剂和主活性物质都附于载体上，可以做成球状、圆柱状、片状、丝状、网状和蜂窝状等以供选用[28]。

主催化剂也叫活性组分，多组分催化剂的主体，也是必备组分。值得注意的是，活性物质可以直接使用而无需附着到载体上，这可以用来区分活性物质和载体。但由于一些反应助催化剂单独使用时，催化剂的活性较低，而与载体同时使用时，则具有较高的催化活性。我们称它们为共催化剂。

3. 催化分类

由于催化作用的特点各不相同，因此可以从不同角度对催化反应进行分类。

（1）催化反应分类

根据发生催化反应的反应物与催化剂的相态是否相同，可以将催化反应分为均相催化和多象催化。

1）均相催化。均相催化是指反应物和催化剂处于同一相态。催化剂和反应物都处于气相的催化反应称为气相均相催化；反应物和催化剂都处于液相的催化反应称为液相均相催化。

2）多相催化。多相催化反应是指反应物和催化剂居于不同相态。由气体反应物与固体催化剂组成的反应体系称为气固相催化反应；由液态反应物与固体催化剂组成的反应体系称为液固相催化反应；由液态和气态两种反应物与固体催化剂组成的反应体系称为气液固三相催化反应；由气态反应物与液相催化剂组成的反应体系称为气液相反应。

3）酶催化。它的特点是催化剂酶本身是一种胶体，可以均匀地分散在水溶液中，对液相反应物而言可以认为是均相催化反应，但是在反应时，反应物却在酶催化剂表面上进行积聚，由此而言可认为是非均相催化反应。因此酶催化反应同时具有均相和非均相催化反应。

（2）助催化剂分类

助催化剂是加入催化剂中的少量物质，这种物质本身没有活性或者活性很小，可以忽略不计，但是它可以提高催化剂的性能，包括催化剂活性、选择性及稳定性等。根据助催化剂的功能可将助催化剂分为以下 4 种：

1）结构型助催化剂。结构型助催化剂能增加催化活性组分的稳定性并延长催化剂的寿命。

2）调变型助催化剂。调变型助催化剂又称电子型助催化剂，与结构型催化剂不同，它通常不影响活性组分的本性，但能改变催化活性物质的特性，包括结构和化学特性。

3）扩散型助催化剂。扩散型助催化剂可以改善催化剂的孔结构以及扩散性能。这类助催化剂主要是矿物油、淀粉和有机高分子等物质。这些材料是在催化剂的制备过程中添加的，在催化剂干燥焙烧过程中，它们被分解和氧化为 CO_2 和 H_2O 并逸出，留下许多孔隙。因此，也称这些物质为致孔剂。

4）毒化型助催化剂。毒化型助催化剂可以毒化催化剂中一些有害的活性物，消除其造成的一些副反应，从而提高催化剂的选择性和寿命。虽然助催化剂用量很少，但对催化剂的催化性能影响巨大。因此，不仅需要选择适宜助催化剂的组分，而且也要适量。

（3）载体的作用分类

载体是催化剂中主催化剂和助催化剂的分散剂、稳定剂，起到的作用是多方面的，可以归纳如下 5 点：

1）分散作用。多相催化是一种界面现象，因此要求催化剂的活性组分具有足够的表面积，这就需要提高活性组分的分散度，使其处于微米级或原子级的分散状态。载体可以提高活性组分的分散度，使其处于微米级或原子级的分散状态，并保持其稳定性。

2）稳定作用。除结构型助催化剂可以稳定催化剂活性组分微晶外，载体也可以起到这种作用，它可以防止活性组分的微晶发生半熔或再结晶。载体能把微晶阻隔开，防止微晶在高温条件下迁移。

3）支撑作用。载体可赋予固体催化剂一定的形状和大小，以使之符合催化反应对其流体力学条件的要求。载体还可以使催化剂具有一定的机械强度，避免在使用过程中发生破碎或粉化，使流体分布均匀保持工艺操作条件稳定。

4）传热和稀释作用。对于强放热或强吸热反应，通过选用导热好的载体可以及早移走反应热量，防止催化剂表面温度过高。对于高活性的活性组分，通过加入适量载体可以起到稀释作用，以保证热平衡。

5）助催化作用。载体和活性组分或助催化剂化学催化现象时，会导致催化剂的活性、选择性和稳定性的变化。在高分散负载型催化剂中，氧化物载体可对金属原子或离子活性组分发生强相互作用或诱导效应。载体的酸碱性质还可与金属活性组分产生多功能催化作用。因此除了选择合适载体类型外，确定活性组分与载体量的最佳配比也是很重要的。

4. 光催化技术

在许多催化气体技术中，光催化净化技术由于其高效率、低运行成本以及可在常温常压下运行而成为近年来催化研究的热门方向。它基于光催化剂产生超强的氧化还原发光能力，可将几乎所有的有机污染物分解为 CO_2 和 H_2O，并杀死细菌和病毒等生物污染物。

光催化技术的主要发展方向大致为以下 4 方面：

1）将光催化的光谱响应范围从紫外光区扩展到可见光区，以制备高活性和高效的光催化剂材料。

2）开发适合各种应用的高效经济的光催化反应器。

3）开发新的光催化反应系统，例如光电等离子体和协同光催化反应，以进一步提高光催化反应的效率。

4）进一步阐明光催化反应的机理，从理论上指出提高光催化活性和效率的方向和条件。

应当注意，通过气固光催化反应处理的气体混合物（含有气态污染物的空气）必须包含一定浓度的水蒸气。如果混合气体（空气）中的蒸汽很少或没有蒸汽，则光催化剂材料表面上的强羟基氧化基团会逐渐被消耗掉而无法填充，导致光催化反应效率大大降低。但是，如果水蒸气含量太高，它将与光催化剂表面上的底物（O_2、H_2O、污染物质等）形成吸附竞争，导致吸附的底物减少，光催化活性降低。因此，通常认为对于大多数气相固相光催化反应，要求处理后的气体包含适当浓度的水蒸气。

（1）光催化剂原理

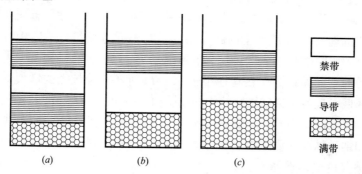

图 2-12　按照电子性质分类的固体的能带模型示意图
（a）金属；（b）绝缘体；（c）半导体

光催化反应是复杂的物理和化学反应。初级反应过程主要包括几个步骤，例如光生电子、空穴对的产生、分离、迁移、再复合和催化剂颗粒表面捕获等几个步骤。光催化基元过程的大致可分为 3 个步骤。

1）在吸收与激发过程中，光通过固体并与固体中的电子、激子、晶格振动、杂质及缺陷等相互作用，从而产生光吸收现象。其中，价带上的电子吸收光子能量后，激发、跃迁到导带上的过程，称为本征吸收。半导体光催化剂产生本征吸收是发生光催化反应的先决条件。固体对光的吸收率是固体物质的一个常用特征物理常数，它反映了物质吸收光能的能力。半导体 TiO_2 粒子接受光照射产生本征吸收，价带上的电子吸收光子能量跃迁到导带上，这种现象称为光激发。发生激发的必要条件是入射的光子能量 $h_v \geqslant E_g$（禁带宽）。图 2-12 列举了金属、绝缘体以及半导体的能带模型。

2）在分离与迁移过程中，由于光生电子—空穴对的电子与空穴因彼此间的库伦静电力作用，导带上的光生电子仍与价带上的空穴联系在一起，这种由库力作用而相互束缚的电子—空穴对称为激子。激子中的光生电子和空穴在扩散及外电场作用下，克服彼此间的静电引力，达到空间上的分离，此过程称为电子—空穴对的分离过程，用分离效率来描述。分离效率高，电子—空穴对得到分离的数目就多。

3）在界面俘获与光催化反应过程中，表面复合和界面电荷转移这两者是相互竞争的，并且表面复合要比电荷转移快得多。然而，如果大量的电子给体或电子受体被预先吸附在光催化剂颗粒的表面上，则迁移到颗粒表面的光生电子和空穴，就可能被"供体"或"受体"捕获，发生光催化反应，减少了光生电子与空穴的复合。

影响光催化效率的因素很多，主要是光催化剂材料、光照强度、目标反应物初始浓度、环境温度和相对湿度、水溶液 pH 和通过光催化剂材料的反应物流速（流量）等。

2.3.3　等离子净化技术

1. 发展历程及研究现状

等离子体科学是物理学、化学和电子学的交叉学科。它包括三个方面：等离子体物理学、等离子体化学和等离子体工程。自 20 世纪 80 年代以来，将等离子体特别是不平衡等离子体（也称为低等离子体）应用于环境污染的处理一直是国内外研究的热点之一。

国内，合肥工业大学的李云霞运用 XRD、BET、SEM、EDS、H_2-TPR、TEM 及 FT-IR 等多种表征技术研究锰氧化物制备及改性条件对其组成、微结构、表面性质及对其催化性能的影响进行了分析，在此基础上，探讨了低温等离子体—锰氧化物矿物协同净化气态污染物的机理[29]；浙江大学的赵磊研究了在不同含氧量、不同相对湿度下细微颗粒物的荷电情况和脱除效果。实验证明，在粒径大于 $0.2\mu m$ 的粒径范围内，颗粒物的去除效率随着粒径的增加而提高；在粒径小于 $0.1\mu m$ 时，随着粒径的增大，细微颗粒物的脱除效率逐渐降低。也就是说细微颗粒物的脱除效率在 $0.1\sim0.2\mu m$ 粒径范围内最低。对于整个粒径段，在脉冲电晕作用下的脱除效率有着极其显著的提高[30]；武汉工程大学研究了微秒脉冲和纳秒脉冲介质阻挡放电等离子体 CH_4 转化过程，分析了各种实验条件下 CH_4 转化反应途径的最佳选择[31]。

2. 等离子净化原理

所有宏观材料都由大量分子组成。分子之间的吸引力使分子聚集在一起并在空间中规则分布，即形成常见物质的固态、液态和气态这三种状态，即固体、液体和气体。

在一定温度和压力下，物质的存在状态取决于构成物质的分子间力和分子的无规则运动这两个因素的共同作用。温度是分子热活性强烈程度的宏观显示。在低温条件下，分子的热运动不是很强，分子在分子间作用力的作用下被束缚在各自的平衡位置附近做微小的振动。当外界向其提供能量时，其温度升高，并且分子的热运动增加到一定程度，分子间的力不足以将分子束缚在其平衡位置附近并产生较小的振动，但不足以使分子离开，此时，它表示为具有一定体积而没有某种形式的流体，即液体。类似的，只要将能量提供给液体并且温度再次升高，分子的异常热运动将进一步加剧。当分子间作用力不足以维持分子距离时，分子将分散开并自由运动。这种状态被表示为一种气态，即气体。当气体温度升高到足够高时，组成气体分子的原子将获得足够大的动能使之足以启动分离，这一过程称为离解或解离。在此基础上，如果气体温度进一步升高，气体分子中原子所接收的能量过多导致其动能超过原子的电离能，则其电子将变为没有原子键合的电子，而原子因失去电子成为带正电的离子，这就是所谓的电离过程。另外，由于气体分子的热运动增加，彼此之间的碰撞也会引起气体分子的电离，称为碰撞电离。因此，气体变成自由移动并相互作用的正电子和离子的混合物，气体被离解成为正、负荷电粒子的聚集体。这种电离气体不是原始气体，而是转化为新的物质状态。这种物质状态称为等离子体物质状态。如图 2-13 所示。不论哪种情况下，等离子体在宏观上应保持电中性。我们将以上电离气体称为等离子体，其实这并没有包括等离子体的全部。从广义上讲，等离子体可以定义为：凡包含足够多的电荷数目近乎相等的正、负带电粒子的物质聚集状态，称为等离子体。

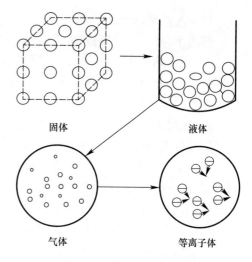

图 2-13 物质四态示意图

等离子体除可以通过人工方法获得，并且也存在于自然界中。例如，夏季的闪电就是空气电离产生的瞬时等离子体所发的光而形成的。在北极和南极附近的天空中看到的美丽极光也是等离子体发光的现象。

等离子体作为一种物质的第四种状态，具有许多独特的物理和化学性质，主要有以下几个方面：

1）等离子体温度高并且粒子的动能很大。

2）化学性质活泼，容易发生化学反应。

3）等离子体是准电中性的，但是作为带电粒子的集合，它具有类似金属的导电性并且是导电液体。

4）发光特性，可用做光源。例如，日常生活中用的日光灯、夜晚街头的霓虹灯和利用钠与水银等放电发光的照明灯，都是常见的等离子体发光现象。

3. 等离子体净化分类

可以根据以下不同方法对等离子体进行分类。

（1）按存在（或来源）分类

天然等离子体包括自然界自然产生的和存在于宇宙中的等离子体。自然产生的等离子体，例如闪电、极光等；存在于宇宙中的等离子体，例如太阳、恒星、恒星和星云。

人造等离子体通过人造施加的能量激发物质电离，以生成等离子体，例如荧光灯、霓虹灯中的放电等离子体和等离子炬中的电弧放电等离子体。

（2）按电离度（α）分类

$\alpha=1$ 称为完全电离等离子体，亦称高温等离子体；

$0.01<\alpha<1$ 即为部分电离等离子体；

$10^{-6}<\alpha<0.01$ 称为弱电离等离子体。

（3）按粒子密度分类

1）粒子密度 $N>10^{15\sim18}\,cm^{-3}$ 的等离子体，称为致密等离子体，也称高压等离子体。在这种等离子体中，粒子之间的碰撞起主要作用。

2）粒子密度 $N<10^{12\sim14}\,cm^{-3}$ 的等离子体，称为稀薄等离子体或低压等离子体。在这样的等离子体中，核子间的碰撞基本上是无效的，前面提到的辉光放电就属于此类等离子体。

（4）按热平衡情况分类

按热平衡情况，可将等离子体分为以下三种类型：

1）完全热平衡等离子体。当等离子体中的电子温度与离子温度及中性粒子温度完全相同时，称为完全热平衡等离子体，亦称高温等离子体。如太阳内部核聚变和激光聚变，均属此类等离子体。

2）非热平衡等离子体。其电子温度远高于离子温度和中性粒子的温度，也称为冷等离子体或低温等离子体。其电子温度之所以远远高于其他粒子温度，这是因为在数百帕以下的低压下，电子在与其离子或中性粒子的碰撞过中，几乎不会与离子或中性粒子发生碰撞而释放任何能量。非热平衡等离子体通常简称为非平衡等离子体。一方面，由于电子具有足够的能量，因此反应性分子被激发、离解和电离；另一方面，反应系统将温度保持在较低水平，从而降低了能耗并节省了投资。因此，不平衡等离子体是工业上最常用的，包括电晕放电、辉光放电、火花放电、介质阻挡放电、滑动弧光放电和微波等离子体及射频等离子体等。

3）局部热平衡等离子体。由于等离子体中的粒子不同，通常很难达到严格的热均匀性，也就是说，很难实现所有电子、离子和中性粒子的完全温度均匀性。

等离子体净化技术是通过高频脉冲放电形成不对称的等离子体电场，使空气中的大量等离子体相互碰撞，发生电化学反应，并迅速降解有毒有害气体、活体病毒，这样就达到了高杀毒效率、除臭、除烟、除尘等目的。当前，有许多不平衡的等离子体净化技术，但是本章介绍的应用方法包括辐射和放电。

4. 辐照法等离子体净化技术

辐照法等离子体净化技术的原理是，通过辐射高能电子束（Y 射线）使烟道气中的二氧化硫和氮氧化物与氨反应形成硫酸铵、硝酸铵颗粒，然后将其分离并固化。辐射过程简单，反应产物可以循环使用，无后处理问题。但是，辐射法需要大功率的或 Y 射线的电子加速器，并需要适当的保护措施，成本很高。尽管产生的产物可以用作肥料，但是硫酸铵的作用不高，并且容易引起土壤板结，降低产量。

5. 放电法等离子体净化技术

等离子体净化技术的原理是通过放电产生电子雪崩，并形成等离子体。当前，等离子体主要通过电晕脉冲放电和电介质屏蔽放电两种放电形式。

（1）脉冲电晕放电等离子体净化技术

脉冲电晕放电等离子体净化技术的原理是通过在管—线或板—线电极之间施加电压来在电极之间产生不均匀的电场。当电极间电压足够高时，会发生电晕放电。高频脉冲电晕放电会引起空间电场剧烈突变，从而使基态分子接收高能量并解离，并且该方法可以使空间气体迅速变成高浓度等离子体。大量的激发态、亚稳态的自由粒子以及各种离子、电子、光子等都是促进化学反应的高活性粒子。在定向突变电场作用下，如果分子的激发态高于化学键能，分子将分解并与电离相关。

（2）介质屏蔽放电等离子体净化技术

介质屏蔽放电等离子体净化技术的原理是在同轴设置内外管状电极，在外电极内侧和内电极外侧各加绝缘介质屏蔽层（或仅在其中一个电极表面加屏蔽层），这样就形成了介质屏蔽放电管。在电极之间施加高频交流电压，并且当电压达到一定值时，极间气体由于放电而形成等离子体。介电屏蔽的主要功能是使放电均匀、稳定，并且防止火花放电。介质屏蔽放电等离子体净化技术独特的优点为净化效率高，并且可以处理低浓度污染物；通过气速高，停留时间短，反应器体积小，特别适用于大流量处理和低浓度废气（传统方法难以适应）；低通风阻力，低功耗；如果正确选择了反应途径，则可以避免二次污染。

介质屏蔽放电等离子体反应器与脉冲电晕放电等离子体反应器的不同之处在于，电极之间增加了绝缘介质屏蔽层。并且两者的电源不同，前者使用高频（兆赫兹）替代电源，而后者使用具有高峰值和小带宽的高压脉冲电源。

吸附技术、催化技术以及等离子净化技术，本章对其原理及分类做了比较充分的讲解，他们的优缺点归结为表2-2。

主要净化技术的优缺点比较　　　　　　　　　　　　　　　　　　　　　　表 2-2

比较项目	优点	缺点
吸附技术	净化效率高；有用的成分可回收；设备简单；易于操作	吸附剂容量小，需要大量的吸附剂，装置较大；吸附后的吸附剂不仅需要定期再生处理和更换，而且吸附质有散逸的风险；由于整个过程的复杂性，成本较高
催化技术	方法简单，不会造成二次污染，具有广泛的适用范围	催化剂易失活，催化剂难以固定并且固定后催化效率降低
等离子净化技术	可在常温常压下操作；降低了有机物毒性，无中间产物，并避免了其他方法的后处理问题；运营成本低，运行管理充分	适用范围为中低浓度

2.3.4 其他净化技术

除了之前介绍的物理吸附技术、催化技术、等离子净化技术等针对气体污染物的处理方法以外，还有许多其他的气体处理方法，较常见的净化技术还有生物净化法、气体膜法等多种方法。

1. 生物净化法

生物净化法是通过将气态污染物从气相转入液相或固相表面的液膜中，然后通过微生物的生化反应进行降解来纯化气态污染物。生物净化法主要用于纯化有机和一些无机污染物，如苯及其衍生物、酮、酚、脂肪酸、二硫化碳等。生物净化的主要优点是工艺和设备相对简单，一般不消耗原材料，能耗和成本低，安全可靠，无二次污染。但是，由于生化反应速率低，设备很大。

根据工作介质的不同，生物净化法可分为生物吸收法和生物过滤法[32]。

生物净化法弥补了传统物理化学处理技术的不足。传统方法需要专门的安全操作程序管理（例如化学吸收），高能耗和高经济投资。相反，生物净化法是一种清洁的处理方法。生物净化法是多学科交叉的净化技术。

目前，该技术已经在欧洲、日本和北美等国家和地区进行了许多研究和实际应用。在中国，来自清华大学、同济大学、湖南大学、西安建筑科技大学、昆明科技大学的研究人员也对该技术进行了探索和测试。

（1）生物吸收法

生物吸收法以微生物、营养物和水组成的悬浮液作为吸收剂，其中的污染物通过与废气接触而被吸收和降解。由于吸收体接近清洁状态，因此装置被堵塞的可能性低，运行相对稳定，并且装置结构相对简单。对可溶性气态污染物净化效果较好。

（2）生物过滤法

生物过滤法简单、高效、低成本、无二次污染，是一种有前景的清洁处理技术。但是，生物过滤的使用必须满足以下三个条件：1）必须从过滤材料中排出废气中所含的污染物；2）这些污染物可以被微生物降解；3）生物转化产物不阻碍主要转化过程。

生物过滤器的处理能力在很大程度上取决于填料。填料可以为微生物提供最佳的生存环境，以实现并维持高度的生物降解。生物过滤器填料可分为有机（活性）填料和无机（惰性）填料。有机填料本身具有丰富的微生物和微生物所需的营养素（氮，磷等），并具有良好的比表面积。通常将有机填料用作顶部填料，例如土壤、堆肥、泥炭、树皮或其混合物。然而，是由于有机填料的矿化，导致填充床的压缩和阻塞，缩短了填料的使用寿命（也称为老化），从而缩短了床的更换时间。针对这种情况，20世纪80年代后期无机填料逐渐出现。常用的无机填料有珍珠岩、火山岩、蛭石、陶瓷、玻璃珠、聚亚胺酯泡沫、聚乙烯球等。无机填料也可单独作为生物法填料，但需额外添加营养。因此，无机填料常用于生物滴滤法中以处理废气，并且不富含生物相，因此必须在外部接种微生物。

2. 膜分离法

膜分离法是一种较新的气体分离和纯化技术。自20世纪60年代以来一直在环境领域中使用。该技术的主要特点是工艺简单，功耗低，操作灵活性强，在室温下易于控制和操作。尽管该方法目前尚未广泛使用，但它仍是一种有前景的技术。目前，它已被用于石化产品中的氢气回收、合成氨气、天然气的净化以及工业废气中挥发性有机有害化合物的去除，尤其是用于太空舱中的二氧化碳去除。

如图2-14所示，膜的左侧原料气体压力 P_1 较高，右侧透过气体的压力 P_2 较低，两侧气压差组分A速渗透 $\Delta P = P_1 - P_2$。含有某些小分子组分和大分子组分的混合气体，在一定压力差（或压力梯度）作用下，组分渗透过特定薄膜时，不同类型的气体分子具有不同的传输速率。这样，可以分离或富集混合气体中的各种成分的气体。这种分离过程又称速度分离截留气体过程。

气体分离膜根据膜的构成材料而分为固体膜和液体膜两种，最常用的是固体膜。固体膜的分类方法很多，不同的分类方法会导致不同的类型。根据膜孔的大小，它可以分为两种类型：多孔膜和无孔膜。多孔膜的孔通常直径为 $0.5 \sim 3.0 \mu m$，例如烧结玻璃和多孔乙酸纤维素膜。无孔膜孔的尺寸小，例如均质的乙酸纤维素、硅橡胶、聚碳酸酯等。由于孔径小，因此只能透过膜分子结构的间隙进行气体渗透。根据膜的结构，可以分为均质膜和复合膜。复合膜是由多孔体和无孔体组成的多层复合膜。图2-15显示了复合膜和中空纤维膜的横截面示意图。

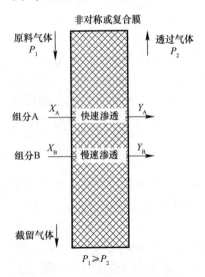

图2-14　气体膜分离过程示意图

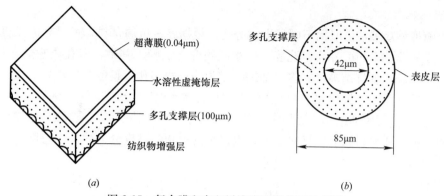

图 2-15　复合膜和中空纤维膜的横截面示意图

(a) 一种复合膜的横截面示意图；(b) 一种中空纤维膜横截面示意图

按膜的制作材料对气体分离膜分类，可分为无机膜与聚合物膜。无机膜，如金属膜、合金膜、陶瓷膜和玻璃膜等。聚合物膜是由如聚砜、聚芳酰胺、四溴聚碳酸酯、硅橡胶和醋酸纤维素等高分子材料制成的膜。根据薄膜的形状，可以将其分为扁平纤维、管状纤维和中空纤维。

(1) 膜分离净化

气体分离膜的结构和化学性质不同，气体分离的机理也不同。主要有微孔扩散机理和溶解扩散机理等。下面简要描述多孔膜、非多孔膜和非对称膜分离气体的机理。

1) 多孔膜的分离机理

图 2-16 介绍了多孔膜分离气体的机理，气体直接通过膜的微孔进行扩散。微孔的几何形状和直径将对气体扩散产生影响。微孔越大，扩散速度越快。为了将两种成分或两种成分的气体从混合气体中分离，微孔的孔径不可太大。否则，尽管渗透量很大，但分离效果却很弱。因此，用于气体分离的多孔膜的孔径应与气体的平均自由程 A 值差不多，或偏小。

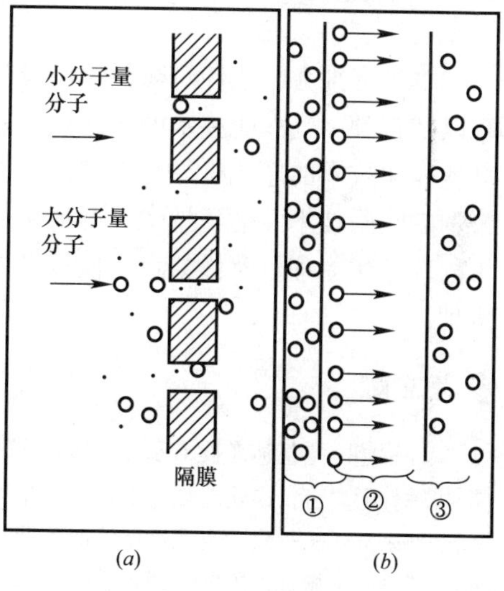

膜分离的原理是，在给定的压差下，不同气体通过特定膜的速率不同。利用这种传输速率的差异，可将污染物与载气分离，以净化废气。膜分离过程简单，操作灵活性强，控制方便，可在常温下进行，是一种值得研究和开发的净化废气的方法。除了去除气态污染物外，近年来膜分离技术也已用于分离细颗粒，即高效除尘。

图 2-16　多孔膜与非多孔膜
分离气体机理示意图

(a) 多孔质膜；(b) 非多孔质膜

(①吸着过程；②扩散过程；③解吸过程)

2) 多孔膜的分离分类

气体分离膜具有固体膜和液体膜两种。固体膜的开发相对较早，应用领域较多；液体膜是近 20 年来发展起来的，它们在出现后不久就受到关注，并在气体分离中具有良好的应用前景。此外，可以将膜分离和化学反应结合起来以形成混合膜工艺，例如将电化学膜与无机膜分离以及吸收基于膜的气体。

① 固体膜

固体膜种类众多，可以用不同的方式分类。根据膜材料的材料，可以分为无机膜和有机膜。按膜的孔隙不同可分为多孔膜、非多孔膜和无机膜。其中，多孔质膜的孔径较大，一般在 5～30nm，如烧结玻璃、多孔醋酸纤维膜等；非多孔质膜也有孔，只是微孔孔径更小，如离子导电固体（氧化锆、氧化铅）、均质醋酸纤维、合成高分子材料（硅烷橡胶、聚碳酸酯等）。根据膜的结构，可以分为均质膜和复合膜。其中，均质膜由单一材料组成；复合膜通常由无孔材料和多孔材料组成。根据膜的形状，可以分为片式、卷筒式、管式和中空纤维膜等[14]。

② 液体膜

主要用于气体分离的是由液体膜和聚合物载体组成的液体载体膜。膜内的载体与选择的气体反应形成促进膜内传输的物质。在压力变化和浓度变化的驱动力下，反应产物穿过膜并将气体释放到另一侧。该膜具有高渗透性和选择性。由于液膜物质仅吸附在毛细力支撑膜的孔上，因此，当液膜的两侧的压力发生变化时，液膜容易损失，因此液膜的性能降低。若支撑液膜微孔内存在网状凝胶（凝胶支撑液膜），则可以在不显著影响渗透性的情况下显著改善膜稳定性。采用含液中空纤维或在微孔中空纤维膜表面加超薄无孔聚硅氧烷层，均可提高膜净化效率的稳定性。

2.4 小结

本章分别介绍了针对颗粒物以及气态污染物的净化处理技术，包括净化机理、发展历程以及各种空气净化技术的优缺点。阐述了针对颗粒物的纤维过滤技术、静电净化技术和其他净化技术的净化机理与发展历程以及各种空气净化技术的优缺点。介绍了针对气态污染物的吸附技术、催化技术、等离子净化技术以及其他气态污染物的净化处理技术的发展历程、净化原理以及优缺点。使读者可以较为系统的了解到颗粒物以及气态污染物的净化机理。

参考文献

[1] 许钟麟. 空气洁净技术原理 [M]. 第四版. 北京：科学出版社，2014.
[2] 姚仲鹏. 空气净化原理、设计与应用 [M]. 北京：中国科学技术出版社，2014.
[3] 刘来红，王世宏. 空气过滤器的发展与应用 [J]. 过滤与分离，2000，20 (4)：8～9.
[4] 黄继红. 微孔薄膜复合滤料运行阻力的研究 [J]. 建筑热能通风空调，2001，1：1～4.
[5] 姚翠娥. 熔喷聚丙烯滤料驻极影响因素研究 [D]. 上海：东华大学，2014.
[6] 王娜. PM$_{2.5}$空气过滤用静电纺微/纳纤维材料的结构设计及性能研究 [D]. 上海：东华大学，2017.
[7] 李小崎. 驻极聚醚酰亚胺—二氧化硅纳米纤维膜在空气过滤中的应用 [D]. 上海：东华大学，2015.
[8] 康卫民. 阻击PM$_{2.5}$的新利器——电纺纳微纤维驻极过滤材料 [J]. 非织造布，2013 (03)：56.
[9] 蔡诚，唐国翌，宋国林，等. 纳米 SiO$_2$ 驻极体/聚乳酸复合熔喷非织造材料的制备及性能 [J]. 复合材料学报，2017，34 (03)：486-493.
[10] 艾庆文. 室内静电净化装置的设计与性能研究 [D]. 上海：东华大学，2005.

[11] 李国辉. 静电除尘用直流叠加脉冲电源相关技术研究 [D]. 哈尔滨：哈尔滨理工大学，2019.

[12] 李玉平. 静电式智能空气净化器系统设计 [D]. 杭州：杭州电子科技大学，2014.

[13] 楚明浩. 小型静电式空气净化器净化颗粒物性能与臭氧释放量研究 [D]. 郑州：中原工学院，2018.

[14] 易航. 湿式过滤复合除尘器性能研究 [D]. 沈阳：东北大学，2015.

[15] 姚小清. 湿式密集纤维栅的粉尘过滤性能研究 [D]. 青岛：青岛理工大学，2013.

[16] 韩树璘. 负离子空气净化器设计与应用技术研究 [D]. 长春：吉林大学，2009.

[17] 孙钦. 电极加热型室内负离子空气净化器电源的优化设计 [D]. 大连：大连理工大学，2007.

[18] 吴琼. 室内空气净化器高压电源的研制 [D]. 大连：大连理工大学，2011.

[19] Friedlander S K. Smoke, Dust, and Haze, Fundamentals of aerosol behavior [M]. New York：Wiely-Linter Science，1977.

[20] 海浩，王可，马忆波，等. 多壁碳纳米管氧化改性及其对酚类吸附性能的研究 [J]. 北京大学学报（自然科学版），2019，55（05）：961-7.

[21] 安亚雄，付强，刘冰，等. 不同孔径活性炭吸附挥发性有机物的分子模拟 [J]. 化工进展，2019，38（11）：5136-5141.

[22] 姚仲鹏. 空气净化原理、设计与应用 [M]. 北京：中国科学技术出版社，2014.

[23] 孙永安，王晓晖. 催化作用原理与应用 [M]. 天津：天津科学技术出版社，2008.

[24] 黄谢意，王鹏，尹国恒，等. 掺磷非晶氧化钛负载铂用于高效催化氧化挥发性有机化合物（VOCs）（英文）[J]. 无机材料学报，2020（04）：1-10.

[25] 朱本必，张旺，张志坚，等. 光热增强光催化性能二氧化钛（B）/玻纤布复合研究 [J]. 无机材料学报，2019，34（09）：961-966.

[26] 王宏智，李骏，姚素薇，等. pn 型 Cu_2O-WO_3 的制备及光催化性能 [J]. 化工进展，2019，38（12）：5442-5448.

[27] 刘奉生，史文方，龚卫国. 汽车尾气催化净化技术进展 [J]. 稀有金属材料与工程，1999（05）：326-329.

[28] 王惠. 气态污染物控制技术探讨 [J]. 民营科技，2016（06）：236.

[29] 李云霞. 低温等离子体—锰氧化物联合处理气体中二硫化碳和甲苯 [D]. 合肥：合肥工业大学，2016.

[30] 赵磊. 脉冲电晕放电烟气中细微颗粒物协同氮氧化物脱除研究 [D]. 杭州：浙江大学，2013.

[31] 高远，张帅，刘峰，等. 脉冲介质阻挡放电等离子体催化 CH_4 直接转化 [J]. 电工技术学报，2017，32（02）：61-9.

[32] 季学李. 气态污染物净化技术研究开发的热点 [C]. 中国环境保护产业协会. 中国环境保护产业发展战略论坛论文集，2000.

第3章 基于静电增强的空气净化处理技术

3.1 引言

　　传统的静电空气净化技术是利用高压电场使含尘气体发生电离，气流中的粉尘荷电并在电场作用下与气流分离。传统静电空气净化装置通常由放电极和集尘极组成，整个静电净化过程包括三个阶段[1]：1）气体电离：在放电极放出的电子迅速向正极移动，与气体分子碰撞使其离子化又生成大量的高能自由电子和离子（电子雪崩）；2）颗粒荷电阶段：远离放电极，电场强度降低，气体离子化过程结束，经过放电区的粉尘粒子与高速运动的电子或离子通过电场荷电方式或扩散荷电方式获得电荷，随着粉尘粒子表面上电荷积累，粒子场强增强，再没有电子或离子能到粒子表面，荷电饱和；3）颗粒迁移与捕集，荷电颗粒在电场力作用下运动至集尘极表面被捕集。其中，放电电压和集尘电压的高低对静电装置的净化效果有较大的影响。静电空气净化技术近年来在民用建筑（如大型商场、办公大楼、地铁站）通风净化领域得到广泛应用，对于室外大气中 $PM_{2.5}$ 颗粒物污染的净化效果较好，$PM_{2.5}$ 净化效率通常在 $80\%\sim90\%$。

　　虽然静电空气净化装置对细颗粒物 $PM_{2.5}$ 有一定的净化效率，但是对特别微细（如粒径范围在 $0.1\sim1.0\mu m$）的颗粒物净化效果并不理想，而这种微细颗粒物对人体健康的危害更大。电凝并技术作为一种新型的静电增强技术（原理示意图如图 3-1 所示），通过增加微细颗粒的荷电能力，从而增强微细颗粒物之间的凝聚力，使粒子团聚变大而更容易在静电场中被清除[2]。电凝并技术在原有的静电空气净化技术的基础上通常增加了新的电凝并区，电凝并理论与实践研究的核心是提高电凝并速率的大小，在静电净化装置体积不变的情况下，使粉尘粒子在较短的时间内尽可能的凝并而增大粒径，从而提高净化效果。目前电凝并主要有同极荷电颗粒在交变电场中的凝并、异极性荷电粉尘的库伦凝并、异极荷电颗粒在交变电场中的凝并和异极荷电颗粒在直流电场中的凝并 4 种类型。20 世纪 90 年代初，Watanabe 和 Suda 提出同极性荷电粉尘在交变电场的三区式静电除尘器引起了除尘领域的关注，其结构如图 3-1 所示，实验表明三区式除尘器处理 $0.06\sim12\mu m$ 的飞灰，比常规电除尘器除尘效率提高 3%（从 95.1% 提高到 98.1%）[3]。向晓东团队提出异极性荷电粉尘在交变电场的双区式静电除尘器（如图 3-2 所示），在芒刺型极板上施加交变电压使粉尘在运动过程中荷电与凝并交替进行，提高了粉尘群正负荷电量的对称性，无预荷电区，缩短了电极总长度，在平均场强为 4kV/cm 处理中位径为 $2\mu m$ 的粉尘，双区式电凝并除尘效率已达 98%[4]。

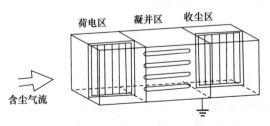

图 3-1　静电增强电凝并技术原理示意图

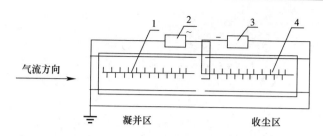

图 3-2 交变电场的双区式静电除尘器原理示意图

1—凝并区电晕极板；2—交流高压电源；3—负直流高压电源；4—收尘区电晕极板

3.2 新型电凝并静电增强过滤装置

国家十三五重点研发计划项目"建筑室内空气质量控制的基础理论和关键技术研究"中"建筑室内空气质量控制关键产品开发"课题组（课题编号：2017YFC0702705）在目前已有的研究基础上对电凝并静电增强过滤装置进行了优化设计和研制。

3.2.1 电凝并的实现

正（负）高压电离区释放出正（负）电荷，正（负）电荷沿着电场线（相反）方向运动与粉尘粒子碰撞使粉尘粒子带电（如图 3-3 所示），当粉尘颗粒物由 A 到 B 过程中受到正高压电离的作用带上正电荷，带正电荷粉尘由 B 到 C 过程中使粉尘颗粒进行第一次凝并，并使凝并后的粒子带上负电荷，当粉尘团进入 D 区时，正负带电粒子受到不同电场力作用相对运动发生第二次凝并，最终被极板吸附捕捉。

该装置电凝并的实现与传统电凝并的差异主要体现在以下几方面：

（1）电离区结构不同。相比圆形线电晕极，芒刺线电晕极能产生较强的电晕电流（即电离出的高能电子团向阴极移动产生的电流）与离子风，在芒刺正对的延长线上风速可达 2m/s 以上，这将有利于微细粉尘的收集[5]。传统电凝并技术采用的是芒刺结构使粉尘带上异性电荷，进风气流垂直针尖方向，芒刺针尖根部电场强度较弱，粉尘荷电不充分，芒刺针尖顶部上方荷电受场强衰减距离受限。该电凝并静电增强过滤装置采用的是进风气流平行于针尖方向，且针尖前段采用方形网格作为负极，使进风截面电场强度均匀，无场强薄弱区域，荷电更加均匀。

（2）凝并实现方式不同。传统凝并技术的实现是使异极性粉尘在交变电场（或直流电场）中不断凝并，凝并后无再次荷电，凝并后的粉尘容易正负电荷中和，影响集尘区的吸附效果。该电凝并静电增强过滤装置先让粉尘粒子经过正电晕区，使其带上正电荷，再次经过负电晕区，使粉尘在凝并后再次荷电，既实现了电凝并，又使粉尘凝并后荷电充分，提高了静电增强过滤装置整体过滤效果。

（3）凝并区路程短。提高电凝并速率是研究的重点与难题，传统电凝并净化是通过增大凝并区长度及凝并时间来提升电凝并效果，导致净化装置尺寸较大。此外通过降低粉尘风速来提高凝并效果，导致净化装置工作效率较低。该电凝并静电增强过滤装置摒弃传统凝并区，使粉尘直接在荷电过程中凝并，因此体积更小，工作效率更高。

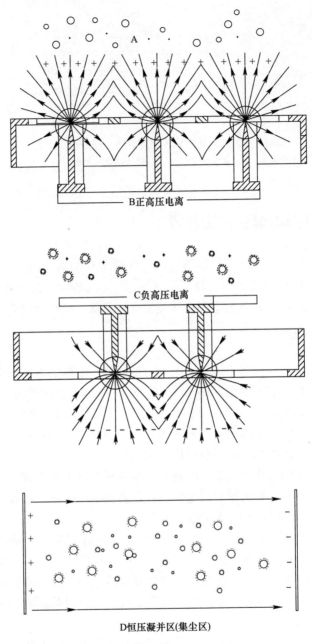

图 3-3　电凝并实现原理图

3.2.2　新型电凝并静电增强过滤装置设计

　　常用静电空气净化装置由电离区和集尘区两部分组成,电离结构形式有圆形线、星形线、锯齿线、芒刺线(针尖为芒刺线的改良)等;材质一般要求电晕电压低、电晕电流大、机械强度高、耐腐蚀等,其中常用材质有钨丝、镍铬合金、不锈钢;集尘区结构形式有金属板式、非金属板式、蜂窝孔结构和管式。在家用空气净化领域最常见的是圆形线与极板、针尖与蜂窝孔两种结构组合,这两种组合又分单区式静电除尘器与双区式静电除尘器，单区式静电除尘器是电离区和集尘区正极相连接并采用单一电压来控制电离与吸附，而双区式静电除尘器是把电离区跟集尘区分离，根据电离与集尘不同需求单独调控电压，例如：粉尘比电阻较小，离子不易附着上去，可适当提高电离区电压。当有蚊虫或大颗粒物进入集尘区时，由于体积较大无法通过集尘区，附着在集尘表面导致正负电压短路产生刺耳的拉弧声，影响了净化装置的正常工作，为了彻底防止这种现象的发生，非金属板式与蜂窝结构应运而生，它们采用特殊材料薄膜为电场载体，表面覆盖非金属材质，即使有大颗粒物进入集尘区也不会形成正负两极短接的情况，更加安全可靠。但由于结构强度的原因，它们集尘间隙非常密集，风阻较大，不容易清洗。新型电凝并静电增强过滤装置设计时综合考虑了常用静电空气净化装置的以上情况。

同时新型电凝并静电增强过滤装置设计时，对其过滤效果的影响因素也进行了考虑，概括起来主要分为以下两类：

（1）外部环境参数的影响，如温度、相对湿度、粉尘浓度和粉尘比电阻等。空气温度越高，分子活性越强，过滤效果越好；空气湿度越高，放电过程中 H_2O 的电离也随之增加，消耗一部分能量，自由电子数量减少，粉尘荷电量减少，效率降低，同时参与氧气电离的能量减少，水分子电离产生的 OH 自由基与臭氧反应消耗部分臭氧，最终导致臭氧浓度减少；空气中粉尘浓度较高时，荷电粉尘形成的电晕电流不大，可是所形成的空间电荷却很大，严重抑制电晕电流的产生。当含尘量大到某一数值时，电晕现象消失，粉尘在电场中根本得不到电荷，电晕电流几乎减小到零，失去除尘作用，即电晕闭塞。当粉尘比电阻小于 $10^{11}\ \Omega/cm$ 时，对静电除尘器几乎没有影响（粉尘比电阻小于 $10^4\ \Omega/cm$，离子不易附着上去，影响粒子荷电），比电阻介于 $10^{10} \sim 10^{11}\ \Omega/cm$ 之间时，火花放电概率增加，比电阻高于 $10^{11}\ \Omega/cm$ 时，离子附着上去难脱离导致在集尘板上发生反电晕现象，影响集尘[6]。

（2）装置本身设计参数的影响，如电场电压、风速、集尘区间距、集尘区高度、集尘附着面积等。在外加电压作用下电离区产生不均匀电场，当电压增加到某一临界值（即达到空气击穿的强度）在放电极附近很小的范围内会出现蓝白色辉光（黑暗条件下可见），并伴有嘶嘶的响声，这种现象称为电晕放电。发生电晕放电时，在电极间流过的电流称为电晕电流。当极间的电压继续升高到某一个点时，电晕极会产生一个一个、瞬时的火花闪烁（最先发生在有毛刺、变形导致极间变窄的位置），这种现象叫做火花放电，火花放电的特征是电流迅速增大。在火花放电之后，继续升高电压就会使气体间隙击穿，它的特点是电流密度很大，而且电压降落很小，出现持续放电贯穿整个间隙，由放电极到集尘极，这种现象叫做电弧放电。火花放电及电弧放电由于电流的急剧增大伴随产生大量臭氧，并且不利于静电除尘器的稳定运行，因此在设计过程中应该避免产生这两种现象；正负电晕极在空气中的电晕电流-电压曲线关系如图 3-4 所示。

随着电晕范围不断扩大导致极间空气全部电离即电场击穿，其对应的电压称为击穿电压。在相同电压下负电晕极的电晕电流更大，且击穿电压更高。工业

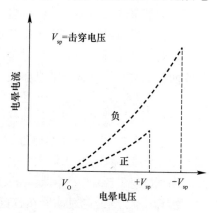

图 3-4 电晕电流-电压曲线关系

净化考虑设备的稳定性及可调节性一般采用负电晕电极,家用净化更多采用产生臭氧含量及氮氧化物低的正电晕电极。

气体流速越快,荷电与集尘吸附的时间越短,过滤效果越差;在集尘区之间施加相同场强的均匀电场,集尘区极板之间间距越小,风阻越大、容尘量越低、过滤效果越好。相同间距下,场强越大,效果越好。

因此,综上所述,新型电凝并静电增强过滤装置设计时应考虑其具有净化效率高、消耗功率低、臭氧产生量小和装置尺寸紧凑等特点。

新型电凝并静电增强过滤装置设计加工图如图 3-5 所示。装置从以下方面进行了优化:

(1) 电晕极分布

1) 负高压针尖指向位置有较高场强,当指向高压正电离区时,负高压针尖电离出负离子受电场力作用到达正高压针尖区域,击穿空气,造成电流短路,导致静电除尘装置功率较大。调节负针尖指向,由原来指向正电离区更改为指向集尘区,大幅度降低功率。

2) 正、负高压针尖错位,使正电离与负电离间隔排列,降低功率。

(2) 降低臭氧含量

1) 降低电晕电压来减少臭氧发生量,通过实验确定负电晕电压 7200V,正电晕电压 7300V。

2) 减少电离针尖个数来降低臭氧发生量。

(3) 高压电源板优化

由于静电增强过滤装置所需正高压、负高压、正低压三种电压,如果使用三个单独的电源板供电,装置的功率将会很高,为了降低功率开发了集成高压电源板,通过设计调节,使一个电源板,能输出三种不同电压来满足静电增强过滤装置的需求,降低功率,同时缩小电源板的尺寸,简化装置的结构。

(4) 集尘区优化

相比电离区而言,集尘区所消耗的功率可以忽略不计,因此可以通过提高集尘区的电压提升吸附效果。通过实验测试可知,当集尘区电压小于或等于集尘区间距的一千倍时,不容易发生电火花击穿,静电除尘器运行相对稳定。又因为集尘区上所施加的正低压受到正高压数值限制,最终设计取集尘区间距 4mm。

依据《通风系统用空气净化装置》GB/T 34012—2017 的要求,在风量为 217m^3/h 条件下,对新型电凝并静电增强过滤装置的阻力、PM$_{2.5}$净化效率、臭氧浓度增加量和功率等性能指标进行了测试,结果如表 3-1 所示。按照十三五课题指标要求:静电增强过滤装置 PM$_{2.5}$净化效率>90%,初阻力<20Pa,臭氧发生量<0.005mg/m^3,可见该新型电凝并静电增强过滤装置各项指标的性能都要远优于十三五课题指标要求。

统计了近 2 年来 76 个静电过滤器(传统静电技术)在各自额定风速下阻力大小的分布如图 3-6 所示,静电过滤器最小阻力为 6.1Pa(风速 0.84m/s),静电过滤器最大阻力为 45.3Pa(风速 2.5m/s),本课题研发装置阻力值仅为 1.5Pa(风速 0.59m/s),远低于统计结果。

统计了 76 个静电过滤器在各自额定风速下的 PM$_{2.5}$净化效率分布如图 3-7 所示,可知有将近 70%的产品 PM$_{2.5}$净化效率低于 96.1%。

统计了 51 个静电过滤器在各自额定风速下臭氧浓度增加量分布如图 3-8 所示,可知目前市场上大部分静电过滤器产品臭氧浓度增加量都比较小,除了极少数臭氧浓度增加量高于 $0.05mg/m^3$ 外,绝大部分产品臭氧浓度增加量都低于 $0.01mg/m^3$,远远低于 GB/T 14295—2019 标准要求。其中,有接近 50% 的产品臭氧浓度增加量高于 $0.003mg/m^3$,可知本课题研发产品的臭氧浓度增加量相对还是比较低的。

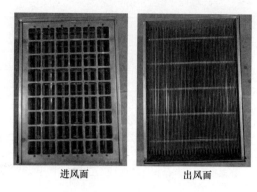

进风面   出风面

图 3-5 新型电凝并静电增强过滤装置设计加工图

新型电凝并静电增强过滤装置性能测试结果	表 3-1
性能指标	检测结果
风量（m^3/h）	217
初阻力（Pa）	1.5
$PM_{2.5}$净化效率（%）	96.1
臭氧浓度增加量（mg/m^3）	0.003
功率（W）	9.5

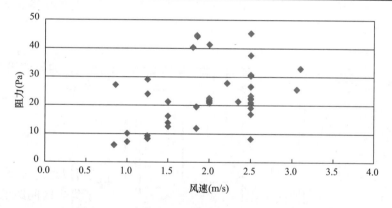

图 3-6 76 个静电过滤器额定风速下对应阻力值

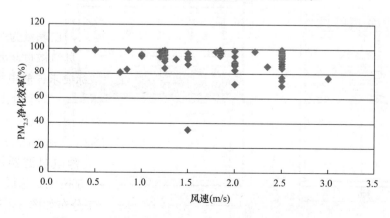

图 3-7 76 个静电过滤器 $PM_{2.5}$ 净化效率与风速关系分布

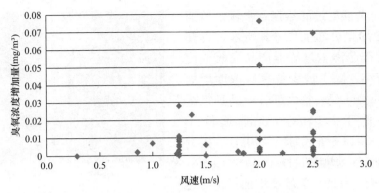

图 3-8　51 个静电过滤器臭氧浓度增加量与风速关系分布

3.3　静电增强新风净化机

3.3.1　静电增强新风净化机结构设计

　　立式单向流新风机结构如图 3-9 所示，实物图如图 3-10 所示。由壳体、门板、初效过滤器、新型电凝并静电增强过滤装置、活性炭、新风机、控制及电源模块等组成。新风机采用背部进风，顶部出风气体循环结构。依次经过初效过滤器、电凝并静电增强过滤装置及活性炭滤网来实现空气净化。

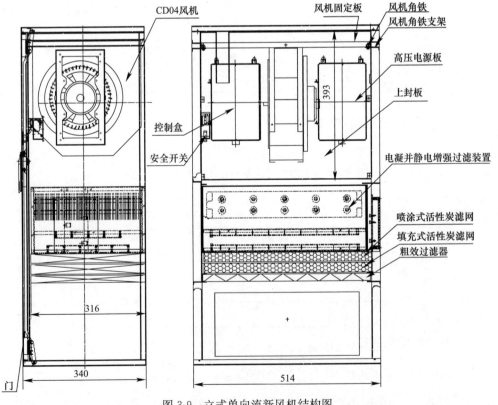

图 3-9　立式单向流新风机结构图

粗效过滤器：粗效过滤器有板式、折叠式、袋式三种样式，主要用于过滤 $5\mu m$ 以上尘埃粒子，过滤材料有无纺布、尼龙网、活性炭滤材、金属孔网等。静电增强新风净化机采用 100 目钢丝网结构搭配不锈钢金属边框，强度高、风阻小、不易变形，并且可以清洗重复利用，防止大颗粒物进入电凝并静电增强过滤装置导致电极之间短路。

活性炭：依靠自身独特的孔隙结构及分子之间的相互吸附的作用力，主要用于过滤空气中气态污染物。按其结构可分为金属型基材及填充式两种，根据截面风速及过滤效果要求确定孔隙密度及填充量。静电增强新风机采用填充式活性炭滤网为主过滤网，金属型材滤网作为第二级辅助过滤，填充优质椰壳活性炭颗粒，活性炭颗粒大小在 $20\sim40$ 目，比表面积极大，内部孔隙发达，密度小，同样重量下对甲醛及 TVOC 吸附效果更好。

图 3-10 立式单向流新风机实物图

新风电机：采用离心式直流变频风机，运行平稳、噪声低、能效高。此外根据新风机整机风阻及新风量调节直流变频新风机出口静压及最高转速，使其与新风机匹配，进一步降低功率。

安全开关：由于电凝并静电增强过滤装置电压较高，为保证用电安全，在开关门之间加装一个安全断电开关，当新风机门被打开，整机断电。

由于新风机存在内、外部漏风，导致新风机整机过滤效果低于电凝并静电增强过滤装置的净化效果，严重时新风机整机净化效果达不到设计要求，为了避免内、外部漏风产生的影响，必须保证当室外空气经过电凝并静电增强过滤装置净化后的密封效果，防止窜风。以电凝并静电增强过滤装置前端为密封面，采用密封材料进行密封降低内部漏风，另外在门与壳体之间添加密封材料，当关闭门板时，压缩密封材料降低外部漏风率。

3.3.2 核心处理控制功能模块设计

（1）使用 AC220V 作为电源。电源线上配置有安全开关，开机门后整机断电，以确保安全。装置为金属机壳，要求接地良好。

（2）控制板与控制器进行 485 通信。可根据控制器的设定，执行开关机、风机调速、电凝并静电增强过滤装置高压电源的启停等控制。可实施采集送风温度、风机转速、监测电凝并静电增强过滤装置高压电源的反馈，从而检测风机、电凝并静电增强过滤装置电源等故障，上报给控制器。关键工况参数断电保存，上电后自动恢复。

（3）送风机为 DC310V 直流风机，通过 $0\sim5V$ 调速电压进行转速控制。控制板通过监测风机 VF 的转速脉冲反馈，对风机转速进行 PID 调节，从而达到准确控制风量的目的，转速的精度可达 $\pm10RPM$。

（4）高压电源板通过检测电流自动断电保护。

3.3.3 人机交互功能模块设计

（1）控制器采用 86×86 设计，可安装在通用的 86 底盒上，安装快捷方便。

（2）控制器电源为 DC12V，通过 RS485 接口与控制板进行通信，设计有三个触摸按键，通过蓝底白字液晶显示工况参数。

（3）控制器可进行开机关机、调节风机运行频率等功能，显示风量、频率、温度等工况信息和故障信息，定时对电凝并静电增强过滤装置进行清洗提示。

（4）控制器无操作时 120s 后息屏，达到节能的目的。有故障时，按键灯闪烁，对客户进行提醒。

3.3.4　性能测试结果

依据《通风系统用空气净化装置》GB/T 34012—2017 的要求，对开发的静电增强新风净机性能进行测试，在机外静压 0Pa 的条件下测试结果如表 3-2 所示。按照十三五课题指标要求：新风净化机的 $PM_{2.5}$ 空气净化能效$>8m^3/(W \cdot h)$，甲醛净化效率$>50\%$，TVOC 净化效率$>50\%$。可知该机组 $PM_{2.5}$ 净化能效、甲醛净化效率和 TVOC 净化效率远优于课题考核要求。

统计了 60 个单向流新风净化机的 $PM_{2.5}$ 净化能效结果如图 3-11 所示（吊顶卧室安装机器，样机机外静压都归一化处理为 0Pa），可知近 93％新风净化机的 $PM_{2.5}$ 净化能效都低于 $10.5m^3/(W \cdot h)$。

静电增强新风净化机性能测试结果　　　　　　　　　　　　　表 3-2

风量（m^3/h）	功率（W）	$PM_{2.5}$净化效率（％）	TVOC 净化效率（％）	甲醛净化效率（％）	$PM_{2.5}$净化能效［$m^3/(W \cdot h)$］
217	19.8	96.2	84.8	85.1	10.5

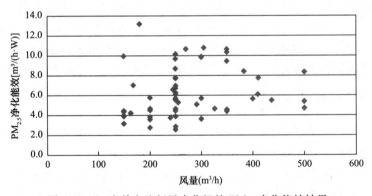

图 3-11　60 个单向流新风净化机的 $PM_{2.5}$ 净化能效结果

3.4　小结

本章介绍了一种新型电凝并静电增强过滤装置的设计和研制，经对研制产品的检测表明该新型电凝并静电增强过滤装置的阻力、$PM_{2.5}$ 净化效率和臭氧浓度增加量等性能指标都较优。将上述研制的新型电凝并静电增强过滤装置应用于新风净化机，通过优化新风机结构以及合理选择粗效过滤器、活性炭滤网和新风机电机，研发出 $PM_{2.5}$ 净化能效、甲醛净化效率和 TVOC 净化效率均较高的新风净化机组。基于静电增强空气净化处理技术的新风净化机具有高效低阻的特性，对于降低建筑运行能耗具有重要作用。

参考文献

［1］ 鲍重光. 静电技术原理［M］. 北京：北京理工大学出版社，1993.

［2］ Tan B，Wang L Z，Zhang X R . The effect of an external DC electric field on bipolar charged aerosol agglomeration［J］. Journal of Electrostatics，2007，65（2）：82-86.

［3］ Wantanabe T. Submicron particle agglomeration by an electrostatic agglomerator［J］. Electrostics，1995，34：367～383.

［4］ 向晓东，陈旺生，幸福堂，等. 烟尘在交变电场中的电凝并收集［J］. 武汉冶金科技大学学报（自然科学版），1999，22（3）：252-255.

［5］ 向晓东，陈旺生，刘新敏，等. 芒刺电晕极场强分析与离子风测定［J］. 武汉冶金科技大学学报（自然科学版），1999，22（1）：39-41.

［6］ 尹连庆，王晶. 粉尘比电阻对电除尘的影响及改进措施研究［J］. 电力环境保护，2009，25（5）：34-37.

第4章 基于梯度复合材料的空气净化处理技术

为达到健康建筑室内环境对PM$_{2.5}$的净化需求，同时控制净化能效，延长使用寿命，近年来空气过滤行业研究提出了一种新型梯度复合材料，即不同过滤等级的一种或多种过滤材料复合形成的过滤材料。"梯度结构"针对建筑室内颗粒物，能做到粗细兼收、分层过滤，同时具备低阻高效的优异性能。

现有的梯度复合材料设计方法通常采用正问题求解，其研制的滤料性能具有很大的不确定性。本章提出了梯度滤料/滤器的一种基于反问题的设计方法，能快速准确的达到设计目标。依据此设计方法完成了梯度过滤器的研制，经试验，研制的梯度复合过滤器对PM$_{2.5}$的过滤效率达到99.99％，同时阻力仅为50.7Pa。

4.1 传统滤料及其应用现状

4.1.1 常规滤料及其应用现状

空气过滤是空气中细小悬浮颗粒物或有害成分被净化分离的过程，其中过滤材料是核心部件。空气过滤材料主要有纤维滤料、复合滤料和功能性滤料等。在空气净化领域，基于纤维材料的过滤装置阻力不大、效率很高，实用意义很大。对这种材料及过滤器的过滤机理研究，已经有较深理论和试验的基础。纤维滤料的过滤机理是多种捕集效应综合协同作用的结果，主要包括拦截效应、惯性效应、扩散效应、重力效应、静电效应等[1,2]。

纤维材料制备的过滤器的过滤性能中，过滤效率与纤维直径、滤料填充率、滤料厚度、带电量等有关；过滤阻力与纤维直径、滤料填充率、滤料厚度等有关。近年来针对空气净化装置的高效低阻需求，在纤维滤料的研究制备中，通常围绕上述参数进行。如在控制纤维填充率的同时，减小纤维直径，增加纤维表面积，增加带电量等，因此发展了一系列的新材料，如驻极体材料（增加带电量）、静电纺纳米纤维材料（减小纤维直径，增加纤维表面积）、梯度材料（粗纤维和细纤维呈梯度复合，分别承担不同功能等）。

《空气过滤器用滤料》JG/T 404—2013对空气过滤器（包括装置、模块和单元等）用滤料的定义、分类、要求、试验方法、检验规则等作出了规定，适用于玻璃纤维、合成纤维、天然纤维、复合材料或者其他材质的滤料[3]。

该标准对滤料分类如下：可分为粗效、中效、高中效、亚高效、高效、超高效滤料，过滤性能如表4-1～表4-3所示。

亚高效、高中效、中效和粗效滤料的过滤性能　　　　　　　　　　　表4-1

级别	性能指标		
	额定滤速（m/s）	效率（%）	阻力（Pa）
亚高效（YG）	0.053	粒径≥0.5μm　95≤E<99.9	≤120
高中效（GZ）	0.100	70≤E<95	≤100

续表

级别	性能指标		
	额定滤速（m/s）	效率（%）	阻力（Pa）
中效 1（Z1）	0.200	粒径≥0.5μm　60≤E<70	≤80
中效 2（Z2）		40≤E<60	
中效 3（Z3）		20≤E<40	
粗效 1（C1）	1.000	粒径≥2.0μm　50≤E	≤50
粗效 2（C2）		20≤E<50	
粗效 3（C3）		标准人工尘 计重效率　50≤E	
粗效 4（C4）		10≤E<50	

高效滤料的过滤性能 表 4-2

级别	额定滤速（m/s）	效率（%）	阻力（Pa）
A	0.053	99.9≤E<99.99	≤320
B	0.053	99.99≤E<99.999	≤350
C	0.053	99.999≤E	≤380

超高效滤料的过滤性能 表 4-3

级别	额定滤速（m/s）	效率（%）	阻力（Pa）
D	0.025	99.999≤E<99.9999	≤220
E	0.025	99.9999≤E<99.99999	≤270
F	0.025	99.99999≤E	≤320

上述粗、中、高、超高效滤料分别适用于不同过滤场合。针对建筑室内空气净化，目前多采用组合过滤器的方式，如粗中效过滤器和亚高效或者高效过滤器组合，以实现室内不同粒径颗粒物的净化，同时保证一定的经济性能。

目前，普通纤维过滤材料的研究和应用主要在如下几个方面：

1. 非织造无纺布材料

非织造无纺布纤维材料是由传统纺织纤维发展而来的一类新型材料，通常是指利用针刺、水刺、纺粘、熔喷等技术直接获得的由纤维无序排列而成的纤网材料。与经纺纱—织造获得的传统织物相比，非织造过滤材料由于内部具有纤维错综排列结构，从而形成了三维空间通道，增加了含尘气流的过滤路径，有利于过滤效率的提升；同时，纤维无序堆积形成了大量的微小孔隙，为气流提供了输运通道，有利于过滤阻力的降低。

纤维类空气滤料加工工艺主要分为织造过滤材料及非织造过滤材料。因非织造过滤材料的纤维能均匀分开且不具有明显的方向性，纤维受到上层纤维遮蔽的程度最小，具有大量蓬松的孔隙结构，被过滤的颗粒可与纤维在蓬松的孔隙中广泛接触，能充分发挥各种捕集机理的作用，具有过滤效率高、压力损失小、容尘量大、易于制备复合滤料等优点，在空气过滤领域中应用较广[4]。非织造材料占所有纤维空气过滤材料的70%左右[5]。

对于非织造纤维过滤材料的研究主要集中在将其与其他技术相结合，如与驻极技术相结合，来提升其过滤性能。

2. 玻纤材料

玻璃纤维是最早使用的人造无机纤维空气过滤材料，其主要成分是二氧化硅。因其具有耐温性好、抗腐蚀、高强度、尺寸稳定性好和粉尘剥离性好等优良特性，被广泛应用于化工、医疗、航空及冶金等领域中的空气过滤系统[6]。

玻纤材料在高效和超高效空气过滤器生产中占有重要地位。以玻纤滤材作为过滤介质的 HEPA（High Efficiency Particulate Air，高效空气过滤器）对 $0.3\mu m$ 粒径颗粒的过滤效率达到 99.9% 以上，而以玻纤滤材制备的 ULPA（Ultra Low Penetration Air，超高效空气过滤）对 $0.1\sim0.2\mu m$ 微粒、烟雾和微生物粒子的过滤效率可达 99.999% 以上。

然而，玻纤滤材存在耐折性和耐磨性差、与基材剥离强度低以及后续加工定型灵活性较低等缺陷，使其在使用过程中需频繁清灰，进而容易发生磨损和折断，大大缩短了其使用寿命。基于此，研究人员将玻璃纤维、合成纤维和增强剂等按一定比例混合，经梳理和化学处理等工艺后制备出了新型玻纤复合过滤材料[7]。此类复合玻纤滤材的过滤性能、耐温性和可加工性均可满足加工过程和实际应用的需求。

3. 驻极材料

驻极纤维材料是静电增强纤维过滤技术中预荷电区和纤维过滤区的功能集成，其对颗粒的捕集主要靠带电纤维对微粒（带电或不带电粒子）的库仑力和感应力，属于静电吸附的范畴。在过滤效率一致的情况下，驻极纤维过滤材料阻力比普通物理拦截过滤材料的阻力低数倍以上。驻极体滤料能以很低的过滤阻力实现很高的过滤效率，性能优于机械过滤材料。因此，驻极体滤料可以制造得到高效低阻的空气过滤器，使过滤器运行成本更低，噪声也更低。驻极效果的长效稳定及环境适应度是空气过滤材料领域的重要研究方向。

目前静电驻极方法主要有静电纺丝法、电晕放电法、摩擦起电法、热极化法、低能电子束轰击法、原纤化撕裂、液体接触极化等[8]。用于空气过滤的驻极材料主要是以高聚物为主的有机驻极体材料，如非极性材料：聚丙烯、聚四氟乙烯等；极性或弱极性材料：聚三氟氯乙烯、聚丙烯 PP（共混）及聚酯等。这些材料都具有优异的介电性能，如高体阻和表面电阻、高介电击穿强度、低吸湿性和透气率等。

驻极体在实际应用中，往往由于其电荷的稳定性及均匀性差而影响了产品的性能。驻极体的电荷稳定性差体现在其静电的衰减作用，现阶段静电衰减的机理存在两种描述：静电中和作用和静电屏蔽作用。驻极体滤料表面电荷均匀分布有利于其过滤效率的稳定，也就是要求滤料表面静电势值差要小。周晨[9]测定了聚丙烯熔喷驻极滤料的表面静电势，分析滤料表面正负电荷的分布，表明目前生产的滤料表面静电势均匀性较差，改善这一问题是提高驻极滤料过滤性能的关键。

4. 有机及无机纳米纤维材料

纳米纤维的使用也是空气过滤材料领域的研究重点。纤维直径对过滤性能影响很大，对于微米级纤维，流过纤维的气体可以看成是连续流体，但对于超细纳米纤维，纤维直径与空气分子平均自由程差距较小，流过时不能看成连续流体，会产生滑流现象。从单根纤维分析，滑流有几个好处：一是空气分子碰撞纤维数量更少，动量交换较少，流体对纤维的拖拽力减小，过滤阻力更低；二是由于纤维表面空气流速不为零，流线更贴近纤维表面，直接拦截等过滤效果更显著，因而提供过滤效率。

纳米级微细纤维，不仅具备较大的过滤比表面积，还会显著降低材料的孔径，孔隙率高，显著提升过滤效率的同时阻力不高。当纤维尺寸下降到纳米级时，其过滤的机理主要依靠扩散效应和拦截效应，并且随着纤维直径的进一步降低，扩散效应的作用越显著。

目前纳米纤维的制备方法包括拉伸法、模板合成法、相分离法以及静电纺丝法。静电纺丝技术由于其具有可纺原料广、结构可调性强、多元技术结合性好以及制备工艺拓展性强且已逐步近产业化阶段，已成为有效制备纳米纤维高效过滤材料的主要途径之一。由于静电纺纳米纤维具有亚微米、纳米级的纤维直径，从而使其具有独特的孔通道及堆积结构，进而使其具有很多优异的特性，表现在空气过滤材料上，主要有以下特点：

（1）纤维直径的均匀性好，直径分布的均匀性会直接影响到材料的孔径分布以及堆积结构的均匀性，进而影响到过滤效率和空气阻力，因而高效稳定的制备均匀分布的纳米纤维尤其重要。

（2）具有可调的孔通道及堆积结构，孔通道结构及纤维的堆积结构是影响材料过滤性能的两个极为重要的指标，不同形态的孔通道及堆积结构，会有不同的过滤性能，这有利于制备针对不同应用领域的纳米纤维空气过滤膜。

（3）具有相对均匀的孔径结构和堆积结构，能够更好的满足空气过滤材料的高效过滤需求。

5. 复合材料

复合类滤料是近年来空气过滤材料的研究热点。通常指将两种或两种以上性能各异的纤维类、活性炭吸附类或其他材质的空气过滤材料，通过化学、热或机械等方式复合在一起。复合类滤料集多种材料优良性能于一体，通过各种被复合材料性能的互补作用，使产品的综合性能得到充分利用，同时可根据不同使用场所（如高温、酸碱性、高湿环境等）有针对性地制备不同复合滤料。

上述几个空气过滤材料的发展方向通常也是多维度组合的，如静电纺驻极熔喷复合滤料[10]（东华大学实验室制备）、电纺微纤维驻极过滤材料[11]（天津工业大学程博闻团队实验室制备）等，将无纺布技术和驻极技术、驻极技术和纳米纤维技术联合运用，开发研制新型性能优良的空气过滤材料。

4.1.2　梯度滤料及其应用现状

梯度滤料是高性能空气滤料的一个重要发展方向。《气体净化用纤维层滤料》GB/T 35754—2017 中，定义梯度纤维层滤料，即由不同直径的纤维组成的两个及以上密度呈梯级变化的非均匀密度纤维层滤料[12]。

1. 现有梯度滤料概况

《气体净化用非织造粘合纤维层滤料》JB/T 10535—2006 中，按结构分类，将纤维层滤料分为均匀密度纤维层滤料和非均匀密度纤维层滤料，其中非均匀密度纤维层滤料又分为渐变密度纤维层滤料和梯级密度纤维层滤料，定义梯级密度纤维层滤料——由若干个不同密度的纤维层组合而成的密度呈梯级变化的纤维层滤料[13]。

随着梯度滤料逐渐在工业气体净化上的研究和应用，以及在建筑室内空气净化上的研究、制备及性能试验，《气体净化用纤维层滤料》GB/T 35753—2017 进一步明确了"梯度滤料"的概念及定义。该标准定义梯度纤维层滤料——由不同直径的纤维组成的两个及以上密度呈梯级变化的非均匀密度纤维层滤料。

目前针对梯度滤料的研究和工程应用，都是基于纤维滤料的结构梯度复合，即构成滤料的每一梯度的纤维层的纤维直径不同，形成的孔隙结构、孔径大小及分布、体积密度也不同，形成结构上的梯度变化以及过滤等级上的梯度变化，实现对不同粗细颗粒物进行阶梯过滤。

现有的梯度滤料通常指梯度结构过滤材料，即指构成材料的要素（如组成、结构）沿某一方向呈变化趋势的过滤材料[14]。每一纤维层的纤维细度不同，形成的孔隙结构、孔径大小及分布、体积密度也不同，达到对不同粗细颗粒物进行阶梯过滤的目标。

2. 现有梯度滤料应用情况

（1）工业除尘领域

现有梯度滤料的工程应用主要在工业除尘领域，其梯度结构形式以超细纤维为表层—混合纤维/粗纤维为骨架层 2 梯度结构，或者超细纤维为表层—混合纤维/粗纤维为骨架层—细纤维为基层 3 梯度结构等为主。其梯度过滤的原则是表层超细纤维用于过滤粉尘颗粒物，里层和内层用于过滤少量细微颗粒并提供机械强度，由于滤料特殊的结构使得梯度结构过滤材料具有较高的过滤效率和较低的阻力压降。例如：

严长勇等[15]设计并开发了用于电厂除尘的梯度滤料，它是以熔喷、热轧技术制成的超细纤维为表层，耐高温、抗腐蚀性强的混合纤维层为上层，耐高温和机械强度高的玻璃纤维作为基层，有一定耐温和耐腐蚀性的纤维密度适当提高的纤维作为内层，共 4 层构成。结果表明，与常规滤料相比，该梯度滤料具有良好的理化性能（机械力学性能、耐温特性、耐化学特性等）、高过滤效率（仅次于覆膜滤料，远高于常规滤料）和良好的透气性（阻力远低于覆膜滤料、与常规滤料相当）。该材料实际应用于某电厂中在系统阻力 1100Pa 以下，分册排放浓度维持在 $10mg/m^3$ 以下，远优于设计值，除尘效率达99.98%。

刘威等[16]采用了两种不同的陶瓷纤维，制备成具有梯度结构的纤维多孔陶瓷，结果表明，在高温除尘工况下，梯度结构纤维多孔陶瓷能更好地过滤细微颗粒物。其采用一步成形的方法制备具有梯度结构的纤维多孔陶瓷，气孔率最大达到 76%，室温下空气流速为1m/min，过滤阻力为 98Pa，抗折强度达 6.7MPa。

Li P 等[17]制备了多层碳纳米管/石英丝的梯度结构过滤材料，并对其过滤性能和使用寿命进行了研究，证明该梯度结构滤料具有较高的过滤效率。

（2）空气过滤领域

李先庭等在"十二五国家科技支撑计划项目"建筑室内空气净化产品开发及工程应用关键技术的研究报告中提出了两种梯度滤料形式，分别为空气过滤梯度复合滤料和高温烟气梯度复合滤料[18]。介绍如下：

1）以驻极体滤料为研究对象的空气过滤用梯度复合滤料技术，即将不同填充率的高效低阻驻极体滤料与中效滤料复合的滤料技术；同时基于该技术开发出梯度滤料过滤器，达到亚高效过滤器等级要求（98.1%），过滤阻力显著降低（18.1Pa），并具有较高的容尘能力。

2）高温烟气梯度复合滤料，制备了由细旦纤维层—细纤维层—基布层—粗纤维层四级梯度复合滤料。表层细旦纤维层在净化烟气侧有效地提高过滤效率，形成对颗粒物的有效捕集；作为滤料骨架的基布层两侧分布有细纤维层和粗纤维层，形成填充率不同的两层纤维层，即对滤料有支撑作用，又可有效减少纤维总用量，平衡滤料的经济性能。经测试，其老化后的过滤阻力为 500Pa，是常规滤料的 64%；清灰周期为 38s，是常规滤料的 2.5 倍左右；对 $PM_{2.5}$ 的穿透率为 0.112%，是常规滤料的 23.5%。

吴伊人等[19]针对建筑室内健康环境对空气净化 PM_{10}/$PM_{2.5}$ 的要求，利用滤料性能测试实验台，分别对外层用大容尘量低阻滤料、内层用高效低阻滤料进行试验筛选，选择制备了几种新型梯度结构复合滤料。其对 $PM_{2.5}$ 的过滤效率为 45%～90%，对 PM_{10} 的过滤效率为 60%～95%，可初步满足建筑室内颗粒物净化要求。

李婧岚等[20]以不同线密度的 PE（聚乙烯）/PP（聚丙烯）皮芯纤维为原材料形成单层纤网，然后使用不同梯度结构将 2～3 层单层纤维叠合形成复合纤维，并热风黏合加固及电晕驻极处理得到 PE/PP 皮芯纤维空气滤料，并对其过滤性能、容尘量及静电衰减性能进行测试，证明"细-粗-细"梯度结构滤料具有良好的过滤效率和静电衰减性能以及较低的过滤阻力。这种梯度结构滤料在空气过滤领域具有良好的应用潜力。

随着建筑室内对环境健康产生影响的污染源不断增多，室内环境健康的需求不断细化和深化，对室内空气质量控制产品和装置的要求不断提高，针对室内空气过滤的核心——滤料的要求也不断提高。梯度滤料的研究设计需兼顾"高效低阻""粗细兼收""过滤多种不同污染物"等性能特点，实现综合过滤性能的最优化。

3. 梯度滤料研究热点

目前，静电纺纳米纤维作为主过滤层并复合其他梯度结构滤料、功能型梯度复合滤料等是梯度滤料的研究热点。

（1）静电纺复合梯度滤料

随着静电纺纳米纤维加工技术不断发展成熟，以静电纺纳米纤维网作为主过滤层、纺粘/熔喷/静电棉等作为辅助层制作的多级密度梯度结构复合滤料，能够有效地提高产品的综合过滤性能。静电纺纳米纤维复合梯度结构滤料具有高效低阻、寿命长、易清灰、容尘量大等诸多优越性能，加强梯度滤料结构设计、复合工艺、数值模拟研究是今后产品开发的重点。

王娜等针对空气中的 $PM_{2.5}$ 颗粒物，制备静电纺/无机驻极体复合滤料，滤料电荷储存稳定性强，高效低阻，制备过程简单，在 $PM_{2.5}$ 过滤方面具有很大的应用前景；制备了一种蛛网纤维材料，采用无纺布作为基层，静电纺微纳纤维材料作为主过滤器层，其对 $0.3\mu m$ 颗粒物净化效率 99.993% 下压阻为 80.6Pa[21]。

陈亚君等采用静电纺丝技术制备了多孔和无孔二醋酸纳米纤维，并将其按照不同比例先后沉积于聚丙烯（PP）纺粘非织造布上，制备出具有梯度孔隙结构的复合滤料，其对 $2\mu m$ 及以上粒子的过滤效率达到 99.57%，过滤阻力仅为 65Pa，达到一级 $PM_{2.5}$ 防护口罩的标准[22]。

Ahn 等研究制备了一种静电纺复合材料，在风速 5cm/s 下对粒径 $0.3\mu m$ 的颗粒物过滤效率达到 99.993%，高于 HEPA，压降低于 HEPA[23]。

范静静等利用静电纺丝技术，在粘胶水刺非织造基布表面沉积醋酸纤维素载药纳米纤维，然后在表层覆盖丙纶纺粘非织造布制成梯度结构复合滤料，作为防护口罩滤料使用[24]。

刘雷艮等为制备高效防尘口罩滤料，采用静电纺丝技术纺出直径约为 88nm 的聚酰胺 6/壳聚糖（PA6/CS）共混纳米纤维，以丙纶熔喷非织造布作为基材，制成复合滤料[25]。

倪冰选等[26]制备了以纺粘布为支撑层，熔喷布为中间滤层，静电纺纳米纤维为表面滤层的三级密度梯度结构复合材料，进行了过滤性能试验探究，在气体流量为32L/min时，对空气动力学质量中值直径为 $0.26\mu m$ 的 NaCl 固态颗粒物的过滤效率达到 99.2%。

上述研究总结如表4-4所示：

静电纺复合梯度滤料

表 4-4

序号	材料	技术特点	试验条件	过滤效率	过滤阻力
1	以无纺布为基层，静电纺微纳米纤维材料为主过滤层的蛛网纤维材料	滤料电荷稳定性强，制备过程简单	风量：32L/min；粒径：$0.3\mu m$	99.993%	80.6Pa
2	以聚丙烯纺粘非织造布为基层，静电纺丝制备多孔/无孔二醋酸纳米纤维不同比例沉积于上	梯度孔隙结构滤料	风量：32L/min；粒径：$2\sim10\mu m$	99.57%	65Pa
3	采用静电纺丝技术纺出直径约为 88nm 的聚酰胺 6/壳聚糖（PA6/CS）共混纳米纤维，以丙纶熔喷非织造布作为基材	具备较好的微生物过滤性能	风量：32L/min；粒径：$0.3\mu m$	99.7%	58Pa
4	以纺粘布为支撑层，熔喷布为中间滤层，静电纺纳米纤维为表面滤层的三级密度梯度结构复合材料	三级梯级密度滤料复合	风量：32L/min；粒径：$0.26\mu m$	99.2%	60.7Pa

（2）功能型梯度复合滤料

建筑室内空气污染源除了细微颗粒物之外，还包括甲醛、TVOC、苯系物等。刘靖等[27]将室内空气污染划分为物理性、生物性和化学性污染三种，其中物理性污染主要指不适宜的温湿度、滤速、电磁辐射及振动、噪声等；生物性污染主要包含细菌、病毒、真菌等微生物污染因子；化学性污染主要指颗粒物、甲醛、苯系物、氮氧化物、氨等一系列化学物质所引发的污染。而功能性梯度复合滤料的目的就是实现空气中生物性污染、化学性污染或者两者兼顾的多种污染源的同时净化，例如过滤颗粒物层、吸甲醛层、吸异味层、微生物净化等。

目前针对室内甲醛和颗粒物同时净化的空气净化装置已经有产品问世，基本原理是将纤维滤料和活性炭滤料进行结构上的复合，利用活性炭对甲醛的吸附和纤维滤料对颗粒物的过滤达到同时净化的目的。除此之外，在滤料层面研制功能型的梯度复合滤料，也是各个科研单位针对建筑室内空气多重净化的研究热点。

邢金城等[28]制备了针对白色葡萄球菌和室内颗粒物的壳聚糖-丙纶、壳聚糖-天丝复合滤料，并在风道式净化系统中进行除菌试验和颗粒物过滤试验，经试验当壳聚糖质量分数为55%时，滤料除菌效率最佳，达到93.2%。

马瑞玥[29]研究了将丙纶和壳聚糖双层滤料进行结构复合，利用壳聚糖中存在氨基可与甲醛发生加成反应进而达到净化甲醛的目的，从而实现对建筑室内甲醛和 $PM_{2.5}$ 的双重净化。梯度复合滤料可以实现不同污染源的同时净化，全面保障建筑室内的空气品质。

上述研究总结如表4-5所示：

功能型梯度复合滤料 表 4-5

序号	材料	技术特点	试验结果
1	壳聚糖-丙纶、壳聚糖-天丝 二级梯度复合滤料	针对白色葡萄球菌和 颗粒物同时净化	除菌效率 93.2%
2	丙纶-壳聚糖二级梯度复合滤料	同时净化甲醛和 PM$_{2.5}$	PM$_{2.5}$净化效率 97.1% 甲醛净化效率 42%（10min 内）

4.2 基于反问题设计方法的梯度滤器设计

4.2.1 当前滤料及滤器在工程应用上面临的瓶颈和制约

近年来，随着室外空气污染形势的日益严峻，建筑室内环境质量的需求日益明显，针对建筑室内 PM$_{2.5}$颗粒物浓度的控制技术、装置及产品研发广受关注。以纤维为原材料加工而成的各类空气过滤材料/过滤器的形式越来越丰富，其应用和市场需求越来越大。空气过滤材料/过滤器的发展主要可归结为以下形式（图 4-1）：

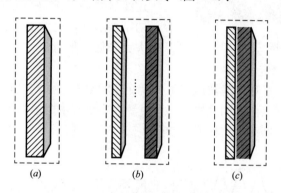

图 4-1 空气过滤材料/过滤器的发展
(*a*) 均一滤料/滤器；(*b*) 现有组合滤料/滤器；(*c*) 梯度滤料/滤器

（a）为均一滤料制备的过滤器，其滤料种类固定、纤维直径单一，针对特定场所使用。

（b）为现有室内空气过滤中常用的组合过滤器形式，采用不同过滤性能的过滤材料分别制备成过滤器，结构上组合而成。通常是外层采用粗纤维、低填充率的粗中效滤料，内层采用细纤维、高填充率的高效滤料，实现对不同粒径颗粒物的分别过滤，同时保证合适的过滤阻力。目前多采用正问题方法，根据经验选择组合过滤器的各个组成部分，具有一定的不确定性，且只能根据一定的工程经验来选择适用于具体场合的过滤器，无法根据使用场所的不同量身定制过滤器。这种组合过滤器的内外层过滤器通常很难同时达到更换时间。

（c）为目前已有应用的梯度滤料/滤器，由沿某一方向呈变化趋势的纤维滤材制备的过滤器。每一纤维层的纤维细度不同，形成的孔隙结构、孔径大小及分布、体积密度也不同，达到对不同粗细颗粒物进行阶梯过滤的目标。通常有两种形式：外层细纤维内层粗纤维，通常用于工业除尘；外层粗纤维内层细纤维，则适用于日常空气过滤用口罩。由于设计方法的局限，目前已有的梯度滤料/滤器设计时通常采用正问题方法，很难保证每层滤料的性能同时达到最优，以及每层滤料均充分发挥其性能，同时也是依照经验来选择梯度过滤器各层的分布方式，无法根据日益复杂的使用场所量身定制。

当前空气过滤领域的滤料及滤器，无论是单一均匀滤料/滤器，组合式滤料/滤器，或者已有的梯度滤料/滤器，面对人们对建筑室内空气品质需求的日益提高，均有一定的局限性。

4.2.2　新型梯度滤料及过滤器概念及定义

随着滤料行业的发展，多种新型过滤材料和过滤方式不断涌现，仅仅从纤维过滤材料的层面规定"梯度滤料"是难以全面概述的。现提出一种广义上的梯度滤料和梯度过滤器的概念。

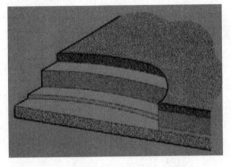

图 4-2　新型梯度滤料结构示意图

1. 新型梯度滤料定义

为了实现空气污染物的分级过滤，由过滤等级呈梯度变化的介质复合而成的空气过滤材料，可以是不同过滤效率等级的不同种类过滤材料的复合，也可以是不同过滤等级的同一类过滤材料的复合。梯度滤料结构示意如图 4-2 所示。

过滤材料制备成高效过滤器时，通常采用折叠形的结构形式，过滤面积比迎风面积大几十倍，从而大大降低了阻力。

2. 新型梯度过滤器定义

空气污染物过滤等级在过滤器内部呈梯度变化的复合过滤器。梯度滤器可以由梯度滤料直接制备而成，也可以由不同规格、不同过滤效率等级的过滤器复合而成。

相应的，梯度过滤器两种结构形式如图 4-3、图 4-4 所示。

图 4-3　梯度滤料制备而成的梯度过滤器

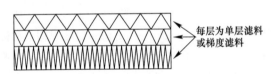

每层为单层滤料或梯度滤料

图 4-4　不同过滤等级的过滤器复合形成的梯度过滤器

图 4-3 是由梯度滤料直接制备成梯度过滤器，构成梯度过滤器的每层滤料面积一致，过滤风速均匀一致，适用于空气过滤用口罩等大批量快速成型的产品应用。图 4-4 显示了一种三层梯度过滤器，其中每层滤料可以是单层滤料或是梯度滤料，每层滤料的面积不同，迎面风速不同，通过一定的设计方法，可满足每层滤料同时发挥最大功能，保证梯度过滤器的综合性能达到最优。

建筑室内的化学性污染（包括颗粒物、甲醛、挥发性有机化合物等），单一过滤技术或过滤材料都不能很好消除，对多种污染物并存的室内空气，开展基于多种过滤材料的梯度滤料的研究和设计，是解决室内多污染源的有效手段。

4.2.3　一种基于反问题求解的新型梯度滤器设计方法

1. 设计方法的提出

目前，对于梯度滤料的研究，国内外学者主要集中在梯度滤料的设计计算、筛选、过滤性能的试验分析等方面。Young Ok Park 等[30]对设计的由预除尘层、表层与基层三层组成的滤料进行了过滤性能测试。吴伊人[19]和周刘轲[31]对复合滤料的内外层滤料进行了试验筛选，并对复合滤料进行了性能试验，试验表明复合滤料可满足人体健康对环境空气中 PM$_{2.5}$ 颗粒物提出的净化要求。马欢[32]提出了梯级分布滤层过滤模型，对不同织物构造的滤层的净化特性进行计算，并采用滤料滤层设计模型进行滤层优化，选出最优梯级滤料。

上述对梯度滤料的研究普遍采用正问题研究方法，即选取一些现有成熟滤料，通过计算或者试验从中选取最优滤料进行复合，从而满足设计需求。这种研究方法具有一定的不确定性，设计出的最优梯度滤料不一定满足预期要求，并且只能通过有限次数的设计和试验，得出在已有方案中较优的滤料，无法得到满足设计需求的最优梯度滤料。而在室内环境营造领域，近年来基于反问题的求解方法得到迅速发展，如程瑞[33]基于非线性优化反问题思路提出的主动式建筑节能通风策略的确定方法和杜正健[34]通过反问题优化设计方法研发的被动采样器。

基于此，本章以梯度滤器为研究对象，提出一种基于反问题求解的新型梯度滤器设计方法，通过建立滤料结构参数和滤器性能参数之间的数学模型，设计出满足设计需求的最佳梯度滤器，为梯度滤器设计提供了理论依据。

2. 设计方法及流程

梯度滤器的性能参数如过滤效率、阻力、容尘量等，是评价滤器性能优劣的基本参数，这三个参数取决于梯度滤料的结构特性（纤维直径、填充率、厚度、纤维排列的空间结构、带电情况等）、梯度滤器的结构参数（褶深、褶间距、净高、净宽等）、运行工况（环境温湿度、大气压力、滤速等）和气溶胶特征（微粒浓度、粒径分布等）参数。

本节在用反问题方法设计梯度滤器时，通过确定过滤对象特征（气溶胶粒径分布）及设计目标（对过滤效率、阻力性能参数的要求），通过反问题方法建模，选取合适的数值方法进行求解，得到最佳的梯度滤器结构参数（滤料的纤维直径、填充率及厚度；梯度滤器的褶深、褶间距），从而可以指导梯度滤器的设计。

基于反问题求解的梯度滤器设计流程如图 4-5 所示。

基于反问题求解的梯度滤器设计步骤如下。

（1）输入

需要确定经过梯度滤器的气溶胶粒径分布。因为不同地区、不同应用场合（住宅、办公、工厂、试验检测等）的空气质量相差较大，需根据不同污染程度的使用环境设计适宜的梯度滤器。

（2）确定设计变量

选取对梯度滤器设计目标有显著影响且能直接控制的独立参数作为设计变量。将此将梯度滤料和梯度滤器的结构参数作为设计变量，分别为梯度滤料的三个结构参数：纤维直径 d_f、填充率 α 和滤料厚度 H；梯度滤器的两个结构参数：褶间距 D、褶深 L。

假设梯度滤器由 $n(n=1,2,3\cdots)$ 层组成，第 $i(i=1,2,\cdots,n)$ 层的纤维直径为 $d_{f(i)}$，填充率为 $\alpha_{(i)}$，厚度为 $H_{(i)}$、褶间距为 $D_{(i)}$、褶深为 $L_{(i)}$。

则设计变量 $X=[d_{f1}$、α_1、H_1、D_1、L_1、$\cdots$、$d_{f(i)}$、$\alpha_{(i)}$、$H_{(i)}$、$D_{(i)}$、$L_{(i)}\cdots$、d_{fn}、α_n、H_n、D_n、$L_n]$。

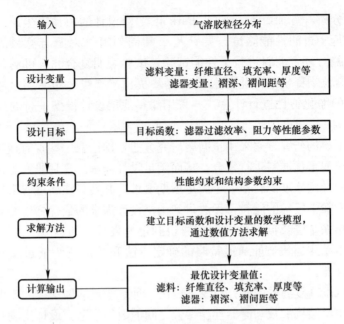

图 4-5 基于反问题求解梯度滤器的设计流程

（3）设计目标

一个性能优异的梯度滤器具有过滤效率高、阻力低等性能特点。但是过滤效率和阻力不能同时满足最佳，因为梯度滤器过滤效率越高，阻力也会越大，因此综合考虑，设计目标可确定为以下两种：

1）阻力最小

根据室内净化对空气中 $PM_{2.5}$ 的要求，过滤效率满足一定的约束条件即可，但是阻力的大小影响净化设备的功耗，阻力越小，净化设备功耗越小，故将梯度滤器阻力 ΔP 最小设为目标函数。

则目标函数为：$f(X) = \min(\Delta P)$。

2）品质因数最大

为了全面评价梯度滤器的性能，将过滤效率和阻力综合，用品质因数 Q 来评价，Q 越大，梯度滤器性能越好。故将品质因数最大设为目标函数。

则目标函数为：$f(X) = \max(Q)$。

其中，品质因数 Q 的定义如下[1]：

$$Q = -\frac{\ln(1-\eta)}{\Delta P}$$

式中：η——梯度滤器的过滤效率；

ΔP——梯度滤器的压力，Pa。

（4）约束条件

1）性能指标约束

梯度滤器的过滤效率：

$$\eta_{最小} \leqslant \eta \leqslant \eta_{最大}$$

式中：$\eta_{最小}$——过滤效率约束的最小值；

$\quad\quad\eta_{最大}$——过滤效率约束的最大值。

梯度滤器的阻力：

$$\Delta P_{最小} \leqslant \Delta P \leqslant \Delta P_{最大}$$

式中：$\Delta P_{最小}$——阻力约束的最小值；

$\quad\quad\Delta P_{最大}$——阻力约束的最大值。

2）结构参数约束

第 $i(i=1,2,\cdots,n)$ 层纤维直径 $d_{f(i)}$：

$$d_{f(i)最小} \leqslant d_{f(i)} \leqslant d_{f(i)最大}$$

式中：$d_{f(i)最小}$——第 i 层纤维直径约束的最小值；

$\quad\quad d_{f(i)最大}$——第 i 层纤维直径约束的最大值。

第 $i(i=1,2,\cdots,n)$ 层填充率 $\alpha_{(i)}$：

$$\alpha_{(i)最小} \leqslant \alpha_{(i)} \leqslant \alpha_{(i)最大}$$

式中：$\alpha_{(i)最小}$——第 i 层填充率约束的最小值；

$\quad\quad\alpha_{(i)最大}$——第 i 层填充率约束的最大值。

第 $i(i=1,2,\cdots,n)$ 层厚度 $H_{(i)}$：

$$H_{(i)最小} \leqslant H_{(i)} \leqslant H_{(i)最大}$$

式中：$H_{(i)最小}$——第 i 层厚度约束的最小值；

$\quad\quad H_{(i)最大}$——第 i 层厚度约束的最大值。

第 $i(i=1,2,\cdots,n)$ 层褶间距 $D_{(i)}$：

$$D_{(i)最小} \leqslant D_{(i)} \leqslant D_{(i)最大}$$

式中：$D_{(i)最小}$——第 i 层褶间距约束的最小值；

$\quad\quad D_{(i)最大}$——第 i 层褶间距约束的最大值。

第 $i(i=1,2,\cdots,n)$ 层褶深 $L_{(i)}$：

$$L_{(i)最小} \leqslant L_{(i)} \leqslant L_{(i)最大}$$

式中：$L_{(i)最小}$——第 i 层褶深约束的最小值；

$\quad\quad L_{(i)最大}$——第 i 层褶深约束的最大值。

（5）求解方法

反问题方法，在此可以转化为最优化问题进行求解，可采用可行方向法、惩罚函数法、遗传算法、粒子群算法等，在此采用遗传优化算法，建立目标函数与设计变量之间的数学模型，对梯度滤器的结构参数进行反问题求解。遗传算法是一种全局寻优搜索算法，它提供了一种求解复杂系统优化问题的模式，并且不受搜索空间的限制性假设的约束，也不要求目标函数的连续、可微和单峰等条件。它依据生物进化过程中"适者生存"的规律，模仿生物进化过程中的遗传繁殖机制，对优化问题解空间的个体进行编码（二进制或其他进制），然后对编码后的个体种群进行遗传操作（如选择、交叉、变异等），通过迭代从新种群中寻找含有最优解或较优解的组合[35]。

（6）输出

通过建立数学模型，采用遗传算法进行优化求解，可得到满足设计目标和约束条件的最优梯度滤器结构参数：滤料纤维直径、填充率和滤料厚度，滤器褶间距、褶深等，用于指导梯度滤器的结构设计。

3. 梯度滤器过滤效率、阻力的理论模型

(1) 梯度滤器过滤效率理论模型

以多层纤维类滤料组成的梯度滤器为研究对象建立理论模型。在此认为梯度滤料制作成梯度滤器后，过滤效率不发生改变。因此在此仅讨论梯度滤料的过滤效率，其值等同于梯度滤器的过滤效率。

1) 单层纤维捕集效率

纤维滤料的过滤机理是多种捕集效应综合协同作用的结果，主要包括拦截效应 η_R、惯性效应 η_{st}、扩散效应 η_D、重力效应 η_G、静电效应 η_E 等，通过第二章的计算，可得到单层滤料的总捕集效率 η。

2) 梯度滤料总捕集效率

梯度滤料由 n 层纤维滤料组成时，根据前述单层滤料总捕集效率，可得到梯度滤料的总捕集效率：

$$\eta_{梯} = 1 - (1-\eta_1) \cdots (1-\eta_i) \cdots (1-\eta_n)$$

式中：η_1——第一层滤料的捕集效率；

　　　η_i——第 i 层（$1 \leqslant i \leqslant n$）滤料的捕集效率；

　　　η_n——第 n 层滤料的捕集效率。

(2) 梯度滤器阻力理论模型

1) 单层滤料的阻力

根据对单层滤料阻力的理论模型计算，得到单层滤料的阻力 $\Delta P_{料}$。

2) 梯度滤器的阻力

滤器的阻力主要由两部分组成：滤料的阻力和滤器的结构阻力，其中，滤器的结构阻力由滤器的进出口阻力和气流的进出气沿程阻力组成。对于平板密褶型过滤器来说：

气流通道的当量直径：

$$d = \frac{a(D-2H)}{2a + D - 2H}$$

风量：

$$Q = U_0 \left(\frac{2L}{D} + 1 \right) W_1 W_2$$

滤器的阻力[36]：

$$\Delta P_{梯} = 5 + \sum_{i=1}^{n} \Delta P_{料i} + \sum_{i=1}^{n} \frac{48\mu\varepsilon Q L_i}{d^2 W_1 W_2}$$

式中：a——滤器分隔胶线间距，m；

　　　U_0——过滤速度，m/s；

　　　μ——气体黏度，Pa·s；

　　　W_1——滤器净宽，m；

　　　W_2——滤器净长，m；

　　　$\Delta P_{料i}$——第 i 层（$1 \leqslant i \leqslant n$）滤料的阻力；

　　　ε——修正系数；

L_i——第 i 层（$1 \leqslant i \leqslant n$）滤料的褶深。

4. 反问题设计方法的通用性

（1）对尘源的通用性

当对梯度滤器进行设计时，需根据不同的使用环境，确定过滤对象特性，即气溶胶粒径分布。因为不同的地区、不同的使用环境（住宅、办公场所、工厂、试验检测等）中的气溶胶分布相差很大。对于不同的气溶胶粒径分布，可以针对性的设计出满足特定环境条件下的最佳梯度滤料，从而达到对特定场所气溶胶控制的目的。典型的大气尘粒径特征分布见本书第 8 章。

（2）对设计目标及变量的通用性

本章前面的设计方法中只给出了以阻力最小或品质因数最大为设计目标确定梯度滤料的纤维直径、填充率、厚度及滤器褶深、褶间距这几个结构参数的反问题设计步骤，可按照设计需求将其推广至其他设计变量和设计目标确定的反问题。设计目标可以按照设计需求推广至过滤效率最大、容尘量最大或使用寿命最长等，设计变量也可延伸至气溶胶直径与纤维直径的比值、带电量、滤速等。设计目标和设计变量的选择，关键是设计目标参数需要依赖于设计变量，并且设计变量之间需要相对独立，不会互相影响。

5. 计算实例

现采用上述反问题方法设计一款高效低阻的梯度过滤器。拟设计梯度过滤器的风量、结构尺寸有：

（1）以两层不同过滤等级的纤维类滤料组成的平板密褶型梯度滤器为设计对象；

（2）梯度滤器的迎风面尺寸为：$497\text{mm} \times 297\text{mm} \times 50\text{mm}$；

（3）梯度滤器的风量为：$100\text{m}^3/\text{h}$。

梯度过滤器需要满足的设计要求为

（1）梯度滤器的 $PM_{2.5}$ 过滤效率 $> 99.99\%$；

（2）梯度滤器的阻力 $< 120\text{Pa}$。

按照反问题设计方法的设计步骤，对梯度过滤器进行设计。设计过程如下。

（1）输入

以 GB 18801—2015 中所用香烟烟雾作为经过梯度滤器的污染物来源，香烟烟雾的粒径分布见表 4-6。

香烟烟雾的粒径分布[37]　　　　　　　　　　　表 4-6

颗粒物粒径（μm）	质量分布（%）
0~0.3	25
0.3~0.4	27
0.4~0.5	24
0.5~0.8	20
0.8~1.0	2
1.0~3.0	1
>3.0	1

（2）设计变量

按照前文中设计方法步骤中的分析，选取对梯度过滤器设计目标有显著影响且能直接控制的独立参数作为设计变量。在此选择梯度滤料的结构参数，即纤维直径 d_f、填充率 α、滤料厚度 H 和梯度过滤器的褶间距 D 作为设计变量。

（3）设计目标

过滤效率满足梯度过滤器的设计要求即可，没有必要追求越大越好，但是阻力的大小影响净化设备的功耗，阻力越小，净化设备功耗越小，故将梯度过滤器阻力 ΔP 最小设为目标函数。

（4）约束条件

1）性能指标约束

因为梯度过滤器过滤效率设计要求为大于 99.99%，考虑到设计余量，在此约束梯度过滤器过滤效率大于 99.994%。根据过滤器选用经验，前一级的过滤器起到保护末级过滤器并延长其使用寿命的作用，设计时应匹配两级过滤器的效率，在此选用中效过滤器作为前置过滤器，保护末级高效过滤器。所以性能约束指标为

性能约束指标　　　　　　　　　　　　　　　　　　　　表 4-7

序号	性能约束量	约束指标
1	梯度过滤器的过滤效率	＞99.994%
2	梯度过滤器的阻力	＜120Pa
3	第一级过滤器效率	70%～90%

2）结构参数约束

结构参数约束指标　　　　　　　　　　　　　　　　　　表 4-8

序号	结构参数约束量	约束指标
1	第一层滤料纤维直径	2～6μm
2	第一层滤料填充率	0.01～0.08
3	第一层滤料厚度	0.2～0.8mm
4	第二层滤料纤维直径	0.15～3μm
5	第二层滤料填充率	0.08～0.25
6	第二层滤料厚度	0.1～0.6mm
7	第一层滤料褶间距	2～5mm
8	第一层滤料褶间距	2～5mm

（5）求解方法

采用 MATLAB 软件中的遗传优化算法工具箱，建立目标函数与设计变量之间的数学模型，对梯度过滤器的结构参数进行反问题求解。

（6）输出

通过建立数学模型，采用遗传算法进行优化求解，得到了满足设计目标和约束条件的梯度过滤器结构参数：滤料纤维直径、填充率和滤料厚度、过滤器褶间距，见表 4-9，用于指导梯度过滤器的结构设计。

反问题求解的梯度过滤器结构参数 表 4-9

序号	结构参数	数值
1	第一层滤料纤维直径	3.8μm
2	第一层滤料填充率	0.01
3	第一层滤料厚度	0.34mm
4	第二层滤料纤维直径	1.75μm
5	第二层滤料填充率	0.08
6	第二层滤料厚度	0.1mm
7	第一层滤料褶间距	2.5mm
8	第一层滤料褶间距	3.9mm

4.3 基于反问题设计方法的梯度滤料产品研发示例

为满足建筑室内健康环境对空气净化 PM$_{2.5}$ 的要求，结合室内颗粒物粒径浓度谱，研制出针对室内不同粒径颗粒物分层过滤、满足过滤性能指标要求且综合性能最优的梯度滤料，保障建筑室内空气品质。选用上节中基于反问题设计方法设计的梯度过滤器，其中过滤器尺寸、额定风量均一致，而过滤材料选用市面上滤材物性参数较接近的成熟滤材，制备梯度过滤器。

4.3.1 控制对象和指标要求

1. 控制对象

以建筑室内颗粒物粒径分布为控制对象，有针对性地研发梯度过滤器。

建筑室内颗粒物浓度分布是影响室内空气质量的关键因素，室内空气品质尤其与 PM$_{2.5}$ 颗粒物紧密相关。在当前我国雾霾频发的情况下，针对性地采取措施控制室内 PM$_{2.5}$ 污染，尽可能降低室内 PM$_{2.5}$ 对人体健康造成的危害，是亟须研究和解决的问题。建筑室内颗粒物浓度谱模型，为 PM$_{2.5}$ 控制策略及手段的设计提供了建模仿真基础，也为节能高效净化产品的设计提供了整体依据及验证条件。

（1）室内外颗粒物浓度限值标准

1）室外环境标准

2012 年，环境保护部与国家质量监督检验检疫总局联合发布《环境空气质量标准》GB 3095—2012，并于 2016 年 1 月 1 日起实施。该标准对环境空气质量中增设 PM$_{2.5}$ 年均、日均浓度限值，规定如表 4-10 所示[38]。

GB 3095—2012 中 PM$_{2.5}$ 质量浓度限值（单位：μg/m^3） 表 4-10

一级（自然保护区等）		居住区、商业区、工业区等	
年平均	24h 平均	年平均	24h 平均
15	35	35	75

2）建筑室内标准

我国已颁布和实施多部与室内颗粒物浓度限值相关的标准及规范，如《室内空气质量标准》GB/T 18883—2002、《室内空气中可吸入颗粒物卫生标准》GB/T 17095—1997、《公共场所集中空调通风系统卫生规范》WS394—2012 等，但由于我国对 $PM_{2.5}$ 的研究起步晚，上述标准均只规定了 PM_{10} 的浓度要求。《建筑通风效果测试与评价标准》JGJ/T 309—2013 于 2014 年执行，该标准适用于民用建筑通风效果的测试与评价，规定室内 $PM_{2.5}$ 日均质量浓度小于 $75\mu g/m^3$。

（2）建筑室内颗粒物粒径分布状态

室外颗粒物渗透、室内颗粒物源释放、室内颗粒物再悬浮等动力行为是影响建筑室内空气质量的重要因素。检索 2006～2018 年我国建筑室内颗粒物浓度分布状况论文 12 篇，并从中收集整理建筑室内 $PM_{2.5}$ 颗粒物分级粒径的浓度分布状况，建立室内颗粒物浓度谱模型。

图 4-6 显示了 2017 年夏季北京某办公建筑 2 个不同房间室内颗粒物粒径的质量浓度分布。结果表示，建筑室内不同粒径颗粒物的质量浓度呈现双峰分布，室内颗粒物以细颗粒物为主，质量浓度波峰出现在 0～2.5μm 粒径范围[39]。

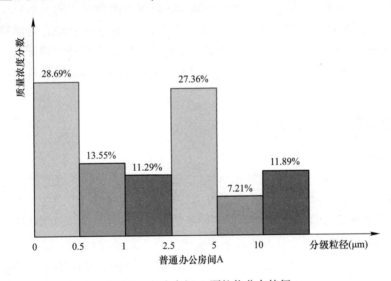

图 4-6　办公房间 A 颗粒物分布特征

建筑室内外颗粒物质量浓度均呈现双峰分布，室内源对颗粒物浓度影响很大。对于气密性良好的建筑，5.0μm 以上的颗粒物绝大部分都被阻挡在室外，室内颗粒物质量比重集中在 2.5μm 以下。人员活动、办公设备等对室内粒径在 $\leqslant$0.5μm 和 2.5～5.0μm 范围颗粒物的质量分数产生直接影响。结合检索论文情况，建立建筑室内 $PM_{2.5}$ 颗粒物分级粒径质量浓度谱模型[4]，如图 4-7 所示。

对现代办公建筑室内颗粒物的检测结果表明，室内颗粒物粒径集中在 10μm 以下，并呈现双峰分布，峰值在 0.2～0.5μm 和 1～2.5μm 范围，上述建立的 $PM_{2.5}$ 浓度谱模型符合这个规律，具备较高的准确度。

2. 性能要求

针对目前空气净化装置中使用的传统滤料普遍存在过滤效率低、容尘量小、使用寿命短等不足，开展基于反问题求解法的梯度过滤材料的高效低阻性能设计。基于梯度滤料的净化装置的过滤性能目标为PM$_{2.5}$一次性通过效率>99.99%，初阻力<120Pa，同时梯度滤料层寿命一致，以便最大可能的利用各层滤料的同时，经济性能最优化。

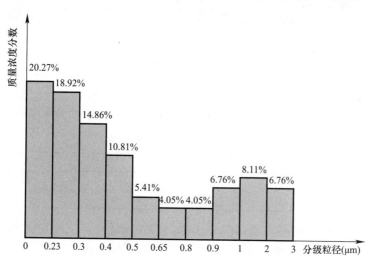

图4-7 建筑室内PM$_{2.5}$颗粒物质量浓度谱模型

4.3.2 梯度过滤器定制设计、开发及性能测试

1. 梯度过滤器的定制设计和开发

根据以上梯度过滤器的性能指标，合理配置梯度滤料的阻力及效率目标。在现有滤料的基础上，选择制备物理分层的梯度复合滤料，即不同过滤等级的同一过滤材料的梯度结构形式。通过上节反问题求解方法，求得满足目标值的现有滤料基础上的最佳梯度滤料组合。将梯度滤料通过一定的结构设计，设计合适的过滤器风量、外形尺寸、打褶深度、褶间距等参数，并制备成梯度过滤器。简易快速的同时，提高了研究效率和准确度。

制备的新型梯度过滤器如图4-8所示。

2. 性能测试

制备的梯度过滤器，执行《通风系统用空气净化装置》GB/T 34012—2017的附录A PM$_{2.5}$净化效率试验方法[40]进行检验，PM$_{2.5}$一次性通过效率>99.99%，过滤阻力50.7Pa，净化效果良好。同时也验证了反问题方法设计梯度滤料及过滤器的合理性和有效性。

《通风系统用空气净化装置》GB/T 34012—2017中建议，入口处管道中PM$_{2.5}$质量浓度应在150~750$\mu g/m^3$范围内，但PM$_{2.5}$质量浓度检测仪器的最低限值是0.001mg/m^3，因此；由于检测仪器限制，PM$_{2.5}$一次性通过效率最高检测到99.9%。因此需要适当提高上游发尘浓度，保证梯度过滤器的效率检测数据尽可能的精确。不同上游发尘浓度下，试验数据如表4-11所示。

图4-8 新型梯度过滤器

不同上游发尘浓度下的测试数据 表 4-11

序号	检验风量（m³/h）	PM₂.₅净化效率测试		
		上游浓度（mg/m³）	下游浓度（mg/m³）	净化效率
1	250	0.731	<0.001	>99.86%
2	250	4.582	<0.001	>99.98%
3	250	6.609	<0.001	>99.98%
4	250	11.007	<0.001	>99.99%

同时测定梯度过滤器在不同风量下的初阻力，测试数据如表 4-12 所示。

梯度过滤器的初阻力测试结果 表 4-12

序号	检验风量（m³/h）	初阻力（Pa）
1	250	50.7
2	400	90.7

上述 $PM_{2.5}$ 净化效率和阻力测试结果表明，梯度过滤器的性能指标满足目标指标值。反问题方法设计梯度滤料及梯度过滤器在简易快速的同时，能够针对不同使用场所，满足过滤性能设计的目标值。

4.4 小结

本章在纤维过滤的基础上，提出了一种基于反问题求解的新型梯度滤料/滤器设计方法，即：在给定输入条件（室内颗粒物分粒径质量分布），设定梯度滤料/滤器的设计目标值（过滤效率、初阻力、综合指标等），在一定的约束条件下（性能约束和结构参数约束），通过数值求解方法（建立目标参数和设计变量间的数学模型，多目标优化数值寻优），得到梯度滤料/滤器的设计输出（梯度滤料/滤器的结构参数等）。这种方法能快速得到满足目标指标值的梯度滤料/滤器，且能针对不同使用场景，目的性明确地设计与使用场景相适宜的梯度滤料/滤器。设计思路如图 4-9 所示。

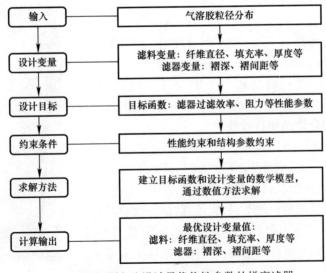

图 4-9 反问题方法设计最优物性参数的梯度滤器

　　同时，参考通过反问题方法求解得到的梯度滤器结构参数，在现有滤料的基础上，选择制备物理分层的 2 层梯度复合滤料并进行过滤性能试验，试验结果满足设计时的预设目标值。

　　本章提出了一种基于反问题求解的新型梯度滤器的设计方法，并在此基础上制备了一种 2 层梯度结构复合材料。制备过程中，采取了滤料的物理分层复合方式，这种方式比较依赖于现有过滤材料及工艺水平，具有一定的局限性。今后的研究中将致力于在滤料制备加工时的直接梯度复合，以拓展新型梯度滤料的更多结构形式；同时此方法是基于纤维滤料而来，随着不同新型空气过滤材料的涌现，应加强对其他新型过滤材料的理论研究，力求在不同材料间提出一种普适度更高的设计方法，并在其试验研究和工程应用中不断优化，为全方面的保障建筑室内空气品质提供多种成熟产品。

参考文献

［1］ 许钟麟. 空气洁净技术原理［M］. 北京：科学出版社，2016.
［2］ Clyde O. Filtration Principles and Practices［M］. Marcel Dekker，Inc，New York，1977.
［3］ 中国建筑科学研究院. 空气过滤器用滤料 JG/T 404—2013. 北京：中国标准出版社，2013.
［4］ 曹明. 驻极体滤料对微细颗粒物分级效率的实验研究［D］. 上海：东华大学，2007.
［5］ Kim S C，Harrington M S，Pui D Y. Experimental study of nanoparticles penetration through commercial filter media［J］. Journal of Nanoparticle Research，2007，9（1）：117-125.
［6］ Varade S A，Aparna G，Phadke K M，et al. Comparison of inherent properties of glass fibre filters［J］. Journal of the Indian Institute of Science，2003，83（5-6）：127-131.
［7］ Lin C，Song D，Li Y，et al. The preparation of high dimension stable glass fiber reinforced PPS composites［J］. China Plastics Industry，2010，38（10）：52-55.
［8］ 谢小军，黄翔，狄育慧. 驻极体空气过滤材料静电驻极方法初探［J］. 洁净与空调技术，2005，2：41-44.
［9］ 周晨，靳向煜. 聚丙烯熔喷驻极过滤材料表面静电势的研究［J］. 过滤与分离，2011，21（1）：16-19.
［10］ 李小崎. 驻极聚醚酰亚胺-二氧化硅纳米纤维膜在空气过滤中的应用［D］. 上海：东华大学，2015.
［11］ 康卫民. 阻击 $PM_{2.5}$ 的新利器——电纺纳微纤维驻极过滤材料［J］. 技术纺织品，2017.
［12］ 中国纺织工业联合会. 气体净化用纤维层滤料 GB/T 35754—2017［S］. 北京：中国标准出版社，2017.
［13］ 中国机械工业联合会. 气体净化用非织造粘合纤维层滤料：JB/T 10535—2006［S］. 北京：中国标准出版社，2006：5.
［14］ 李运刚，何小凤. 功能梯度材料制备方法的研究进展［J］. 过程工程学报，2006，6（S1）：139-143.
［15］ 严长勇，王成彪，沈恒根. HBT"梯度"复合滤料的过滤性能研究及应用［J］. 建筑热能通风空调，2007，26（4）：100-103.
［16］ 刘威，崔元山，金江. 高温除尘用纤维多孔陶瓷材料的制备及性能［J］. 南京工业大学学报（自然科学版），2011，33（4）：107-110.
［17］ Li P，Wang C Y，Li Z，et al. Hieraichical carbon-nanotube/quartz-fiber films with gradient nanostructures for high efficiency and long service life air filters［J］. RSC Advances，2014，4（96）：54115-54121.

［18］ 李先庭，何鲁敏，李景广，等. 建筑室内空气净化产品开发及工程应用关键技术研究报告［R］. 北京：清华大学，2019：34-49.

［19］ 吴伊人，沈恒根，何瑾，等. 建筑健康环境空气微细颗粒物净化用复合滤料的试验研究［J］. 建筑科学，2012，28（2）：67-71.

［20］ 李婧岚，吴海波. 梯度结构的 PE/PP 皮芯纤维空气滤料性能研究［J］. 产业用纺织品，2019（37）：14-19.

［21］ 王娜. $PM_{2.5}$空气过滤用静电纺微/纳纤维材料的结构设计及性能研究［D］. 上海：东华大学，2017.

［22］ 陈亚君，汪帝，李大伟，等. 梯度孔隙结构二醋酸纤维复合滤料的制备及过滤性能［J］. 现代化工，2019，39（2）：136-139.

［23］ Ahn Y C，Parks K，Kim G T，et al. Development of high efficiency nanofilters made of nanofibers［J］. Current Applied Physics，2006，6（6）：1030-1035.

［24］ 范静静，周莉，胡洁，等. 复合结构防护口罩材料的制备及性能研究［J］. 材料导报，2015，29（4）：50-54.

［25］ 刘雷艮，沈忠安，洪剑寒. 静电纺高效防尘复合滤料的制备及其性能［J］. 纺织学报，2015，36（7）：12-16.

［26］ 倪冰选，张鹏，杨欣卉，等. 密度梯度复合滤料的结构与过滤性能研究［J］. 合成纤维工业，2018，41（1）：11-15.

［27］ 刘靖，刘慧卿，任晓芬. 室内空气污染控制［M］. 徐州：中国矿业大学出版社，2012.

［28］ 邢金城，马瑞玥，李勇刚，等. 基于壳聚糖空气滤料的除菌效果［J］. 天津大学学报（自然科学与工程技术版），2018，51（6）：605-609.

［29］ 马瑞玥. 壳聚糖-丙纶复合空气滤料的甲醛及 $PM_{2.5}$净化效果研究［D］. 天津：天津大学，2017.

［30］ Young Ok Park，Hyun-Seol Park，SeokJoo Park，et al. Development and evaluation of multilayer air filter media［J］. Korean Journal of Chemical Engineering，2001，18（6）：1020-1024.

［31］ 周刘轲. 基于集中式空调系统空气过滤器净化 $PM_{2.5}$的试验研究［D］. 上海：东华大学，2015.

［32］ 马欢. 建筑环境低阻高效滤料净化 $PM_{2.5}$特性模型及应用研究［D］. 上海：东华大学，2016.

［33］ 程瑞，王馨，张寅平. 主动式建筑理想节能通风策略确定方法［J］. 工程热物理学报，2013，34（5）：935-937.

［34］ 杜正健，莫金汉，李欣笑，等. 被动采样器设计方法及应用效果研究［J］. 暖通空调，2013，43（12）：51-58.

［35］ Sailaja D. A Computer Program for Filter Media Design Optimization［D］. University of Akron，2007.

［36］ 冯朝阳. 高效空气过滤器阻力与结构关系的实验研究［D］. 北京：清华大学，2007.

［37］ 侯昌生，吴兴祥，杨学宾，等. 香烟烟雾下高压微静电强电介质过滤性能［J］. 东华大学学报（自然科学版），2019，45（5）：741-745.

［38］ 中国环境科学研究院. 环境空气质量标准 GB 3095—2012［S］. 北京：中国环境科学出版社，2015.

［39］ 王军亮，王清勤，范东叶，等. 北京地区办公建筑室内颗粒物质量浓度分布特征［J］. 暖通空调，2017，47（5）：113-118.

［40］ 中国建筑科学研究院. 通风空调用空气净化装置 GB/T 34012—2017［S］. 北京：中国标准出版社，2018.

第5章 空气净化设备的研究设计与优化

5.1 引言

空气净化设备是指能够滤除或杀灭空气污染物，有效提高空气洁净度的产品。按照与室外空气互通与否，空气净化设备可分为空气净化器和新风设备。空气净化器只能净化室内空气，不具备室内外空气交换互通功能，其吸入室内空气经机器净化功能模块处理后排回室内，以此循环达到净化空气的效果，空气净化器一般可以有效减少室内的 $PM_{2.5}$、甲醛、TVOC 等有害物质，但不能解决室内长期密闭带来二氧化碳浓度升高的问题，无法真正实现整个居室空气质量的改善。新风设备将室外新鲜气体经过过滤、净化、增氧、调温等处理后通过管道输送到室内，同时把室内的污浊空气排出到室外，实现空气的置换，新风设备与空气净化器相比，在室内空气置换、温湿度调节、气流覆盖范围等方面优势明显。本章将重点讲述新风设备的分类、性能、设计与优化。

5.1.1 新风设备的分类

新风设备的分类依据很多，根据安装形式可分为壁挂式、吊顶式、立柜式新风设备；根据净化模式可分为单向流、双向流新风设备；根据应用场所可分为住宅、校园、医疗新风设备；根据作用对象可分为颗粒物型、气流型、微生物型和复合型新风设备；根据新风量大小可分为小型、中型、大型新风设备。目前较为主流的是按照安装形式和净化模式来分类。

1. 安装形式

新风设备根据安装形式可以分为壁挂式新风设备、吊顶式新风设备和立柜式新风设备三种。其中，壁挂式新风设备和立柜式新风设备通常无布风管道。

壁挂式新风设备主要安装在室内墙壁上，通过管道与室外空气互通，室内无管道布风，属于局部区域净化，常用于装修后的新风净化方案，适用于家用住宅和中小型事务所，造型注重室内的装饰性，朴实而美观，见图 5-1[1]。

吊顶式新风设备主要安装在室内顶部，通过管道与室外空气互通，室内通常采用管道布设通风口，属于中央集中式净化，外形设计采用薄型盒式结构，在房屋装修前施工，需要进行管道设计以及主机的安装，适用于普通的居住套房、商店、办公等场所，见图 5-2。

图 5-1 壁挂式新风设备

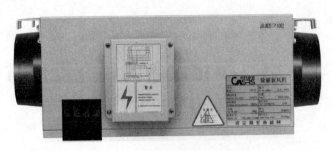

图 5-2　吊顶式新风设备

图 5-3　立柜式新风设备

立柜式新风设备主要放置在空间较大场所,通过管道与室外空气互通,室内无管道布风,属于局部区域净化,大多数采用前开门式结构,安装、维修方便,适用于校园、医院、会议室等场所,见图 5-3。

2. 按净化模式分类

新风设备按照净化模式可以分为单向流新风设备和双向流新风设备两大类。

单向流新风设备采用"机械送风+自然排风"的通风方式,仅将室外空气净化后送入室内,不具备将室内污浊空气抽排至室外的功能。其通常由一个室外风口、一个室内风口和一套风机动力组件,结合相应的净化功能模块和控制系统等组成,见图 5-4。单向流新风设备一般在室内会形成微正压环境,通过门窗缝隙实现室内污浊空气挤压排出。

优点:单向流新风设备结构简单,成本较低,通风机组体积小且容易安装,厚度大多数都控制在 30cm 之内,可以隐蔽在卫生间吊顶或厨房吊顶之内,对室内层高几乎没有影响。一般用于厨房、卫生间等不适宜有回风循环净化的特殊场所的空气净化。缺点:由于无排风的热回收,加大了冬夏季供暖供冷设备负荷;同时,相较于通过合理布设排风口排风的方式,仅靠微正压从门窗缝隙挤压排风不利于气流组织的分析和净化效果的提升。

双向流新风设备采用"机械送风+机械排风"的通风方式,将室外空气净化后送入室内的同时,也可将室内污浊空气排出室外。一般双向流新风设备都配备有热交换装置,在室内外空气置换时可有效减少室内的冷热量流失,部分双向流新风设备还具备内循环净化模式,即将室内排风净化后重新送回室内,类似空气净化器的净化模式(见图 5-5)。

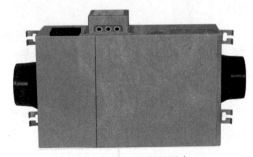

图 5-4　单向流新风设备

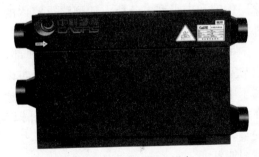

图 5-5　双向流新风设备

双向流新风设备通常由两个室外风口、两个室内风口和两套风机动力组件，结合相应的净化功能模块、热交换模块和控制系统等组成。双向流新风设备通过送风风机由室外进风口吸入室外空气，室外空气经热交换模块、净化模块后由室内出风口送入室内，同时通过排风风机由室内排风口抽出室内空气，室内空气经热交换模块由室外排风口排出。可以结合风管合理布局进排风口，实现室内气流的组织和分布，也可通过进风风量、排风风量的差异实现微正/负压环境，提高室内空气质量，净化设计的灵活性要优于单向流新风设备。

优点：由于配备有热回收装置，可以有效减少室内冷热量的流失；净化气流组织更灵活，净化效果响应更迅速。一般用于对净化要求较高和室内外温差较大地区的室内空气净化。缺点：双向流新风设备结构相对复杂，成本较高，相对于单向流新风设备增加了机械排风单元，因此能耗也较高。通风机组体积较大，在风管布置也易存在进风与排风的管道交叉的问题。

5.1.2 新风设备的性能要求

新风设备作为环境类电器，其要求的性能指标主要包括环境净化指标和电器安全性能指标两大类。目前根据现行的《通风系统用空气净化装置》GB/T 34012—2017、《空气-空气能量回收装置》GB/T 21087—2007 等针对性较强的参考标准，新风设备核心参数包括净化效率、风量、容尘量、噪声、热交换效率等[2,3]。

1. 净化效率

净化效率是对应某种污染物的净化能力，任何一种污染物都有其对应的净化效率，新风设备的净化效率主要分为颗粒物净化效率、气态污染物净化效率、微生物净化效率。净化效率越高表明新风设备净化能力越强，测试时需要将新风设备接入测试风道，通过测量新风设备入口和出口（即上下游）空气中污染物浓度之差与入口空气中污染物浓度之比可计算出净化效率，计算公式如下：

$$E = \left(1 - \frac{C_2}{C_1}\right) \times 100\%$$ (5-1)

式中：E——新风设备的净化效率，%；

C_1——新风设备入口处污染物浓度，mg/m^3；

C_2——新风设备出口处污染物浓度，mg/m^3。

净化效率一般为必备性能指标，但效率值高低不作强制性要求。可以参考《通风系统用空气净化装置》GB/T 34012—2017 对标称净化效率分级具体见表 5-1。

空气净化装置额定风量下各种空气污染物的净化效率　　表 5-1

类型	净化效率等级	PM₂.₅净化效率	气态污染物净化效率	微生物净化效率
颗粒物型	A	$E_{PM_{2.5}} > 90$		
	B	$70 < E_{PM_{2.5}} \leq 90$		
	C	$50 < E_{PM_{2.5}} \leq 70$		
	D	$20 < E_{PM_{2.5}} \leq 50$		
气态污染物型	A		$E_q > 60$	
	B		$40 < E_q \leq 60$	
	C		$20 < E_q \leq 40$	

续表

类型	净化效率等级	PM2.5净化效率	气态污染物净化效率	微生物净化效率
微生物型	A			$E_w > 90$
	B			$70 < E_w \leqslant 90$
	C			$50 < E_w \leqslant 70$
	D			$20 < E_w \leqslant 50$

注：对于复合型空气净化装置，满足颗粒物型、气态污染物型和微生物型中任意两类即可评价，同时按不同作用对象分别标定等级。

2. 风量

风量包括新风量和排风量（排风量适用于双向流新风设备），新风量越大表明新风设备提供新风的能力越强，排风量越大表明新风设备置换空气的能力越强，一般新风设备的排风量略低于送风量，这样室内会形成微正压环境，能避免室外未经过过滤的空气渗透进入室内，保证了室内空气的洁净。风量测试通常采用喷嘴法，根据测试喷嘴前后的压差计算得出风量。新风设备最小设计风量宜按换气次数法确定，根据《住宅新风设备技术标准》JGJ/T 440—2018 最小设计新风量设计换气次数（次/h）符合表5-2的规定[4]。

最小设计新风量设计换气次数　　　　　　　　　　　　　　　　表 5-2

人均居住面积 F_p	最小换气次数 n
$F_p \leqslant 10m^2$	0.70 次/h
$10m^2 < F_p \leqslant 20m^2$	0.60 次/h
$20m^2 < F_p \leqslant 50m^2$	0.50 次/h
$F_p > 50m^2$	0.45 次/h

注：人均居住面积为居住面积除以设计人数或实际使用人数。

3. 容尘量

容尘量是指在额定风量下，新风设备过滤装置由于捕集标准人工尘而使其阻力上升达到规定值时所捕集的标准人工尘总质量。

容尘量指标作为过滤装置更换周期的计算依据，若新风设备有容尘量指标，应给出积尘量与阻力关系曲线，且实测值不应小于标称值的90%。容尘量测试按照 GB/T 14295—2019 中附录 B 执行，其值为过滤器在达终阻力时，过滤器质量的总增加量。

4. 净化能效

根据《通风系统用空气净化装置》GBT 34012—2017 规定：净化能效指有动力型空气净化装置在额定风量、风压下工作时，洁净通风量与额定功率之比，其中洁净通风量为额定风量与净化效率的乘积。

$$\eta = E \cdot Q/P \tag{5-2}$$

式中：η——净化能效，$m^3/(h \cdot W)$；

E——净化效率；

Q——风量，m^3/h；

P——额定功率，W。

5. 噪声

噪声是指新风设备整机运行最大挡位时所产生的噪声，噪声一般是由风机的转动以及紊流气产生的。不同型号的通风设备,在同样的风量、风压下,机翼型叶片的离心风机噪声小,前向板型叶片的离心风机噪声的工作点应接近最高效率点。同一型号的通风设备效率越高,噪声越小。为使通风设备的运行工况点保持在通风设备的高效率区,应尽量避免用阀门进行工况调节。通风设备的旋转噪声与叶轮圆周速度 10 次方成比例,涡流噪声与叶轮圆周速度 6 次方(或 5 次方)成正比,故降低转速可降低噪声。新风设备进、出口的噪声随风压增加而增大的。因此,设计新风设备时,应尽量减少系统的压力损失。

新风设备噪声测试时,主要测试单点声压级值,不同安装方式对应的布点位置不同,由于新风机涉及室内外两个空间,因此噪声测试时需要两个可连通的半消音室。实测噪声不应高于标称值+1dB(A)。

6. 交换效率

新风设备按能量回收类型可分为显热型和全热型,前者指不改变物质的形态而引起其温度变化的热交换,后者指引起物质的形态和温度都发生变化的热交换。交换效率是指具有热回收功能的新风设备换热的能力,热交换主要通过热交换机芯进行的。目前新风设备换热主要分为全热和显热两种能量交换方式。全热交换通过焓交换效率体现,显热交换通过温度交换效率性能参数来体现,对应交换效率值越高表明热交换能力越强。交换效率分为制冷和制热两种工况,制冷用来模拟夏天使用,制热用来模拟冬天使用。交换效率测试时也需要室内室外两个实验环境,测试时分别采用新风设备的新风、回风、进风处的干湿球的温度值计算出相应的焓值,从而计算其焓交换效率;对于显热交换新风设备,根据干球温度值计算出温度交换效率。一般新风设备的制热交换效率高于制冷效率。《新风空气-空气能量回收通风机组和装置》GB/T 21087 征求意见稿中新风设备热交换效率见表 5-3。

新风设备的额定交换效率限值　　　　　　　　　　　　表 5-3

设备类型		交换效率(%)	
		制冷	制热
全热型新风设备	焓效率	>60	>65
显热型新风设备	温度效率	>60	>70

除了上述核心性能参数,新风设备还有出口压力、有效换气率、有害物质释放等参数。

5.2 新风设备设计总体方案

5.2.1 新风设备的净化技术

新风设备常用的空气净化技术有颗粒物过滤技术、静电集尘技术、气态污染物光催化技术、低温等离子技术、活性炭吸附技术、臭氧净化技术、紫外线杀菌技术、负离子技术等。另外还有一些衍生的新型技术,包括低温非对称等离子体空气净化技术、新一代静电式高频高压除尘灭菌技术、分子络合技术、粒子瀑净化技术、活性氧技术等。本节重点介绍新风设备常用的空气净化技术。

1. 颗粒物去除技术

目前，市场上主流的新风设备所采用的颗粒物去除技术主要包括静电集尘技术和过滤技术。

静电集尘技术是利用高压静电吸附的原理去除空气中的颗粒污染物，如灰尘、花粉等。通过在局部形成高压电场，使空气中的颗粒物在电场作用下与气流分离，能够有效去除空气中 $0.01 \sim 50 \mu m$ 的颗粒物，过滤效率取决于电场强度、尘埃大小、气流速度等因素，一般在 $70\% \sim 80\%$。其特点为阻力小，在 $1.2 \sim 3.0 \mathrm{m/s}$ 风速下，其阻力小于 $50 \mathrm{Pa}$。目前这种技术已经广泛应用于空气净化领域，相比其他技术，具有耗能低、阻力小且滤材能重复使用、净化成本较低等优点。此外，其针对颗粒污染物的过滤效率较高，同时还能部分吸附细菌等致病微生物。但静电集尘技术在工作过程中会产生臭氧，且该技术对甲醛等装修化学污染效果甚微。

过滤是指在过滤纤维的作用下，被过滤物质在过滤介质宏观拦截和分子间作用力的微观作用下，被捕集和吸附的过程。初效过滤模块常作为新风设备进风口后的第一级处理模块，主要是截留空气中粒经较大的颗粒物质，高效过滤模块常作为最后一级处理模块，主要是拦截 $0.3 \mu m$ 以上的颗粒物，并将新风设备的颗粒物过滤效率提高到 99% 以上。两种细颗粒物去除技术对比见表5-4。

表 5-4

细颗粒物去除技术对比表

技术类型	技术原理	优点	缺点
过滤技术	利用过滤网拦截颗粒物，对直径为 $0.3 \mu m$ 微粒可达 $97\% \sim 99\%$ 的过滤效率	一次性投入低、性能稳定、安全性高；后期维护比较简单	滤网需定期清洁或更新，后期成本较高
静电除尘	通过释放高压静电使颗粒物荷电，在极板上吸附，效率一般在 $70\% \sim 80\%$，阻力小于 $50 \mathrm{Pa}$	阻力低；可清洗重复使用	一次性投入高、性能不稳定；需要高压荷电、有一定安全隐患，需控制臭氧增量

根据欧洲标准《一般通风用空气过滤器-过滤性能的测定》EN 799：2002 对一般通风用空气过滤器进行分类，按效率（或计重效率）分为粗效过滤器（G1～G4）、中效过滤器（F5～F9）两级。《高效空气过滤器（EPA、HEPA 与 ULPA）》EN 1822—1：2009 对适用于通风与空调领域，以及洁净室、核工业、制药工业等场所使用的高效与超高效空气过滤器（EPA、HEPA 与 ULPA）按全效率和局部效率进行分级，分为 EPA 过滤器（E10～E12）、HEPA 过滤器（H13～H14）、ULPA 过滤器（U15～U17）三级。

《空气过滤器》GB/T 14295—2008 对空气过滤器按效率、阻力分为粗效过滤器（C1、C2、C3、C4）、中效过滤器（Z1、Z2）、高中效过滤器（GZ）和亚高效过滤器（YG）四级，各级过滤器在的定风量下的效率和阻力见表5-5。

表 5-5

过滤器额定风量下的效率和阻力

性能类别	迎面风速 (m/s)	额定风量下的效率 E（%）		额定风量下的初阻力 ΔP_i(Pa)	额定风量下的终阻力 ΔP_f(Pa)
亚高效	1.0		$99.9 > E \geqslant 95$	$\leqslant 120$	240
高中效	1.5		$95 > E \geqslant 70$	$\leqslant 100$	200
中效1		粒径 $\geqslant 0.5 \mu m$	$70 > E \geqslant 60$		
中效2	2.0		$60 > E \geqslant 40$	$\leqslant 80$	160
中效3			$40 > E \geqslant 20$		

续表

性能类别	迎面风速 (m/s)	额定风量下的效率 E（%）		额定风量下的初阻力 ΔP_i(Pa)	额定风量下的终阻力 ΔP_f(Pa)
粗效 1		粒径≥2.0μm	$E \geqslant 50$		
粗效 2	2.5		$50 > E \geqslant 20$	≤50	100
粗效 3		标准人工尘计重效率	$E \geqslant 50$		
粗效 4			$50 > E \geqslant 10$		

注：当效率测量结果同时满足表中两个类别时，按较高类别评定。

2. 气态污染物净化技术

室内气态污染物的净化方法主要可分为物理方法和化学方法两大类，其中光催化技术、低温等离子技术、活性炭吸附技术是室内气态污染物净化的三大主流方法。

光催化技术是基于光生电子和空穴理论，在光照条件下，半导体催化材料吸收光被激发，产生光生电子和空穴[5]。电子与气相中 O_2 等结合，生成具有强氧化性的 H_2O_2 或 $\cdot O_2^-$；在材料表面留下带正电的空穴具有很强的氧化性，能将其表面吸附的 OH^- 和水分子氧化为羟基。光催化在室温条件下可以将室内气态污染物氧化成二氧化碳和水，对气态污染物具有较高的净化效率，成为具有较好发展前景的室内空气净化技术。石峰等[6]在 $28m^3$ 的实验舱内对光触媒空气净化器进行了性能测试，净化器运行 90min 后，对空气中甲醛的去除率达 73.9%，氨的去除率达 61%。

低温等离子体技术通过高压、高频脉冲放电形成等离子体电场，等离子体中包含大量的高能电子、离子、激发态粒子和具有强氧化性的自由基，这些活性粒子和有害气体分子发生频繁的碰撞，产生雪崩效应式的一系列物理、化学反应，对有毒有害气体进行快速分解。在化学反应的过程中，添加适当的催化剂，能降低分子的活化能从而加速化学反应。韩冰雁[7]开展了 $3m^3$ 密封舱内的甲醛降解实验，结果显示：采用等离子体单独降解甲醛，90min 后降解效率达到峰值 50%；而等离子体耦合催化降解甲醛，20min 时甲醛的降解率达到 78%，并在 100min 时实现 83% 的甲醛降解率。

吸附技术是利用多孔性固体物质表面上未平衡或未饱和的分子力，把气体混合物中的一种或几种有害组分吸留在固体表面，将其从气流中分离而除去的净化技术。吸附技术具有分离效率高、富集浓缩能力强等优点，其吸附效果取决于吸附剂性质、气相污染物种类、气流在过滤材料中滞留时间、吸附系统的操作条件等。目前常见吸附材料为活性炭、沸石、分子筛、硅胶、活性白土、活性氧化铝、海泡石等，这些吸附物具有多孔结构、内部比表面积大等特性。活性炭作为目前常用的气态污染物吸附材料，可分为粒状活性炭、粉末状活性炭及活性炭纤维毡，但粉末状活性炭易二次污染且不能再生从而使用受到限制；粒状活性炭吸附速率较慢，分辨率不高，限制了其应用范围；活性炭纤维与传统的粒状活性炭相比，具有比表面积大、吸附容量大、吸附能力强、吸附、脱附速度快、孔径分布窄等优点。吸附技术具有低能耗、工艺成熟、去除率高、净化彻底、易于推广等优点，是有效、经济的回收技术之一。但是由于吸附剂的回收困难、运营成本高和容易产生二次污染等弊端而限制了其应用范围。

3. 消毒技术

空气杀菌技术按杀菌消毒方式可以分为两种：静态消毒技术和动态消毒技术。静态消毒所选用的产品或器材对人体存在一定的直接或间接的伤害，因此在对空气进行静态消毒时，室内不能有人员停留，或者需要采取良好的防护措施确保操作人员的安全。而动态消毒所使用的产品或设备对人体无任何的副作用，在对空气进行消毒时无需人员离开待消毒场所，由此可以看出动态消毒技术在应用上要优于静态消毒技术。现阶段应用于空气消毒领域的技术有很多，最常用消毒手段有臭氧消毒技术、负离子空气消毒技术、紫外线消毒技术等。

臭氧消毒技术利用臭氧可以与细菌细胞壁中的脂蛋白进行氧化反应，使细菌的细胞壁结构发生改变，细胞膜的通透性增加，造成细菌的死亡。此外，臭氧还可以在破坏细胞壁后穿透细胞，将细菌细胞内的 DNA 遗传物质氧化，阻止细菌的繁殖。臭氧消毒速度快，在浓度达到一定的值后，其对于细菌的杀灭可在瞬间完成。已有研究表明在对室内空气进行消毒时，臭氧浓度需要达到 $70\mathrm{mg/m^3}$ 以上且要在密闭空间作用一段时间。臭氧虽然因为其氧化性强有良好的消毒作用，但在空气消毒方面有一定的缺陷，高浓度的臭氧对于人的伤害也是无法忽视的，因此臭氧不能用于空气动态消毒领域。

负离子技术是利用施加高电压产生负离子，借助凝结和吸附作用，附着在固相或液相污染物微粒上，形成大粒子并沉降下来。空气中的负离子不仅能使空气格外新鲜，还可以消毒和消除异味。但空气中的负离子极易与空气中的尘埃结合，成为"重离子"，而悬浮的重离子在降落过程中，依然附着在室内家具、墙壁等物品上，不能清除污染物或将其排出室外。

紫外线消毒技术是目前消毒杀菌常用手段之一。紫外线是有多种生物效应的非电离化辐射，当作用于细胞时，原子或分子会吸收其光子能量而引起能级状态改变，造成 DNA 的损伤，从而影响酶和蛋白质的合成，灭活微生物。紫外辐射可有效去除通风系统表面的细菌及真菌，并抑制室内空气中的微生物。目前紫外线消毒常应用于空调洁净技术。有人曾提出，将 UVC 灯安装在空调系统通风管道中的方式可将其中的微生物有效杀灭。紫外线的持续照射对人的皮肤及眼睛都会发生损害，同时紫外灯使用时会存在产生臭氧的问题，这些副作用的降低仍是当今紫外线消毒领域的重要研究课题。因此，很多研究者致力于开发无臭氧紫外线消毒装置与 LED 紫外线杀菌灯等。

不同消毒技术比对表

表 5-6

消毒技术	需要处理时间	设备投资	运行费用	优点	缺点	适合类型
臭氧	5~10min	液氮 5 倍	比液氮高	除臭味快、广谱杀毒、无二次污染	价格贵、无持续消毒能力、安全要求高	水处理的消毒、空气消毒、器械表面消毒
紫外线	最小	比臭氧高	与臭氧类似	消毒效应快	价格贵、无持续消毒能力、穿透力弱	简单空气消毒、医院废水、污水处理
液氮	10~30min	最低	最低	低廉、技术成熟、持续消毒	对病毒无效、氧化性对人体有害、刺激性气味	所有污水处理或给水排水处理
二氧化氮	比液氮稍快	比液氮高	比液氮高	低廉、可现场制造、持续消毒	对病毒无效、剧毒、对人体有害	污水处理、给水处理

5.2.2　新风设备模块功能设计

1. 风机风量设计

风机在新风设备中的功能为提供净化污染物所需的风量，新风设备风量设计需确保风机提供的风量满足设计要求。新风设备的最小设计新风量宜根据换气次数或人均新风量确定，并应按照下式计算：

$$Q_{\min} = F \times h \times n \tag{5-3}$$

式中：$Q_{\min}$——最小设计新风量，m^3/h；

　　　　F——居住面积，m^2；

　　　　h——房间净高，m；

　　　　n——最小设计新风量设计换气次数，次$/h$，按表5.2选取。

按人均新风量计算房间所需最小新风量的公式如下：

$$Q = q \times P \tag{5-4}$$

式中：Q——最小新风量，m^3/h；

　　　　q——每人最小新风量，$m^3/(h \cdot 人)$；

　　　　P——设计人数（人）；人均新风量与人员密度相关，通常取值为22～30$m^3/(h \cdot 人)$。

换气次数和人均新风量计算的较大值为风机风量设计值，实际安装中，需考虑管道阻力，在风机风量设计时通常需要在最低标准上上调10%～20%作为新风余量使用。

根据许钟麟[8~10]老师文章介绍，新风设备净化能力主要取决于风量（相当于房间当量换气次数）、净化效率及两者的匹配。对于引入新风的循环工况，根据洁净室静态特性曲线之一，风量增加为原来的10倍（即洁净通风量为原来的10倍），其净化效果不如风量不变，效率为原来1.05倍（即洁净通风仅增大为原来的1.05倍）。洁净通风量作为人为设定的参数，不能准确反映净化设备实际工况的差别，可用试验得到的单位风量、单位体积、单位功率下的空气净化设备的衰减系数去定性评价空气净化设备的指标可能更合适。

对于新风设备，风机选型主要考虑风量、能耗、噪声、空间尺寸等因素。新风设备设计时，整机新风量为考虑到通风系统管网输配及通风装置阻力后剩余的风量。其中通风系统管网输配阻力主要为管道沿程阻力，以及管道弯头、三通、变径、风口等阻力构件的局部阻力。通风装置阻力主要包括空气过滤器和热交换芯体等阻力构件。通风系统的总输入功率与通风量及风机全压的关系式如下：

$$N = \frac{PQ}{3600\eta} \tag{5-5}$$

$$P = P_g + P_s = P_g + \xi_{lw}\frac{\rho v_{lw}^2}{2} + \xi_{rjh}\frac{\rho v_{rjh}^2}{2} \tag{5-6}$$

式中：N——风机输入功率，W；

　　　　P——风机全压，Pa；

　　　　Q——风量，m^3/h；

　　　　η——风机全压效率，%；

　　　　P_g——管网输配阻力，Pa；

　　　　P_s——通风装置阻力，Pa；

　　　　ξ_{lw}——空气过滤器局部阻力系数；

　　　　ξ_{rjh}——热交换器局部阻力系数；

　　　　v_{lw}——空气过滤器迎面风速，m/s；

　　　　v_{rjh}——热交换器迎面风速，m/s；

ρ——空气密度，kg/m^3。

由于空气过滤器均有一定的容尘量，新风设备的风压设计通常是采用空气过滤器达到溶尘量时的终阻力。空气过滤器的终阻力与滤网材质及滤网级别有关。根据 GB/T 14295—2008 中的相关规定，过滤器一般可分为粗效、中效、高中效和亚高效四类。参照上文表5-5，可知常见的介质式空气过滤器级别越高，对应 $PM_{2.5}$ 的一次通过净化效率越高，终阻力越大。

在确认新风设备的风机风量后，由风机厂家根据风量/风压/噪声的数据，设计不同的叶轮与风道结构，在确保风压与风量的情况下选择噪声值最低的结构。并测试出新设计风机的特性曲线。新风设备设计人员根据新风设备实际使用工况（包括设备内阻、管道沿程阻力、局部阻力）确认所设计风机是否满足要求。

2. 净化功能设计

建筑室内空气中污染物达数百种，现行主要国家空气质量标准主要有《民用建筑工程室内环境污染控制规范》GB 50325、《环境空气质量标准》GB 3095、《室内空气质量标准》GB/T 18883 等，对细颗粒物 $PM_{2.5}$、甲醛、TVOC 等常见污染物的限制作了具体要求，本章主要针对上述污染物进行新风设备的功能设计。

（1）过滤模块

对于物理拦截所采用初、中、高效空气过滤器，其主要由滤芯、支撑体、框架组成，其中滤芯是过滤器的关键部件，直接影响空气过滤器的性能，空气过滤器的特性包括面速、滤速、效率、透过率、阻力和容尘量等因素。由表5-5可知，随着过滤模块的过滤效率提高，其过滤阻力明显增大，当过滤效率 η 从 0.9 变化到 0.9999 时，过滤器需要从高中效变到高效，其净化效果变化不明显，但过滤器阻力大大增加；而采用大风量空气净化设备，换气效率 n 从 $6h^{-1}$ 增加到 $12h^{-1}$，则自净时间缩短约50%。建筑室内颗粒物污染最为有效的解决办法需要从两个方面入手，对于公共建筑，应当在现有的新风机组内加装空气净化装置，或者在室内的送回风口处加装空气净化装置，如果需要进一步改善室内环境，也可采用单体式空气净化器；对于普通住宅，建议在设计时就考虑加装带净化装置的小型住宅新风设备，如果因层高或预算问题，可适当购买单体式空气净化器作为改善室内环境的手段。就治理措施而言，由于 $PM_{2.5}$ 首先是颗粒物，而在雾霾期间，$PM_{2.5}$ 会是含水颗粒物，使用阻隔式即过滤方式去除更为可靠。要把雾霾期间室内浓度降到 $75\mu g/m^3$ 以下，去除效率就需要达到 80%～90%（按重量计）。如果配合循环风处理，效果更好，家用的单体式空气净化器可视为只处理循环风的设备。

过滤器的滤料面积影响着使用寿命，对于同一种结构、用一种滤料的过滤器，当过滤器的终阻力确定时，过滤面积增加50%，过滤器的使用寿命延长 70%～80%；增加一倍，过滤器的使用寿命是原来的 3 倍左右[11]。另外，过滤面积增大后过滤器的初阻力将降低，但增加过滤面积需要考虑到净化设备的空间条件及过滤器的结构，滤芯作为过滤器的核心部分，其过滤面积计算公式见式5-7。

$$F = \frac{Q}{v \times 3600} \tag{5-7}$$

式中：F——过滤器断面面积（迎风面积），m^2；

Q——通过过滤器的风量，m^3/h；

v——过滤器面速，m/s。

空气过滤器的技术指标有很多，主要为过滤效率、阻力、外形尺寸、额定风量和容尘量，在进行空气过滤器设计选型时，需综合考虑以上因素。在设计过滤器时，需根据净化颗粒物粒径、净化效率、迎面风速等因素，确定滤芯的面积。在改进过滤器结构形式上，人们通过增加过滤面积降低过滤速率，进而降低过滤器的阻力，但滤纸面积过大，相邻滤纸褶间的气流会相互影响，也会增加过滤器的阻力[12]。再根据新风设备中过滤器所占空间资源，设计滤纸的褶的深度、间距和形状，最终确定过滤器的尺寸。

目前，新风设备常用的过滤材料主要是玻璃纤维过滤材料和 PP 熔喷非织造空气过滤材料。由于新风设备所要求的过滤风速较高，一般可达 0.4m/s，因此常用的空气过滤材料存在着高效高阻的特点，需要配合大功率的电机来使用，增加了净化装置的成本；并且在使用过程中可能会散落纤维。大直径的纤维一般在呼吸道被拦截，因此空气过滤材料在生产过程中不能为了追求过滤效率而一味降低纤维的直径。

（2）化学污染物净化模块

随着建筑装修装饰材料的广泛应用及建筑物密闭性的不断提高，室内空气污染日益严重，近年来的研究表明，室内化学污染主要是甲醛和 TVOC，室内氡超标现象极少[13]，因此本书所述化学污染主要为甲醛、TVOC。装修材料和家具作为室内甲醛、TVOC 的主要来源，是进行室内装修污染风险控制的重点，是污染控制设计中最重要的因素之一。材料和家具对室内空气化学污染的影响取决于材料的污染物释放强度和变化趋势，采用污染物释放，尤其是污染物释放率作为材料环保性能的评价指标，相比现行室内装修装饰材有害物限量指标，能更为合理地反映其影响[14]。室内装修装饰材料、构件、家具用品等的化学污染物释放率可按稳定释放率或源释放模型计算，其值可通过数据库或产品检测报告获取，或根据表 5-7 进行预估，表 5-7 数据来源见《公共建筑室内空气质量控制设计标准》JGJ/T 461—2019。室内某一化学污染物释放强度为不同污染源的释放率与荷载（实际使用面积）的乘积之和，计算时忽略化学反应等影响，并需要进行温湿度的修正。

装修装饰材料污染物释放率（E）分级 表 5-7

材料类别	污染物释放率 E(mg/m²)/h		
	一级	二级	三级
人造板及其制品	甲醛：$E \leqslant 0.01$ TVOC：$E \leqslant 0.06$	甲醛：$0.01 < E \leqslant 0.01$ TVOC：$0.06 < E \leqslant 0.10$	甲醛：$0.05 < E \leqslant 0.10$ TVOC：$0.10 < E \leqslant 0.50$
水性木器漆	甲醛：$E \leqslant 0.03$ TVOC：$E \leqslant 10$	甲醛：$0.03 < E \leqslant 0.05$ TVOC：$10 < E \leqslant 15$	甲醛：$0.03 < E \leqslant 0.05$ TVOC：$15 < E \leqslant 30$
溶剂型木器漆	无	甲醛：$E \leqslant 0.03$ TVOC：$E \leqslant 15$	甲醛：$0.03 < E \leqslant 0.05$ TVOC：$15 < E \leqslant 35$
内墙涂料、腻子	甲醛：$E \leqslant 0.01$ TVOC：$E \leqslant 0.75$	甲醛：$E \leqslant 0.01$ TVOC：$0.75 < E \leqslant 2$	甲醛：$0.01 < E \leqslant 0.02$ TVOC：$2 < E \leqslant 5$
壁纸、壁布、贴膜	甲醛：$E \leqslant 0.01$ TVOC：$E \leqslant 0.03$	甲醛：$0.01 < E \leqslant 0.02$ TVOC：$0.3 < E \leqslant 0.5$	甲醛：$0.01 < E \leqslant 0.02$ TVOC：$0.5 < E \leqslant 1$

以装修装饰工程验收为设计目标的室内化学污染物设计应分为工程验收控制及建筑运

行控制，技术目标符合以下规定：以装饰装修工程验收为设计目标的室内化学污染物设计值应符合表5-8的规定，医院、养老院、幼儿园、学校教室等建筑应符合Ⅰ类公共建筑的规定，其他建筑应符合Ⅱ类公共建筑的规定；以建筑运行为设计目标的室内甲醛、TVOC设计值应符合《室内空气质量标准》GB/T 18883—2002的规定，具体值见表5-9。

以装修装饰工程验收为设计目标时室内化学污染物设计值 　表5-8

设计浓度 X （mg/m³） 污染物	Ⅰ类公共建筑		Ⅱ类公共建筑	
	一级限值	二级限值	一级限值	二级限值
甲醛	$X \leqslant 0.02$	$0.02 < X \leqslant 0.04$	$X \leqslant 0.03$	$0.03 < X \leqslant 0.05$
TVOC	$X \leqslant 0.25$		$X \leqslant 0.30$	

以建筑运行为设计目标时室内化学污染物设计值 　表5-9

污染物	设计浓度 X（mg/m³）	备注
甲醛	0.10	1h平均值
TVOC	0.60	8h平均值

现阶段所研究和使用室内污染物控制和净化方法主要有两种，一方面从污染区产生的源头进行防控，尽量不要使用或减少使用残留污染物建筑装修装饰材料；另一方面是通过一定的方法和技术来净化室内已产生的化学污染物。相比于从源头上对化学污染物进行治理，对室内已存在的化学污染物进行治理，主要方法为吸附法和催化氧化法。吸附法主要是利用活性炭、硅胶、沸石等多孔性物质的吸附性能将有害气体进行吸附，其低成本、高吸附性使得吸附法成为现在应用最为广泛的室内气态污染物处理手段。空气净化用活性炭按产品形态划分为粉状活性炭、颗粒状活性炭、柱状活性炭、球状活性炭、蜂窝状活性炭、活性炭纤维等。根据室内装修装饰材料中的各化学污染物释放率及实际使用量计算出污染物释放浓度，再根据污染物的设计浓度和单位面积活性炭的吸附量，计算出新风设备中所需的活性炭用量，见式5-8。

$$m = \frac{Q \times (C_i - C_o) \times T}{S} \tag{5-8}$$

式中：m——所需活性炭质量，mg；

$\quad\quad Q$——新风设备风量，m³/h；

$\quad\quad C_i$——气态污染物进口浓度，mg/m³；

$\quad\quad C_o$——气态污染物出口浓度，mg/m³；

$\quad\quad T$——活性炭过滤器使用时间，h；

$\quad\quad S$——活性炭保持平衡吸附量，%。

活性炭对气态污染物吸附性能可分为静态吸附率、动态吸附率，其中动态吸附率参考实际使用的温湿度、空气流速等条件，展现活性炭在真实状态下对气态污染物的净化能力，对于新风设备中活性炭过滤器选型有重要参考意义。根据单位时间内所需处理的气态污染物量及活性炭动态吸附率计算出活性炭实际用量。活性炭对气态污染物处理效果受气体经过活性炭停留时间影响，吸附停留时间越长，吸附越充分，但活性炭引起的阻力也越大。

催化氧化方法主要就是在催化剂的作用下将有害气体分解为无害物质，其本身具有净化效果好以及净化效率高等诸多优点。目前常见的催化反应器的结构形式为平板式、管式和蜂窝式，催化剂主要分为：非贵金属催化剂（Co_3O_4、$MnOx$、CeO_2）和贵金属催化剂（Au/CeO_2、Pt/Fe_2O_3、Pd/TiO_2）两种，负载蜂窝型催化剂具有催化效率高、价格便宜等优点，在新风设备中应用较为广泛。催化剂的催化活性影响因素包括有害气体的种类、空气温湿度、空气流速、催化剂种类及负载量等，其中空气流速不仅影响有害气体在催化剂表面的停留时间，而且影响有害气体从主流区到催化剂表面的传质过程，在气流速率较小时，对流传质起主要影响作用，在速度较大时，停留时间起主要影响作用，因此流速大小对催化效率影响较大。空气湿度对催化效率的影响也存在一个最佳值，催化剂表面的氢氧根与水分子和污染物通过共价键和氢键结合，从而造成水分子与有机物在催化剂表面的竞争吸附。催化剂空速表示催化剂处理污染物的能力，催化剂在空气净化产品中用量参考式5-9。

$$V = \frac{Q}{v} \tag{5-9}$$

式中：V——所需催化剂的体积，m^3；

$\quad\quad Q$——通过催化剂的风量，m^3/h；

$\quad\quad v$——催化剂的空速，h^{-1}。

5.2.3　系统设计

1. 系统功能分析

新风设备的运行模式与控制策略将直接影响风机能耗，在满足室内新风量条件下，可以通过监测室内空气的温湿度、室内外空气的焓值差、室内二氧化碳浓度、室内污染物浓度、通风时间、智能算法和各因素组合联合控制等方式对新风设备的控制策略进行选择，得出相对合理且节能的控制方式。

系统硬件分为3大部分，控制部分包括：触控屏与单片机及其外围电路；传感器部分包括：空气质量传感器、湿度传感器、温度传感器模块；机械部分包括：离心式风机、电动风阀。新风设备系统整体硬件框图见图5-6。

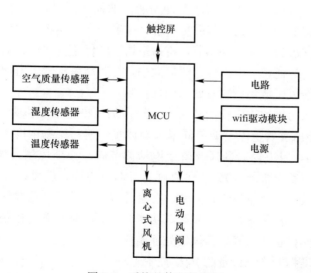

图 5-6　系统整体硬件框图

2. 控制系统功能模块

新风设备通电后，等待按键电源开关被按下。电源打开后，对单片机各端口和外围功能芯片进行初始化设置，并读取 EEPROM 中存储的上次关机前各参数数值。当用户选择自动工作模式时，系统对 VOCs 浓度、室内外温度、颗粒物浓度信号进行采集，经运算得到通风风机运行状态、热交换方式和除尘模式，并在段式液晶屏中显示。当用户选择手动工作模式时，由按键操作程序决定执行机构工作方式。根据软硬件总体设计，控制系统可分为多个功能模块。

(1) 段式液晶屏模块

控制器通过段式液晶屏向用户显示室内外温湿度、室内空气污浊度、室内外微尘浓度、通风强度、热交换方式、除尘模式、日期/时间、蜂鸣器状态等。

(2) 空气污浊度采集模块

空气质量传感器能够准确检测室内 VOCs 浓度。该传感器的敏感元件由集成了加热器以及在氧化铝基板上形成的金属氧化物半导体构成。当吸附还原性气体时，传感器导电率上升、电阻下降。

(3) 细颗粒物浓度采集模块

颗粒物传感模块采用一个红外发光二极管和一个光敏晶体三极管探测空气中灰尘反射的光线，能够对空气中的微小颗粒做出有效反应。传感器输出信号为不规则电压信号。

(4) 温度采集模块

控制器选用具有负温度系数的 NTC 热敏电阻构成空气温度传感模块。NTC 热能电阻具有灵敏度高、稳定性好、体积小、电阻值大等特点。温度传感模块输出端与单片机 PF1 端口相连，采用滤波算法对所采集数据进行滤波降噪处理。

3. 智能控制方案

新风设备所提供的新风量，是确保房间空气品质的必要条件，应随时满足空调末端的使用要求。可以根据空调末端区域的污染物浓度来确定所提供的新风量或者运行模式，这样，以保证室内空气质量为前提的需求量即是所需的最小新风量，同时达到节能的目的。因此，只要根据空调末端区域的空气质量要求，设定一个污染物浓度值，在要控制的空调区域内适当位置设置污染物浓度传感器，将污染物浓度传感器检测到的污染物浓度值与设定的污染物浓度值进行比较，根据偏差值的大小，控制新风支管上电动调节阀以调节新风量，由此构成末端新风区域污染物浓度的闭环控制。

设定端空调区域污染物浓度检测值为 K，设定的污染物浓度值为 $K0$。当检测污染物浓度 $K > K0$ 时，新风支管上电动调节阀增大新风量，使污染物浓度下降，直至 $K = K0$；当检测污染物浓度 $K < K0$ 时，新风支管上电动调节阀减小新风量或切换为内循环模式，使污染物浓度上升，直至 $K = K0$。这样通过动态调节控制，就可以实现在保证室内空气质量品质前提下的最小新风量供给，同时，在总送风管上设置静压检测传感器，通过比较系统内静压值，给送风机配置带有变频调速功能的自动控制装置，控制风机转速，以实现最小风量的动态控制，也大大降低新风的处理能耗和输送能耗。

(1) 污染物浓度控制净化设备的 PLC 控制

工作原理：具有比例积分功能的控制器将传感器检测到的污染物浓度值与控制器上的

污染物浓度设定值进行比较,根据比较结果输出相应的电压信号,控制电动调节阀,使新风量保持在要求的范围内。同时,在总送风管上设置静压检测传感器,具有比例积分功能的控制器将传感器检测到的静压值与设定值进行比较,根据比较结果输出相应的电压信号,通过变频器控制风机的转速。

联锁及保护:风机停机,风阀、电动调节阀同时关闭;风机启动,风阀、电动调节阀同时打开。当过滤器两侧之压差过高,超过其设定值时,装设在仪表控制盘上的警报灯会发亮。盘管出口防冻开关报警,当温度低于设定值时,打开保护装置。

(2)污染物浓度控制净化设备的 DDC 控制

DDC 系统采用先进的数字控制技术,采用分散直接控制与中央集中监控相结合的分层形式,先处理本地数据,然后将有限的数据传输到中央计算机进行数据交换。这种控制方法可以大大提高各子系统的独立性和可靠性,减少中央计算机的工作量,从而带来计算机性能的提高和成本的降低等一系列优点[15]。控制对象包括电动调节阀、风机启停、新风风阀。检测内容包括污染物浓度、主供风管道静压、过滤器堵塞信号、防冻信号以及风机启停、工作、故障、手动/自动状态。上述内容应显示在 DDC 上。

控制方法:污染物浓度是通过新风支管上调节电动阀的开度来保证其设定值的。主送风管道的静压通过变频器控制风机的转速来保证其设定值。根据计划的工作进度,DDC按时启动和停止机组。

联锁保护:风机启停、风阀、电控阀联动启闭。当风机启动后两侧压差低于设定值时,故障报警停止。当过滤器两侧压差过大,超过设定值时,自动报警。盘管出口设置防冻开关,当温度低于设定值时,报警并打开保护装置。

单一的污染浓度新风控制简单可靠,但是其只能反映室内人员状态,由于建筑内除人体产生的污外,还有许多由装修材料产生的污染物如挥发性有机物 VOC、氡气、臭氧等,如果浓度过高,这些化合物会刺激人的眼、鼻、喉,并引起头疼、困倦、恶心和疲劳,人们称之为病态建筑综合症,特别是刚装修没多久的办公室,其总挥发性有机化合物(TVOC)的浓度更是需要不断通风来稀释。所以,对室内空气品质要求非常高的办公楼,也可采用双因子浓度传感器进行新风控制。其原理为传感器给出的 $PM_{2.5}$ 和 CO_2 或者 TVOC 和 CO_2 浓度电信号,与设定值进行比较,给出偏差值,控制器再根据此偏差信号来调节风门的开度,控制新风量。双因子控制变量增加了,导致算法更复杂,从而影响控制系统的准确度和可靠度,也增加了工程成本[16]。

5.2.4 新风设备结构初步设计

1. 产品定位

设计新风设备应该从设备的应用场所、净化功能、净化效率、能效等方面完成产品的设计定位。在产品设计初期通过市场调研、竞品分析找出设计产品在功能、结构上的创新点,在满足设备功能要求的基础上进行结构初步设计,确定设备主要功能模块、控制逻辑等,最终根据市场的走向与产品的可行性分析等进行深入的分析和优化,确定出最佳的方案。

环境定位:家庭或独立办公室,$40\sim60\text{m}^2$;

功能定位:除 $PM_{2.5}$、CO_2、甲醛、TVOC;

附加功能：智能化，实现人机互动；

净化技术：活性炭技术、高效过滤技术、催化技术；

创新突破点：低阻高效。

2. 新风设备设计技术指标

将室内产生的空气污染物进行分类整理，然后制定了如下几方面的设计指标：

(1) 适用面积：$60m^2$；

(2) 规格类型：单向流入吊顶式新风设备；

(3) 净化效率：$PM_{2.5}>99\%$，甲醛$>50\%$，$TVOC>50\%$；

(4) 能效：$PM_{2.5}$的净化能效高于$8m^3/(W \cdot h)$；

(5) 额定电压：$220V/50Hz$。

3. 风量设计

根据住宅和办公室性质，参考表5-9，选取人均居住面积$F_p \leqslant 10m^2$，换气次数n为0.70次/h，取楼层的高度为3m，根据公式（5-3）计算得所需最小新风量。

$$Q_{min} = F \times h \times n = 60m^2 \times 3m \times 0.7 = 126m^3/h$$

风机风量设计值，需考虑实际安装中管道阻力及机器内阻，通常在风机风量设计时需要在最低标准上上调$10\% \sim 20\%$作为新风余量使用，故选择风机风量为$150m^3/h$。

4. 净化模块设计

室内污染物主要是室外渗入颗粒物、室内装饰家居材料释放的甲醛、TVOC等。根据室内污染物确定的新风设备的主要功能模块包括过滤模块、吸附模块、催化模块。

过滤模块：根据技术指标要求，$PM_{2.5}$净化效率取99%，此时过滤器属于高效过滤器，过滤器的迎面风速v取$0.5m/s$，过滤器断面面积根据公式（5-7）计算。

$$S = \frac{Q}{v} = \frac{150m^3/h}{3600 \times 0.5m/s} = 0.083m^2 = 830cm^2$$

根据机器结构设计及过滤器厂家提供的参数（容尘量、阻力等），确定过滤器的尺寸为$25.8cm \times 36.2cm \times 6cm$。

吸附模块：室内TVOC初始浓度C_i取值为$1.5mg/m^3$，C_0取值为$0.5mg/m^3$，活性炭保持平衡吸附量S取值为40%，活性炭过滤器预设使用时间为180天，每天时间为8h。新风设备所需活性炭质量按式（5-8）计算。

$$m = \frac{150 \times (1.5-0.5) \times 180 \times 8}{0.4} = 540g$$

活性炭体积密度取值$0.40g/cm^3$，则新风设备所需活性炭体积为$1350cm^3$，最终确定活性炭吸附模块尺寸为$25.8cm \times 36.2cm \times 2cm$。

催化模块：催化模块在新风设备的主要功能为净化甲醛，可将室内空气中的甲醛完全转化为二氧化碳和水。新风设备的风量Q值为$150m^3/h$，催化剂空速取$80000h^{-1}$时，所需催化剂体积按式（5-9）计算。

$$V = \frac{150}{80000} = 1875cm^3$$

根据上述过滤和吸附模块尺寸，最终确定催化模块尺寸为$25.8cm \times 36.2cm \times 2cm$。

5. 风道结构设计

为了确保新风设备内部的空气流动畅通，风道结构的优化是设计新风设备不可缺少的部分。本书就吊顶式新风设备进行了风道结构的设计。

在设计新风设备的风道时主要采用的是从外到内的方式，通过离心式风机，空气从室外吸入新风设备，然后分别经过吸附、催化、过滤等模块，净化之后的空气从新风设备的新风口排出。为了降低能耗，优化能效，采用水平放置过滤网，极大地提高了装置内的过滤面积，利用优化的圆弧导流风道，改善 $PM_{2.5}$ 在过滤面的分布均匀性，提高了过滤网使用寿命。净化装置设计图见图 5-7，净化装置结构图见图 5-8。

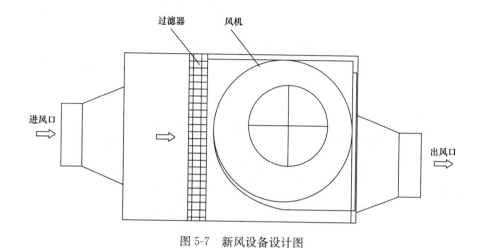

图 5-7 新风设备设计图

图 5-8 新风设备结构图

6. 控制逻辑及控制系统设计

考虑到自动净化运行，净化装置采用 CO_2\$PM_{2.5}$ 双控制因子触发调控，确保室内新风得到有效供给，CO_2 浓度在合理水平，净化室内 $PM_{2.5}$ 的同时兼顾运行节能。控制系统首先会自动检测室内 CO_2 浓度，如果 CO_2 小于预设值，则继续检测室内 $PM_{2.5}$ 浓度，如果 $PM_{2.5}$ 浓度大于等于预设值，则进行"新风"模式；如果 $PM_{2.5}$ 浓度小于预设值，则控制净化机进入"待机"模式，继续检测室内 CO_2 浓度，如果 CO_2 浓度大于预设值，则运行"新风"模式直至 CO_2 浓度不大于预设值，以此循环自动运行。净化装置控制逻辑见图 5-9，新风设备控制系统设计见图 5-10。

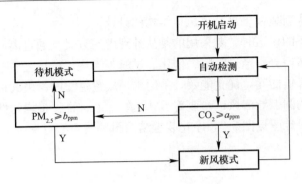

图 5-9　新风设备控制逻辑

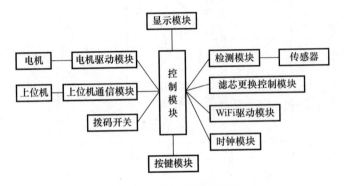

图 5-10　控制系统设计图

5.3　空气净化设备 3D 数值模拟模型及优化分析

5.3.1　空气净化设备 3D 数值模拟模型概述

近几十年来，随着计算机技术的高速发展，基于计算流体动力学（CFD）的数值模拟方法已经广泛应用于处理实际问题方面，且随着模拟方法不断的进步发展，到现今已经在具备较高计算精度的同时兼具效率高、周期短、成本低等优点，因此受到科研工作人员的广泛关注。CFD 数值模拟方法包含组分输运模型、离散相模型等众多模型，可以模拟多参数影响下的各种复杂体系和工况。

目前，运用 CFD 技术对环境参数如空气温度、湿度、空气速度、污染物浓度进行数值模拟主要集中在对紊流及多相流模型的研究上。模型的建立主要有两个方向，一个是微观，一个是宏观。从微观方向着手主要是以 N-S 方程为基础，采用标 k-ε 模型对空气的温度、流速分布等进行模拟。从宏观方向着手主要是依据 Zonal 模型，将空间划分为有限的规则区域，对每个区域分别建立质量、动量及能量平衡方程，然后对描述整个空间的方程组进行求解。也可以借鉴 Chen 和 Xu 所提出的双层湍流模型的思路，根据空间雷诺数的分布情况，采用 Sim-Zonal 模型对空间进行大区域划分，在局部流场复杂的区域内使用标准 k-ε 模型进行求解，其他流场稳定区域可按稳态处理，整体采用 Sim-Zonal 模型计算，可以快速得到精确的结果。

常用的 CFD 软件有：FLUENT、CFX、PHOENICS、STAR-CCM＋等，FLUENT
是 1983 年美国 ANSYS 公司推出的一款综合模拟软件，它可以用于模拟复杂流动、传热、
多相混合等问题，是目前应用范围最广、实用性最强的模拟软件之一[17]。凡是与流体、
热传递及化学反应等有关的体系均可使用。它具有丰富的物理模型、先进的数值方法以及
强大的前后处理能力，在航空航天、汽车设计、石油天然气、涡轮机设计等方面都有着广
泛的应用。

影响颗粒污染物和甲醛等气态污染物运动和扩散的主要因素是气流的流动，模拟固态
和气态污染物必须以精确的气流流场作为基础[18]。通常新风设备内部的流场属于湍流流
动，模拟时需采用湍流模型。湍流是一种不规则的非常复杂的三维非稳态的流动形式，它
的各项物理参数都会随着时间、空间的变化而变化[19]。由于新风设备内部无热源，更没
有辐射换热，因此新风设备内的流动主要是强迫对流[20]。

下面将从气流的基本控制方程、湍流模型、控制方程离散化和多孔介质四个方面简述
新风机设计所采用的计算模型。

1. 基本控制方程

连续性方程：根据质量守恒定律，建立连续性方程

$$\frac{\partial \rho}{\partial t}+\frac{\partial(\rho u)}{\partial x}+\frac{\partial(\rho v)}{\partial y}+\frac{\partial(\rho w)}{\partial z}=0 \tag{5-10}$$

式中： ρ ——流体密度，kg/m^3；

t ——时间，s；

u、v、w ——流体在 x、y、z 方向上的速度分量，m/s。

动量守恒方程：根据质量守恒方程推导得来

$$\frac{\partial(\rho u)}{\partial t}+\frac{\partial(\rho uu)}{\partial x}+\frac{\partial(\rho uv)}{\partial y}+\frac{\partial(\rho uw)}{\partial z}=\frac{\partial P}{\partial x}+\frac{\partial \tau_{xx}}{\partial x}+\frac{\partial \tau_{yx}}{\partial y}+\frac{\partial \tau_{zx}}{\partial z}+F_x$$

$$\frac{\partial(\rho v)}{\partial t}+\frac{\partial(\rho vu)}{\partial x}+\frac{\partial(\rho vv)}{\partial y}+\frac{\partial(\rho vw)}{\partial z}=\frac{\partial P}{\partial x}+\frac{\partial \tau_{xy}}{\partial x}+\frac{\partial \tau_{yy}}{\partial y}+\frac{\partial \tau_{yz}}{\partial z}+F_y$$

$$\frac{\partial(\rho w)}{\partial t}+\frac{\partial(\rho wu)}{\partial x}+\frac{\partial(\rho wv)}{\partial y}+\frac{\partial(\rho wv)}{\partial z}=\frac{\partial P}{\partial x}+\frac{\partial \tau_{xz}}{\partial x}+\frac{\partial \tau_{yz}}{\partial y}+\frac{\partial \tau_{zz}}{\partial z}+F_z \tag{5-11}$$

式中：P ——作用在流体上的静压，Pa；

τ ——作用在微元体表面粘性力 τ 的分量；

μ ——流体粘度；

F ——作用在微元上的附加力源项。

能量守恒方程：

$$\mathrm{div}(UT)=\mathrm{div}\left(\frac{\lambda}{\rho c}\mathrm{grad}T\right)+\frac{S_T}{\rho} \tag{5-12}$$

式中：λ ——流体的导热系数，W/(m·K)；

$$S_T=S_h+\phi$$

$$\phi=\eta\left\{2\left[\left(\frac{\partial u}{\partial x}\right)^2+\left(\frac{\partial v}{\partial y}\right)^2+\left(\frac{\partial w}{\partial z}\right)^2\right]+\left(\frac{\partial u}{\partial y}+\frac{\partial v}{\partial x}\right)^2+\left(\frac{\partial u}{\partial z}+\frac{\partial w}{\partial x}\right)^2+\left(\frac{\partial v}{\partial z}+\frac{\partial w}{\partial y}\right)^2\right\}+\lambda\mathrm{div}U$$

式中：S_h ——内热源项。

2. 湍流模型

目前计算流体力学对于湍流的模拟主要有三种方法，即直接数值模拟、大涡模拟方法（Large eddy simulation，LES）以及雷诺时均法（Reynolds-averaged Navier-stokes，RANS），从工程应用的角度来看，双方程模型因形式简单、效率较高，应用最为广泛。常用的双方程模型有标准 k-ε 模型、RNG k-ε 模型和可实现 k-ε 模型三种，RNG k-ε 模型在计算量不大的前提下求解旋流及低雷诺数流更具优势，更适用于新风设备设计，其模型方程如下：

湍动能 k 方程：

$$\rho\frac{\partial k}{\partial t}+\rho\frac{\partial(ku_i)}{x_i}=\frac{\partial}{\partial x_j}\Big[\Big(\mu+\frac{\mu_t}{\sigma_k}\Big)\frac{\partial k}{\partial x_j}\Big]+\mu_t\frac{\partial\mu_i}{\partial x_j}\Big(\frac{\partial\mu_i}{\partial x_j}+\frac{\partial\mu_j}{\partial x_i}\Big)-\rho\varepsilon \qquad(5\text{-}13)$$

湍流耗散率 ε 方程：

$$\rho\frac{\partial\varepsilon}{\partial t}+\rho\frac{\partial(\varepsilon u_i)}{\partial x_i}=\frac{\partial}{\partial x_j}\Big[\Big(\mu+\frac{\mu_t}{\sigma_\varepsilon}\Big)\frac{\partial\varepsilon}{\partial x_j}\Big]+\frac{\varepsilon(C_{1\varepsilon}-C_{1RNG})}{k}\mu_t\frac{\partial\mu_i}{\partial x_j}\Big(\frac{\partial\mu_i}{\partial x_j}+\frac{\partial\mu_j}{\partial x_i}\Big)-C_{2\varepsilon}\rho\frac{\varepsilon^2}{k}$$
$$(5\text{-}14)$$

RNG k-ε 模型是用于计算充分发展段也就是核心区域的湍流流动，对于近壁面的流动还需要配合使用壁面函数法来计算。壁面函数法的运用不但可以节省计算时间，而且可以更好的处理边缘流动状态，使计算结果更加精确。

3. 控制方程离散化

在 CFD 计算中，面对复杂的求解问题，尤其是三维模型，想得到精确解比较困难，通常要将计算区域进行离散。CFD 离散方法主要有有限差分法（FDM）、有限元法（FEM）和有限体积法（FVM）。FDM 是一种最早开始使用的方法，它主要是针对数学问题的解，而对物理问题因物理意义不明确所以并不适用。FVM 是将复杂的计算区域离散为很多小的控制块，并且每一个网格点、每个微分方程都对应有控制体积，再求解得到积分方程，此方法的物理意义更为明确。FEM 将求解域看成是由许多小的互连子域组成，对每一单元假定一个近似解，然后推导求解这个域总的满足条件（如结构的平衡条件），从而得到问题的解，适用于计算不规则的区域。

4. 多孔介质模型

很多问题中包含多孔介质的计算，比如模拟新风设备内部流场时，过滤膜膜孔结构复杂，受限于计算能力，无法依据实际孔道结构进行模拟计算，这时就需要使用多孔介质条件。在计算中可以定义过滤膜区域为多孔介质，并通过参数输入定义通过多孔介质后流体的阻力降。在热平衡假设下，也可以确定多孔介质的热交换过程。多孔介质模型采用经验公式定义多孔介质上的流动阻力。从本质上说，多孔介质模型就是在动量方程中增加了一个代表动量消耗的源项。

体现在动量方程的源项上 $S_i(S_x、S_y、S_z)$，分为粘性阻力项和惯性阻力项两部分。

$$S_i=-\Big(\frac{\mu}{\alpha}v_i+C_2\frac{1}{2}\rho|v|v_i\Big) \qquad(5\text{-}15)$$

可以用半经验的欧根公式来求得粘性阻力系数与惯性阻力系数。欧根公式、黏性阻力系数以及惯性阻力系数如下所示：

$$\frac{|\Delta p|}{L} = \frac{150\mu}{D_p^2} \frac{(1-\varepsilon)^2}{\varepsilon^3} v_\infty + \frac{1.75\rho}{D_p} \frac{(1-\varepsilon)}{\varepsilon^3} v_\infty^2 \tag{5-16}$$

$$\frac{1}{\alpha} = \frac{150}{D_p^2} \frac{(1-\varepsilon)^2}{\varepsilon^3} \tag{5-17}$$

$$C_2 = \frac{3.5}{D_p} \frac{(1-\varepsilon)}{\varepsilon^3} \tag{5-18}$$

对于没有热源存在的体系，一般假设多孔介质处于热平衡状态，为平衡传热体系。多孔介质中平衡传热模型方程如下所示：

$$\frac{\partial}{\partial t}(\varepsilon\rho_f E_f + (1-\varepsilon)\rho_s E_s) + \nabla \cdot (v(\rho_f E_f + p))$$
$$= S_f^h + \nabla \cdot \left[k_{eff} \nabla T - (\sum_i h_i J_i) + (\bar{\tau} \cdot v) \right] \tag{5-19}$$

可以看出，多孔介质模型将多孔介质看作均匀的介质，流体在多孔介质中流动仅仅是在源项上考虑了多孔介质阻力，而传热仅仅是在数学上将固体介质考虑进来，在空间上没有流体与固体介质的分别。

5.3.2 新风设备结构优化分析案例

本节以图5-11所示的单向流新风机为例，简单介绍如何采用CFD模拟技术优化新风设备结构。对于单向流新风机，关键的性能指标包括净化效率、能耗、过滤膜使用寿命、噪声等。其中，净化效率取决于过滤膜材料，基本与流场无关；新风设备整机压降是其能耗最直接的体现；过滤膜使用寿命除了与膜材料直接相关外，气流过膜的均匀性也从一定程度上影响了过滤膜的使用寿命；噪声主要取决于加工精度、加工质量及降噪方法等，新风设备内部气流速度也会影响其噪声水平。综合上述分析，新风设备整机压降及气流通过过滤膜的均匀性是采用CFD模拟技术优化新风机结构时主要考虑的因素。

从单向流新风设备结构上看，气流出入口、导流板及膜上方空间尺寸是结构优化的主要参数。这里比较了四种新风设备结构，其中结构1气流出入口采用如图5-11（a）所示的圆柱形入口结构，导流板采用图5-11（c）所示的平面型导流板；结构2气流出入口与结构1一致，并采用如图5-11（d）所示弧面型导流板；结构3采用与结构1一致的导流板，但气流出入口为图5-11（b）所示的渐扩型结构；结构4采用渐扩型出入口结构以及弧面型导流板。

基于上述四种结构，可分别建立新风设备内部的流体域，其中过滤膜定义为多孔介质区域，并进行网格离散。由于$PM_{2.5}$等细颗粒物浓度极低，因此在模拟过程中仅考虑单相气流流动（空气，密度$\rho = 1.225$kg·m^{-3}，黏度$\mu = 1.7894 \times 10^{-5}$Pa·s，导热系数$k_f = 0.0242$W·m^{-1}·K^{-1}，恒压热容$C_p = 1006.43$J·kg^{-1}），控制方程包括前述连续性方程、动量方程等，气体中湍流模型采用RNG k-ε模型，采用多孔介质模型描述过滤膜区域，多孔介质内的气流流动采用层流模型。入口条件采用速度入口，根据风量确定入口气流速度，出口采用压力出口，设定表压为零。

模拟过程中最关键的参数是过滤膜的多孔介质系数，可以通过风洞实验（图5-12）获得气流法向过膜的速度-压降关系，拟合速度-压降曲线。本项目中实验获得的速度-压降数据见表5-11。

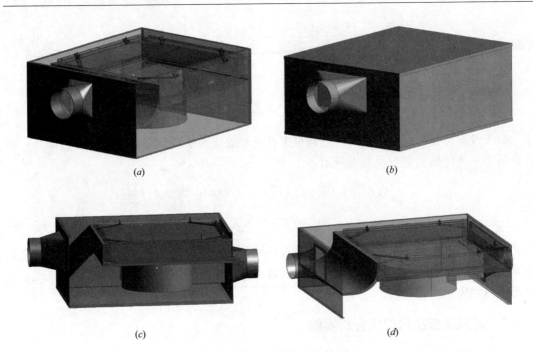

图 5-11 单向流新风设备结构简图

(a) 圆柱形入口；(b) 渐扩型入口；(c) 平面型导流板；(d) 弧面型导流板

过滤膜速度-压降数据 表 5-10

滤速（m/s）	过滤模块阻力（Pa）
1.2	8
1.85	18
2.1	21
2.18	22
2.55	26
3.6	45
4.35	56
5.3	69
5.35	72
5.72	81

图 5-12 风洞实验装置

经拟合可得：$\Delta P = 1.083v^2 + 7.779v$

此公式等价于多孔介质动量源项，结合空气的性质，可得惯性阻力系数 $C_2 = 1.7682$，粘性阻力系数 $1/\alpha = 4.3473 \times 10^{-5}$。基于以上模型模拟研究了四种结构的新风设备的整机压降及过膜气流速度分布，模拟结果表明，通过渐扩入口、弧形导流板等结构可以有效降低装置压降，以 300m³/h 的风量为例，压降可由结构 1 的 67.02Pa 降至结构 4 的 48.94Pa，降低 27%（图 5-13）。此外，经结构优化后，气流过膜速度的均匀性也显著提高，如图 5-14 所示，图中红色表示气流速度较大的区域，由图中速度分布可以看出，初始结构最大气流过膜速度约为 9.5m/s，而优化结构的气流过膜速度分布更为均匀，最大速度也降至约 7.8m/s。同时，由于装置内最大气流速度的降低，也有利于新风设备噪声的控制。综上所述，本节提出了新风设备结构设计方案，用于产品的结构设计和优化。

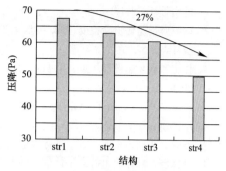

图 5-13　不同结构装置的压降

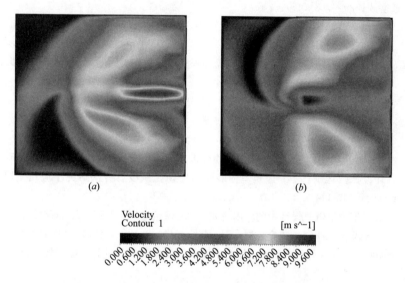

图 5-14　气流过膜速度分布（右侧为气流入口方向）
（a）结构 1；（b）结构 4

5.4　小结

本章介绍了空气净化设备以及新风设备的概念、基本原理、分类及现有标准中对新风设备主要性能要求。详细阐述了新风设备的总体设计方案，包括介绍常用及重要净化技术、功能模块和系统设计方案，并介绍了数值模拟分析技术在单向流新风设备结构设计中应用。在此基础上以某一室内环境为例，讲述如何在确定室内污染物种类、源强等污染状况及控制目标等条件下，选取净化模块种类和确认各功能模块的尺寸，确定单向流新风设备初步结构，并在此结构基础上利用 CFD 技术对新风设备整体压降和气流通过膜均匀性进行模拟分析，便于更深入理解新风设备的研究设计与优化理论及实践流程。

参考文献

［1］　赵玉磊. 新风设备的技术现状与发展前景探讨［J］. 洁净与空调技术，2019（2）：22-25.
［2］　国家质量监督检验检疫总局. GB/T 34012—2017，通风系统用空气净化装置［S］. 北京：中国标

准出版社，2017.

[3]　国家质量监督检验检疫总局. GB/T 21087—2007，气-空气能量回收装置［S］. 北京：中国标准出版社，2007.

[4]　住房和城乡建设部. JGJ/T 440—2018，宅新风设备技术标准［S］. 北京：中国建筑工业出版社，2018.

[5]　Shan A Y, Ghazi T I M, Rashid S A. Immobilisation of titanium dioxide onto supporting materials in heterogeneous photocatalysis：A review［J］. Applied Catalysis A：General 2010，389（1-2），1-8.

[6]　石峰，张红，李丽，等. 光触媒空气净化效果评价［J］. 中国卫生工程学，2005，4（1）：32-34.

[7]　韩冰雁. 脉冲放电等离子体催化降解室内甲醛气体的研究［D］. 上海：上海交通大学，2012.

[8]　许钟麟，张彦国，曹国庆，等. 空气净化器性能评价指标-关于空气净化器几个问题的探讨（1）［J］. 暖通空调，2017，8（47）：2-6.

[9]　许钟麟，张彦国，曹国庆，等. 空气净化器适用场所及自净时间-关于空气净化器几个问题的探讨（2）［J］. 暖通空调，2017，8（47）：7-10.

[10]　许钟麟，张彦国，曹国庆，等. 空气净化器工程实践应用相关问题-关于空气净化器几个问题的探讨（4）［J］. 暖通空调，2017，8（47）：14-17.

[11]　蔡杰. 空气过滤器 ABC［M］. 北京：中国建筑工业出版社，2002.

[12]　何维浪，林忠平，张晓磊，等. 褶型筒式过滤器阻力性能研究［J］. 洁净与空调技术，2019，3：23-27.

[13]　田恬，刘赟. 绿色居住建筑室内主要污染物分析与评价［J］. 检验与认证，2019，5：34-37.

[14]　陈凤娜，任俊，张慧敏，等. 建筑室内装修污染物控制设计方法研究于应用［J］. 暖通空调，2019，3（49）：110-114.

[15]　孙曙. DDC 杂事建筑电气设计中的应用研究［J］. 建筑电气，2015，2：56-61.

[16]　袁红. 基于空调新风的 CO_2 浓度控制［J］. 节能减排，2019，9（37）：102-103.

[17]　徐舒，金如聪. Fluent 软件在计算流体力学课程教学中的应用［J］. 课程教育研究，2013（36）：61-61.

[18]　Tang Y, Xie J, Miao C, et al. Theoretical Study and CFD Simulation of Airflow Distribution through a Cold Store［J］. Applied Mechanics&Materials，2012，170-173：3543-3549.

[19]　Sun D, Li F S, Xu X X, et al. Numerical Simulation Study on Airflow Structural Characteristics in Real Human Airways Model［J］. Applied Mechanics & Materials，2012，184-185：348-351.

[20]　孙刚森. 空调气流场对空气净化器循环风流的影响研究［D］. 大连：大连理工大学，2008.

第6章 空气净化设备应用效果评价

6.1 引言

随着人们生活水平的提高，室内空气中污染物种类和来源也日趋增多。据统计，至今已发现的室内空气中的污染物就多达 3000 多种，其中致癌物质就有 20 多种，致病病毒 200 多种。大量挥发出有害物质的建筑材料、装饰材料、人造板家具等产品不断地进入室内，带来严峻的室内污染。此外，由于我国城市化的快速发展、工业的快速增长，室外空气质量也在不断恶化。在室内装修污染和室外大气环境污染的双压力下，民用建筑室内空气质量问题日益引起人们的广泛关注。

在现代社会中，人们至少有 80% 以上的时间是在室内度过的，与室内空气污染物的接触时间远远大于室外。室内空气质量的优劣与人们的健康息息相关。为了保护人体健康，国家制订了室内空气质量标准，对室内的污染物浓度限值进行了规定。国家标准《室内空气质量标准》GB/T 18883—2002[1]中对室内空气的物理性（温度、相对湿度、空气流速、新风量）、化学性（二氧化硫、二氧化氮、一氧化碳、二氧化碳、氨、臭氧、甲醛、苯、甲苯、二甲苯、苯并比、可吸入颗粒物 PM_{10}、总挥发性有机物）、生物性（菌落总数）和放射性（氡）共 19 种参数限值进行了规定。国家标准《民用建筑工程室内环境污染控制规范》GB 50325—2010（2013 年版）[2]规定民用建筑工程验收时，必须进行室内污染物浓度检测，对氡、甲醛、苯、氨和总挥发性有机物 5 种物质的限值进行了规定。为了稀释和排除室内的污染物，主要靠通风、净化等手段。我国民用建筑传统自然通风的方式在室外空气环境恶化的背景下已不是最有效最经济的室内污染物控制方式，采用空气净化设备对民用建筑室内污染物控制成为一种更有效的措施[3]。近几年空气净化产业发展迅猛，据统计，2017 年空气净化器零售额突破 190 亿元，零售量超过 640 万台，增长率在 30% 以上，新风系统的市场增长率更是达到了 45%。

空气净化设备包括空气过滤器、空气净化器、新风净化机等。空气净化设备可以与通风空调系统结合或者单独使用，对送入室内的空气进行净化处理或者对室内空气进行净化处理，以达到控制室内污染物浓度的目的。本章主要对空气净化设备在民用建筑中实际应用的效果进行评价。

6.2 空气净化设备在民用建筑中应用的重要性

6.2.1 健康建筑对空气净化设备的需求

现代人一生中有 80%～90% 的时间是在室内度过，室内空气的好坏直接关系到人体健康、生活和工作质量。世界卫生组织指出，室内空气污染每年导致全球 430 万人死亡，室外空气污染导致 370 万人死亡。据我国的调查统计，中国每年由室内空气污染引起的死亡人数已达 11.1 万人[4]，平均每天大约 300 人死于室内空气污染，相当于全国每天因车祸死亡的人数。随着时代的发展进步，人们对健康的需求不断提高，对建筑品质提升的要求越来越高。健康建筑是民用建筑发展的必然趋势，所谓的健康建筑是指在满足建筑功能的基础上，为建筑使用者提供更加健康的环境、设施和服务，促进建筑使用者身心健康、实现健康性能提升的建筑。健康建筑中"空气"是保证建筑使用者身心健康的重要内容。

　　我国 2016 年制定了第一部《绿色建筑评价标准》，开始大力发展绿色建筑，随着绿色建筑的发展，绿色建筑评价标准也经历了 2014 年修订和 2019 年修订。绿色建筑标准关注的是建筑的环保和可持续性，而健康建筑的着眼点在于建筑里的人，健康建筑是对绿色建筑概念和标准体系的重要延伸和补充。鉴于我国目前民用建筑室内污染状况，我国的绿色建筑评价标准和健康建筑评价标准中都对室内空气质量或空气净化设备的使用进行了规定。

　　建筑室内空气中的氨、甲醛、苯、总挥发性有机物、氡等污染物对人体的危害已得到普遍认识，建筑内污染物浓度控制，是实现绿色建筑的基本要求。在实际工程项目实施过程中，即使所使用的装修材料、家具制品均满足各自污染物限量控制标准，但装修后多种类或大量材料制品的叠加使用，仍可能造成室内空气污染物浓度超标，控制空气中各类污染物的浓度指标是保障建筑使用者健康的基本前提。因此，我国《绿色建筑评价标准》GB/T 50378—2019[5] 的控制项 5.1.1 规定，室内空气中的氨、甲醛、苯、总挥发性有机物、氡等污染物浓度应符合现行国家标准《室内空气质量标准》GB/T 18883 的有关规定。为了更进一步提高绿色建筑的室内空气质量，GB/T 50378—2019 还设置了评分项，鼓励在满足国家标准 GB/T 18883 的基础上进一步降低室内主要污染物浓度，评分项 5.2.1 第 1 款规定，氨、甲醛、苯、总挥发性有机物、氡等污染物浓度低于现行国家标准《室内空气质量标准》GB/T18883 规定限值的 10%，得 3 分；低于 20%，得 6 分。对于人们普遍关注的 $PM_{2.5}$ 和 PM_{10} 颗粒物，GB/T 50378—2019 的评价项 5.2.2 第 2 款规定，室内 $PM_{2.5}$ 年均浓度不高于 $25\mu g/m^3$，且室内 PM_{10} 年均浓度不高于 $50\mu g/m^3$，得 6 分。可见，《绿色建筑评价标准》GB/T 50378—2019 中对室内空气污染物浓度的最低限值进行了规定，如果室内空气污染物浓度低于最低限值，将会获得加分，这就鼓励采用相应的空气净化设备以提升建筑室内空气质量。

　　我国的《健康建筑评价标准》T/ASC 02—2016[6] 中也对室内空气污染物浓度指标进行了限值，控制项 4.1.1 规定，应对建筑室内空气中甲醛、TVOC、苯系物等典型污染物进行浓度预评估，且室内空气质量应满足现行国家标准《室内空气质量标准》GB/T 18883 的要求。由于挥发性有机化合物（VOCs）是室内空气重要的污染物种类之一，在室内装修时，即使所使用的装修材料、制品均满足各自污染物限量控制标准，但装修后的室内空气污染物浓度仍可能超标，并危害人体健康。因此，必须预防和控制室内 VOCs 污染，保障建筑室内空气质量满足现行国家标准《室内空气质量标准》GB/T 18883 的指标要求是健康建筑的最基本前提。

　　近年来，我国很多地区雾霾天气频现，大气颗粒物污染严重。研究表明，吸入的颗粒物粒径越小，进入呼吸道的部位越深，对健康危害越大，并且颗粒物对易感人群（儿童、老人、体弱人群、呼吸系统疾病等人群）的健康危害更严重。粒径在 $2.5 \sim 10 \mu m$ 的颗粒物，能够进入上呼吸道，部分可通过痰液等排出体外。粒径在 $2.5 \mu m$ 以下的颗粒物，会进入支气管和肺泡，干扰肺部的气体交换，引发哮喘、支气管炎和心血管病等疾病甚至癌症，还可以通过支气管和肺泡进入血液，所附着的有害物质溶解在血液中，对人体健康的危害更大。因此，T/ASC 02—2016 控制项 4.1.2 规定，控制室内颗粒物浓度，$PM_{2.5}$ 年均浓度应不高于 $35 \mu g/m^3$，PM_{10} 年均浓度应不高于 $70 \mu g/m^3$。为保证室内颗粒物浓度指标，可以采取以下措施：1）增强建筑围护结构气密性能，降低室外颗粒物向室内的穿透；2）对于具有集中通风空调系统的建筑，应对通风系统及空气净化装置进行合理设计和选型，并使室内具有一定的正压；3）对于无集中通风空调系统的建筑，可采用空气净化器或分户式新风系统控制室内颗粒物浓度。为提高健康建筑的室内颗粒物浓度要求，T/ASC 02—2016 的评分项 4.2.6 规定，控制室内颗粒物浓度，允许全年不保证 18 天条件下，$PM_{2.5}$ 日平均浓度不高于 $37.5 \mu g/m^3$，PM_{10} 日平均浓度不高于 $75 \mu g/m^3$，评价分值为 10 分。对于室外空气质量较好的地区，在空气净化装置方面增加较少投入即可达到本条要求；对于室外空气质量较差的地区，需要对室内颗粒物污染控制进行专项设计，即根据室内颗粒物的浓度要求进行空气处理设备过滤效率的计算和合理选型。

我国室内外空气污染相对严重，主要污染物包括 PM_{10}、$PM_{2.5}$、O_3、VOCs 等，空气净化控制策略对我国建筑室内环境质量的保持十分必要。空气净化装置能够吸附、分解或转化各种空气污染物（一般包括 $PM_{2.5}$、粉尘、花粉、异味、甲醛之类的装修污染、细菌、过敏源等），有效提高空气清洁度，降低人体致病风险。常用的空气净化技术包括：吸附技术、负（正）离子技术、催化技术、光触媒技术、超结构光矿化技术、HEPA 高效过滤技术、静电集尘技术等。主要净化过滤材料技术包括：光触媒、活性炭、合成纤维、HE-PA 高效材料、负离子发生器等。建筑可通过在室内设置独立的空气净化器或在空调系统、通风系统、循环风系统内搭载空气净化模块，达到建筑室内空气净化的目的。T/ASC 02—2016 的评分项 4.2.8 规定，设置空气净化装置降低室内污染物浓度，评价总分值为 15 分，并按下列规则评分：1）设置具有空气净化功能的集中式新风系统、分户式新风系统或窗式通风器，得 15 分；2）未设置新风系统的建筑，在循环风或空调回风系统内部设置净化装置，或在室内设置独立的空气净化装置，得 15 分。

从上可见，《健康建筑评价标准》T/ASC 02—2016 相比《绿色建筑评价标准》GB/T 50378—2019，对室内空气质量的最低要求，除了甲醛、TVOC、苯系物等典型污染物，还增加了 $PM_{2.5}$ 和 PM_{10} 颗粒物浓度要求；对于室内颗粒物浓度、CO_2 浓度和氡浓度满足条件还可以获得评分；增加了设置空气净化装置降低室内污染物浓度获得评分。

6.2.2 空气净化设备在民用建筑中的应用方式

空气净化设备在民用建筑中的应用考虑建筑有无新风系统。考虑到我国室外大气污染问题，单纯的新风输送无法保证建筑室内空气质量，因此鼓励在新风系统中安装空气净化装置[7]。新风系统空气净化处理模式包括：

（1）集中式新风系统

集中式新风系统是集中设置风机及净化等处理设备，新风经集中处理后由送风管道送入多个住户室内的新风系统，如图 6-1 所示。

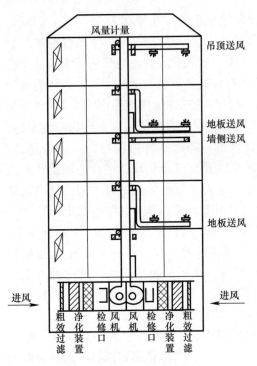

图 6-1 集中式新风系统

1）配有带净化装置的管道系统：对于一般集中式新风系统，可通过在建筑新风系统输送管道中安装空气净化装置或模块，使室外空气在进入室内前在管道中得到过滤净化；2）配有带净化装置的新风主机：对于含有新风主机的集中式新风系统，可通过在新风主机或管道系统上安装净化装置，使室外空气在通过新风主机进入建筑新风系统时得到过滤净化。

（2）分户式新风系统

分户式新风系统包括壁挂式新风系统和落地式新风系统，该系统不需要复杂的管道工程，一般仅需在墙壁打出新风机通风孔即可，适合小户型住宅建筑安装使用。对于装有单体式新风系统的建筑，一般采用在主机内搭载净化模块，达到对进入室内的空气净化的效果。

分户式新风系统是每个住户单独设置的新风系统。分户式新风系统中的空气净化设备主要设置在通风器内部或者通风器室外侧新风管道上，室外新风经净化处理后送入室内。如图 6-2 所示。

（3）窗式通风器

窗户是最简单的室内新风来源，可通过在窗户上安装具有净化效果的过滤网，达到对进入室内的空气净化的效果。

对于无新风系统的建筑，可通过如下方式对室内空气进行净化处理：

（1）循环风系统内部设置净化装置：循环风系统即回风式中央空调系统，室内污浊空气通过回风口吸回空调机内部，再由送风口将制

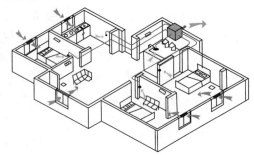

图 6-2 分户式新风系统

冷或者加热后的空气送到室内，两者形成一个完整的室内空气循环，在保证室内制冷采暖效果的同时，也保证了室内热舒适度。然而室内空气经过多次循环后，VOCs、颗粒物等室内空气污染物得不到有效去除，二氧化碳浓度升高，空气质量将明显下降，令人感到昏昏欲睡或缺氧。同时空调系统易滋生细菌和霉菌等微生物污染物、易积累灰尘颗粒物，这些污染物也会通过循环送风系统进入室内造成污染。因此，可以在循环风系统中安装空气净化装置，通过过滤净化室内空气中的污染物防止其在循环过程中的累积。具体措施如下：1）在中央空调系统的组合空调箱回风侧安装净化装置，对室内回风中含有的污染物进行净化处理；2）在室内吊顶中安装的风机盘管系统中配置净化装置，对室内回风中的污染物进行净化处理，净化装置一般安置在风机盘管的回风侧。

（2）空调回风系统内部设置净化装置：对于空调机组或空调系统，可通过在空调主机内部、空调回风管道内或空调风机盘管内加装净化过滤模块，达到空气净化目的。

（3）独立的空气净化装置：即市售各种家用空气净化器产品，置于室内即可对室内空气进行净化处理。单体式空气净化器[8]主要应用在较小空间，如住宅室内、单独办公室、会议室等，主要循环净化室内的空气，如图6-3所示。

对于设置新风系统的空调系统[9]，如果空调机组或新风机组有空间，可以在空调机组内部加装空气净化设备，如图6-4所示。如果空调机组或者新风机组内没有空间，也可以在空调机组的新风、回风管道上设置空气净化设备，如图6-5所示。

图6-3 单体式空气净化器

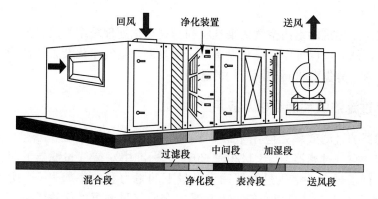

图6-4 空气机组内设置净化装置

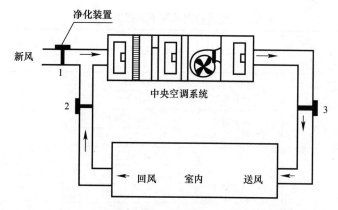

图6-5 新风、回风和送风管道上设置净化装置

此外，为避免循环空气引入的新风、回风以及送风管道、加湿器、表冷器和法兰内产生的各种污染进入室内，最有效的办法是对末端的空气进行净化处理，在送风口安装净化装置[10]，如图6-6所示。一般在送风口加装空气净化装置考虑以下因素：1）对由于加装空气净化装置而引起的风压损失进行补偿，保证送风效率；2）净化装置必须具有一定的容尘量；3）净化装置能够拆卸方便，便于清洗和更换；4）净化装置不得产生二次污染。

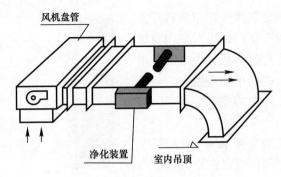

图 6-6　送风口设置净化装置

6.3　空气净化设备性能要求及应用

　　针对我国民用建筑的室内空气污染现状和空气净化处理技术发展，国家制定了空气净化设备的相关标准，以保证空气净化设备的应用效果。空气净化装置的性能应能满足国家标准的相关要求，并据此进行实际应用的选型。

6.3.1　空气过滤器的性能要求及应用

　　空气过滤器的过滤效率是应用中最重要的指标之一，直接关系到送入室内空气的质量。国家标准《空气过滤器》GB 14295—2019[11] 标准中对空气过滤器的阻力、效率、容尘量等性能进行了规定。空气过滤器额定风量下的阻力和效率如表 6-1 所示。对于标称 PM_x 净化效率的产品，GB 14295—2019 标准规定空气过滤器的标称效率值与实测效率值之差不应大于 5%。

空气过滤器额定风量下的阻力和效率　　　　　　　　表 6-1

指标 效率级别	代号	迎面风速 (m/s)	额定风量下的效率 $E(\%)$		额定风量下的初阻力 ΔP_i(Pa)	额定风量下的终阻力 ΔP_f(Pa)
粗效 1	C1	2.5	标准试验尘计重效率	$50>E\geqslant20$	≤50	200
粗效 2	C2			$E\geqslant50$		
粗效 3	C3		计数效率 (粒径≥2.0μm)	$50>E\geqslant10$		
粗效 4	C4			$E\geqslant50$		
中效 1	Z1	2.0	计数效率 (粒径≥0.5μm)	$40>E\geqslant20$	≤80	300
中效 2	Z2			$60>E\geqslant40$		
中效 3	Z3			$70>E\geqslant60$		
高中效	GZ	1.5		$95>E\geqslant70$	≤100	
亚高效	YG	1.0		$99.9>E\geqslant95$	≤120	

　　空气过滤器的使用寿命是人们在选择空气过滤器时关心的指标之一，但在实际中很难预知空气过滤器的使用寿命，因此通常采用容尘量来评价它。容尘量是指在额定风量下，空气过滤器达到终阻力时所捕集的标准试验尘总质量。GB 14295—2019 标准中规定，空气过滤器应标称容尘量指标，其实测值不应小于标称值的 90%，且不宜小于 36mg/（m^3/h）。

　　空气过滤器的容尘量过小会使得在通风空调系统运行中频繁更换和清洗过滤设备，增加通风系统的运行维护成本。在我国的行业标准《住宅新风系统技术标准》JGJ/T 440—2018[7]中对住宅新风系统的过滤设备容尘量设计进行了规定，其他通风空调系统应用空气过滤器时，可以参照该规定。JGJ/T 440—2018 规定过滤设备的容尘量宜按式（6-1）计算：

$$D = C_x \times E_x \times Q_d \times t/1000 \tag{6-1}$$

式中：D——过滤器的设计容尘量，g；

C_x——室外颗粒物年平均浓度，mg/m^3，对粗效过滤器、中效过滤器和高中效及以上过滤器，分别取项目所在地近三年的室外的 TSP、PM_{10} 和 $PM_{2.5}$ 颗粒物年平均浓度的平均值；

E_x——粗效过滤器、中效过滤器和高中效及以上过滤器分别对 TSP、PM_{10} 和 $PM_{2.5}$ 的净化效率（%）；

Q_d——新风系统设计新风量，m^3/h；

t——过滤器更换时间，h。

比如北京某住宅新风系统设计新风量为 $200m^3/h$，设计粗效过滤器对 TSP 的净化效率为 50%，统计北京 2016~2018 年三年室外的 $PM_{2.5}$ 年平均浓度的平均值为 $61\mu g/m^3$，根据文献 [12]，$PM_{2.5}$ 与 TSP 比值的年均值为 29%，则北京 2016~2018 年三年室外 TSP 颗粒物年平均浓度的平均值为 $0.209mg/m^3$，如果想要粗效过滤器 3 个月更换一次，则该粗效过滤器的设计容尘量应该为 180g。根据容尘量的计算公式，如果知道采用过滤器的容尘量，也可计算得出过滤器的更换时间。

6.3.2 通风用空气净化装置的性能要求及应用

通风用空气净化装置是指对通风系统空气中的空气污染物具有一定去除能力的装置。国家标准《通风系统用空气净化装置》GB/T 34012—2017[13]中对空气净化装置对颗粒物、气态污染物和微生物的净化效率进行了规定。初始状态下，空气净化装置额定风量时对空气污染物的净化效率应符合表 6-2 的规定，且实测值不应小于标称值的 95%。

空气净化装置额定风量下各种空气污染物的净化效率（单位：%）　　表 6-2

	净化效率等级	$PM_{2.5}$净化效率	气态污染物净化效率	微生物净化效率
颗粒物型	A	$E_{PM_{2.5}}>90$	—	—
	B	$70<E_{PM_{2.5}}\leq90$	—	—
	C	$50<E_{PM_{2.5}}\leq70$	—	—
	D	$20<E_{PM_{2.5}}\leq50$	—	—
气态污染物型	A	—	$E_Q>60$	—
	B	—	$40<E_Q\leq60$	—
	C	—	$20<E_Q\leq40$	—
微生物型	A	—	—	$E_W>90$
	B	—	—	$70<E_W\leq90$
	C	—	—	$50<E_W\leq70$
	D	—	—	$20<E_W\leq50$

注：对于复合型空气净化装置，满足颗粒物型、气态污染物型和微生物型中任意两类即可评价，同时按不同作用对象分别标定等级。

对于空气净化装置设计造型时，$PM_{2.5}$ 净化效率的计算方法，《住宅新风系统技术标准》JGJ/T 440—2018 第 4.6.1 条进行了规定：新风系统净化处理设计时，过滤设备的效率应根据当地室外空气质量选择。对 $PM_{2.5}$ 的综合净化效率宜按式（6-2）计算：

$$E_{2.5} = \left(1 - \frac{C_{in}}{C_{out}}\right) \times 100\% \tag{6-2}$$

式中：$E_{2.5}$——过滤设备对 $PM_{2.5}$ 的综合净化效率，%；

　　　C_{in}——设计室内 $PM_{2.5}$ 浓度，$\mu g/m^3$；

　　　C_{out}——设计室外 $PM_{2.5}$ 浓度，$\mu g/m^3$，取历年平均不保证 5d 的日平均浓度。

对于 $PM_{2.5}$ 的综合净化效率计算时设计室外 $PM_{2.5}$ 浓度取值，可统计至少近三年的室外 $PM_{2.5}$ 日平均浓度，将每年不保证 5d 的日平均浓度取平均值即得历年平均不保证 5d 的日平均浓度。比如北京市统计 2014 年、2015 年和 2016 年三年的室外 $PM_{2.5}$ 日平均浓度，每年不保证 5d 的日平均浓度分别为 $316\mu g/m^3$、$288\mu g/m^3$ 和 $297\mu g/m^3$，则历年平均不保证 5d 的日平均浓度为 $300\mu g/m^3$。

$PM_{2.5}$ 的综合净化效率是指新风系统设计粗效、中效、高效等多级过滤设备的总体净化效率。计算出 $PM_{2.5}$ 的综合净化效率之后，再进行各级过滤设备净化效率的设计和选型过滤设备。

6.3.3　单体式空气净化器的性能要求及应用

空气净化器是指对空气中的颗粒物、气态污染物、微生物等一种或多种污染物具有一定去除能力的家用和类似用途的电器。我国国家标准《空气净化器》GB/T 18801—2015[14] 中对空气净化器的洁净空气量、累计净化量、净化能效等性能进行了规定。人们在选择空气净化器时主要是考虑洁净空气量和累计净化量。

洁净空气量是指空气净化器在额定状态和规定的试验条件下，对目标污染物（颗粒物和气态污染物）净化能力的参数，表示空气净化器提供洁净空气的速率。GB/T 18801—2015 规定，空气净化器针对颗粒物和气态污染的洁净空气量实测值不应小于标称值的 90%。颗粒物的洁净空气量按式（6-3）进行计算。

$$Q = 60 \times (k_e - k_n) \times V \tag{6-3}$$

式中，Q——洁净空气量，m^3/h；

　　　k_e——总衰减常数，min^{-1}；

　　　k_n——自然衰减常数，min^{-1}；

　　　V——试验舱容积，m^3。

在实际选用空气净化器时，可根据不同的房间面积选择适宜的洁净空气量的空气净化器，根据《空气净化器》GB/T 18801—2015 标准附录 F，选用空气净化器的适用面积计算如下：

$$S = (0.07 \sim 0.12)Q \tag{6-4}$$

式中：S——空气净化器的适用面积，m^2；

　　　Q——洁净空气量，m^3/h。

式（6-4）是针对重度污染情况下使用净化器的建议适用面积，当室外污染较低，或非常严重时，可适当增加或减小式（6-4）的系数。当考虑室内污染源时，可适当减小式（6-4）的系数。

累计净化量是空气净化器在额定状态和规定的试验条件下,对目标污染(颗粒物和气态污染物)累积净化能力的参数。它表示空气净化器的洁净空气量衰减至初始值的50%时,累积净化处理的目标污染物总质量。GB/T 18801—2015附录D给出了净化器对颗粒物和气态污染的累积净化量分档,如表6-3和表6-4所示。

净化器对颗粒累积净化量区间分档 表6-3

区间分档	累积净化量 $M_{颗粒物}$ (mg)
P1	$3000 \leqslant M_{颗粒物} < 5000$
P2	$5000 \leqslant M_{颗粒物} < 8000$
P3	$8000 \leqslant M_{颗粒物} < 12000$
P4	$12000 \leqslant M_{颗粒物}$

注:实测 $M_{颗粒物}$ 小于3000mg,不对其进行"累积净化量"评价。

净化器对典型气态污染物甲醛累积净化量区间分档 表6-4

区间分档	累积净化量 $M_{甲醛}$ (mg)
F1	$300 \leqslant M_{甲醛} < 600$
F2	$600 \leqslant M_{甲醛} < 1000$
F3	$1000 \leqslant M_{甲醛} < 1500$
F4	$1500 \leqslant M_{甲醛}$

注:实测 $M_{甲醛}$ 小于300mg,不对其进行"累积净化量"评价。

根据《空气净化器》GB/T 18801—2015标准附录G,稳态条件下,空气净化器工作 t 小时,空气净化器处理的颗粒物质量按式(6-5)计算。空气净化器选用时,可根据空气净化器的累积净化量计算空气净化器的使用时间。

$$m_{AC} = [k_v P_p c_{out} - (k_0 + k_v)c_t]S \times h \times t \tag{6-5}$$

式中: m_{AC} ——空气净化器处理的颗粒物质量,mg/m³;

$\quad k_v$ ——建筑物换气次数,h⁻¹;

$\quad P_p$ ——建筑物对颗粒物的穿透系数;

$\quad c_{out}$ ——室外的颗粒物浓度,mg/m³;

$\quad k_0$ ——颗粒物的自然沉降率,h⁻¹;

$\quad c_t$ ——室内要求的颗粒物浓度,mg/m³;

$\quad S$ ——房间面积,m²;

$\quad h$ ——房间高度,m;

$\quad t$ ——空气净化器工作时间,h。

6.4 针对重污染场所的长效低阻免维护空气净化预处理技术

6.4.1 引言

随着近年来我国现代化以及工业化进程的快速发展,室外大气污染尤其是颗粒物污染物问题日益突出,并得到社会各界的广泛关注。相比于室外大气污染状况治理往往需要国家包括产业结构、能源供给方式等宏观调控方式在内的长期持续努力,改善周期长达数年甚至数十年,室内环境质量的改善可通过各类空气净化装置的使用而获得"立竿见影"的效果。但对于以地铁站台厅等环境为代表的污染较重场所，将传统的纤维过滤净化技术应用于通风空调系统时，其阻力消耗高、更换频繁、清洗或维护成本高昂的缺点往往成为了系统设计者及使用所难以面对及逾越的困难，因此研发团队针对上述问题，对传统的自动卷绕式空气净化过滤装置进行技术改进，通过采用新型结构形式，增大装置的有效过滤面积，从而降低运行阻力。通过对滤材在线自洁及自动更新的技术尝试与验证，实现了设备长期免维护运行可行性。经过前期的样机连续运行测试，即使在连续高污染进风条件下，机组的滤材更换周期仍可达到 6～8 个月，通过采用本项技术，可将空气净化设备滤材等耗材消耗以及人力维护成本需求削减至少 95％，对解决我国当前建筑行业对室内空气质量改善的迫切需求与普遍运行维护能力不足的现状之间的矛盾具有突出意义。

6.4.2　地铁站台厅空间颗粒污染物特征调研测试

本研究所需改造的机组为北京市某地铁站台/厅空调送风机组，为保证技术改造方案能充分满足地铁环境空气质量改进提升需求，技术改造团队于 2016 年 2 月（冬季工况）以及 5 月（过渡季工况）分别选择采用土建风道系统的 A 站以及采用集中式中央空调系统的 B 站进行站台及通风系统不同位置处进行空气质量监测。由于各类过滤材料对于不同尺寸大小的颗粒物净化处理效果存在差异性，因此，监测活动重点考察地铁颗粒污染物浓度水平以及粒径分布特征，以期明确净化改造方案中的材料选择。调研测试中的 PM_{10} 浓度采用 TSI 光散射粉尘仪 TSI 8532 进行测量，空气中悬浮颗粒物的粒径分布特征采用测量范围为 10nm～10μm 的宽范围粒径频谱仪（WPS）[1] 进行测量。

监测结果显示，地铁列车进站过程中会因为刹车过程产生大量的颗粒污染物，造成人体健康隐患，采用非完全屏蔽门的 A 站，环境空气中颗粒物浓度受列车进站影响，呈现出明显的波峰波谷分布趋势，由于列车进站所导致的空气中 PM_{10} 浓度增加约为 40～50μg/m³，最高达约 85μg/m³，而同时段室外大气 PM_{10} 浓度仅为约 15μg/m³。另一方面，A 站采用了回排风系统兼顾排烟的系统设计，排烟设计风量为正常回/排风量的 1.66 倍，因此，在正常通风空调运行状态下，回/排风系统风速要明显低于常规设计。而从回/排风管路系统的流程上看，来自站台以及轨道上方的回风将在一体积约为 500m³ 的混合室内混合，再依次经消声器、回风机，回风阀后与室外新风混合，进入送风系统。尽管期间未有任何净化处理措施，但管道风速低，混合室体积大，均比较有利于回风中大颗粒污染物的沉降。从图 6-7 所给出的该站站台及通风系统不同位置的 PM_{10} 测试结果来看，受输运过程大粒子沉降的影响，位于消声器前的混合室 PM_{10} 峰值浓度相比站台低约 10μg/m³，回风机后（与新风混合前）相比站台低约 20μg/m³。对于采用完全屏蔽门的 B 站，站台空气中颗粒物浓度受列车进出站影响相对较小，列车进站过程中站台空间 PM_{10} 浓度增加约 10～20μg/m³，峰值浓度约 60μg/m³，见图 6-8 所示。

从地铁站台及通风系统各测点的空气颗粒污染物粒径分布特征来看，相比于常规建筑环境所面临的室外大气典型特征分布，地铁环境空气呈现较为突出的不同特点，其中，0.5～5.0μm 区间粒子质量浓度占比超过 80％，1.0μm 以上的大尺度颗粒物质量浓度占比超过 40％，图 6-9 给出了 2016 年 2 月于 A 站所测试得到的回风中颗粒物质量累积分布。图 6-10 为地铁回风空气与北京地区室外大气类似颗粒物浓度条件下的典型大气颗粒物粒径分布[2] 对比。而从地铁环境的空气悬浮颗粒物粒径分布特征来看，由地铁运行所带来的大颗粒粉尘质量占比明显高于室外大气环境,因此主要承担大颗粒粉尘净化处理的粗效预过滤面临相比一般通风应用更为频繁的维护清洁需求,从使用方前期运行维护经验来看,系统原先所采用的多层波纹金属丝网粗效过滤器,每周至少需安排一次彻底的清洁维护,否则就会导致过滤器严重堵塞,大大增加了过滤器清洁难度与相应工作量。

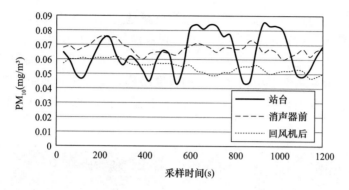

图 6-7 A 站各地点 PM_{10} 测试结果

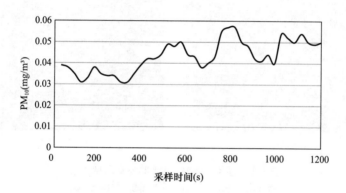

图 6-8 B 站站台处 PM_{10} 测试结果

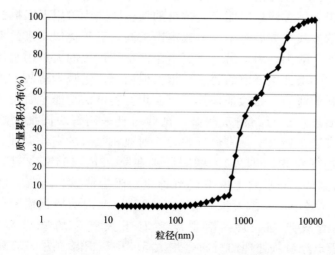

图 6-9 A 站机组回风中 $0.01 \sim 10 \mu m$ 范围内颗粒物质量累积分布测试结果

6.4.3 新型长效空气净化机组的技术实现

依据之前所提及的目标控制环境空气中的颗粒污染物粒径分布特征，所需净化处理空气颗粒物污染严重，并且大颗粒质量占比远高于室外大气环境，为实现空气净化处理机组的长效功能，本项研发采用自动卷绕更新以及滤料自动清灰处理以大幅降低机组的维护频率以及相应的人力耗材成本。滤料的自动卷绕更新是空气净化领域的一项传统应用技术，但传统的自动卷绕式过滤器多采用平铺形式，过滤面积小，阻力大，并且滤料不可反复使用，因此与常规形式的过滤器相比成本劣势较为突出，在行业内一直没能得到广泛的应用。为解决这一问题，本新型净化机组采用折叠结构，增大过滤面积，图 6-10 给出了传统卷绕式过滤器与本新型机组的对比，通过采用折叠结构，机组有效过滤面积可比传统形式增大至少 30%。

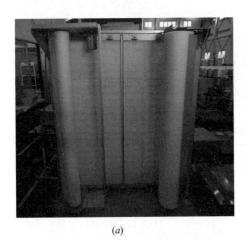
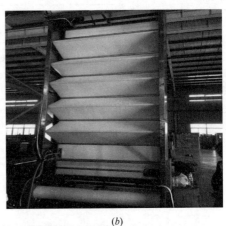

(a)　　　　　　　　　　　　　　　　　(b)

图 6-10　传统卷绕式过滤器与本新型机组
(a) 传统平铺结构；(b) 本机组所采用新型结构

为实现净化机组的长效免维护运行，新型净化机组增加了滤料的自动高速真空吸尘清灰功能。对粗效预过滤材料而言，传统的清洁方式为采用人工拆卸而后用水进行清洗。但传统清洁方式一方面对于人力成本需求高，对于类似北京的室外污染较为严重城市，清洁周期一般为一周，另一方面由于清洗所产生的大量用水需求及污水排放需求也在一定程度上增加了城市的环境负担。但由于真空吸尘清灰方式从未被实际应用于深层过滤材料的清洁，为验证该技术可实现滤料清洁功能，研发团队首先针对单一滤料进行不间断连续运行与清灰测试，试验材料采用两块同批次滤料进行平行试验，分别称重后安装于滤材实际寿命试验台，对风机抽取的室外大气直接进行过滤处理，试验共连续进行 652h（四周），期间分别在第 98h、164h、231h、309h、375h、466h、652h 时将滤料从试验台上取下进行称重、阻力测试、清灰、清灰后称重及阻力测试。图 6-11 为采用 1 号试验滤料在整个试验周期内的增重情况，在整个试验周期内，通过多次清灰延寿处理，使得滤料对于大气尘的累积容尘量可提升至 $202g/m^2$，相比于未经清灰处理的材料，增大 5.3～5.5 倍。图 6-12 则为所测 1 号试验滤料在试验周期内的阻力变化情况。

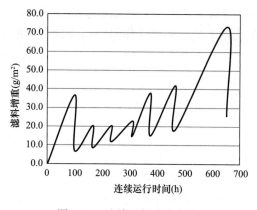

图 6-11 连续运行试验中的
试验滤料增重变化

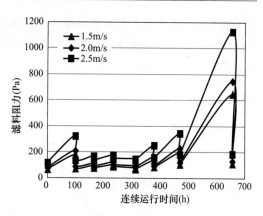

图 6-12 1 号滤料连续运行
试验中的阻力变化情况

从试验过程滤材阻力变化趋势可见，通过反复清灰确实可大幅延长粗效滤料的使用寿命，并保持滤料在长期使用过程中均可维持较低阻力的低能耗运行状态。本连续运行试验共进行约 28d 时间，1 号试验滤料在 1.5m/s 风速下阻力由初始状态下的 68Pa 上升到 115Pa，2 号滤料则由初始状态下的 71Pa 同样上升到 115Pa，均没有达到装置设计的 150Pa 终阻力限值，显示滤料实际使用寿命要高于试验持续时间，而这也为后续样机的实际连续运行测试所证实。

6.4.4 长效空气净化机组样机的长期连续运行评估与分析

研发团队于 2016 年底完成基于粗效过滤材料的空气净化处理机组样机制作，样机有效通风截面 5m×1.8m，设计最大截面风速 2.5m/s，采用压差触发及定期触发两种方式触发装置进行自动清灰操作，其中，压差触发为当装置实际运行阻力超过设定限值时触发系统进行自动清灰操作，定期触发为系统人为设定间隔天数及清灰日的清灰开始工作时间，为避免影响地铁空调通风系统的正常运行，系统默认定期清灰除尘于每清灰日地铁空调系统停止运行的凌晨 0 点进行。如果装置在清灰后的实际运行阻力仍与清灰前阻力相当，则装置触发滤料自动更新。但如果装置已用完全部预安装滤料，则装置不进行自动更新，但向上位机发出更换滤料卷的警报提示。

样机设有压差传感器（0~250Pa）以监测装置实时阻力，同时为消除风机运行过程中的紊流波动影响，本节利用过滤材料阻力与风速基本呈线性特征采用阻力风速比来表征装置阻力，因此在装置下游距地约 2m 处设风速传感器监测装置面风速。样机在上游及下游各设置光散射式 PM_{10} 传感器（距地约 1.5m）同时采样以计算装置实际运行状态净化效率。监测系统另在装置下游设有温湿度及 CO_2 传感器，以尽可能多的为用户提供实时信息。所有监测传感器每 5min 进行一次数据采集，存储于上位机，并可实时显示，上位机将每日的所有数据进行汇总，为单独数据文件进行存储。

样机于 2016 年 12 月被安装于 A 站台南侧站台通风机组的回风阀下游位置，并于 12 月 12 日开始进入试运行阶段。自 2016 年 12 月 12 日至今，样机所安装空调通风机组采用自循环模式运行，机组回风管道上的排风阀处于全关，回风阀全开，回风机运行频率保持正常通风模式，装置实际截面风速约 1.5m/s。图 6-13 给出了样机连续试运行 17 天时的阻

力及实际 PM_{10} 净化效率监测结果，鉴于阻隔式过滤材料阻力与滤速基本呈线性关系，因此为消除风机运行过程中的风速波动对于装置阻力的影响，本书采用阻力风速比，及单位风速下的装置运行阻力来表征样机阻力。

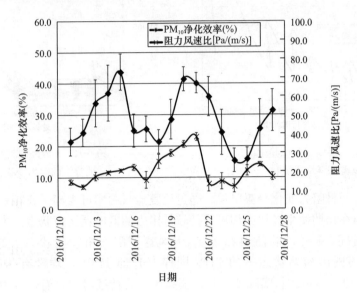

图 6-13　装置样机试运行 15 天效率及阻力变化（2016.12.12～2016.12.27）

从样机的 17 天试运行效果来看：

（1）装置所处理空气污染情况较为严重，试运行期间净化预处理装置上游 PM_{10} 浓度超过 $150\mu g/m^3$ 的时间占比达 46.5%，超过 $75\mu g/m^3$ 的时间占比达 71.3%，最高浓度超过 $400\mu g/m^3$，实际使用条件对于装置阻力、净化能力以及容尘、自洁能力考验属于装置未来使用工况中较为严苛的情况。

（2）装置在初始（清洁）状态下的单位风速下阻力约为 15～20Pa/（m·s），即当装置面风速为 1.5m/s 时（因采用折叠方式增大有效过滤面积，实际滤速约为 0.8m/s），初阻力约 30Pa，当面风速为 2.5m/s 时，初阻力不足 50Pa，符合设计要求。随着装置运行使用过程中逐渐积尘，阻力逐渐上升，单位风速下阻力可达到约 40Pa/（m·s），此时装置实际阻力约 60～80Pa，仍与设计终阻力有相当距离，且通过定期清灰设置，装置具备长期低阻运行的技术条件。

（3）装置在初始（清洁）状态以及上游颗粒物浓度较低时，对 PM_{10} 所呈现的净化效率不高，约为 20% 左右，但随着滤料的使用积尘，其净化效率逐渐上升，最高达 40% 以上，总体而言截至目前的使用周期内，装置大部分运行时间对于 PM_{10} 的净化处理效率在 30% 左右，基本满足作为预过滤处理装置的性能要求。

（4）装置清灰功能对于过滤材料的长期反复使用效果明显，对于积尘滤料的阻力恢复效果也比较突出。图 6-14 为样机装置清灰前后的照片对比。

样机在试运行后保持连续运行状态至今，滤料储备设计方面，样机设计每卷滤料包含四幅使用面积，设计每单幅滤料使用寿命为 30～45d，整卷滤料使用寿命为 6 个月。图 6-15 给出了单幅滤料连续使用 26d 的实际 PM_{10} 净化效率情况，图 6-16 为整卷滤料连续使用 6 个月的阻力变化情况。从样机实际运行监测结果可以看出样机长期连续运行过程中，基本可维持 PM$_{10}$净化效率至少达到 20%～30%，而通过反复清灰设计，既可将粗效预过滤装置的维护频率由常规产品的至少每周一次，大幅降低至每六个月一次，大大降低了设备运行维护的人员及材料成本，同时，可保证装置长期处于较低阻力运行的绿色节能工况下。根据本研究所研制样机的 6 个月连续运行测试数据可以发现，当滤材连续使用达到 10d 时，装置阻力消耗上升 76.1%（由 26.8Pa/(m·s)（2017.6.4 数据）上升至 47.2Pa/(m·s)（2017.6.13 数据）），连续使用 17d，阻力消耗增加至 80.4Pa/(m·s)（2017.6.20 数据），相比清洁后设备阻力，增加 3 倍。而通过定期进行滤料清灰自洁处理，一方面可保证装置长期以低于 40Pa/(m·s) 阻力风速比节能工作，另一方面也大大降低了设备的材料消耗以及运行维护需求。

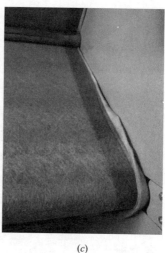

(a)　　　　　　　　　　　　(b)　　　　　　　　　　　　(c)

图 6-14　样机清灰前后对比

(a) 样机清灰前；(b) 样机清灰后；(c) 清灰后的滤料局部

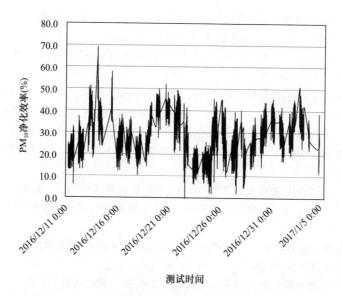

图 6-15　单幅滤料连续使用 26d 的实际净化效率监测结果

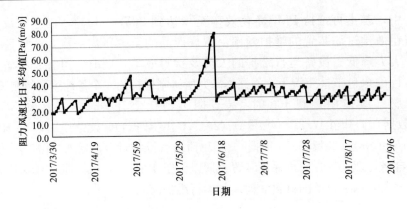

图 6-16　整卷滤料连续使用 6 个月的阻力变化情况

6.5　小结

空气净化设备是控制民用建筑室内污染物的一种有效的措施。近年来随着空气净化产业的迅猛发展，空气净化设备在民用建筑尤其是健康建筑中应用越来越多。空气净化设备在民用建筑中应用时，考虑建筑有无新风系统和空调系统的形式，有不同的应用方式。在实际应用中选型时，空气过滤器、空气净化器、新风机等的性能指标应能满足现行相关标准的规定，并根据建筑室内外污染物浓度、所服务的建筑面积（空间）等选取合适的空气净化设备。研发的新型长效空气净化机组在地铁车站的应用表明，空气净化机组增加滤料自动高速真空吸尘清灰功能后，可以降低维护周期和达到低阻运行的目的。

参考文献

[1]　国家质量监督检验检疫总局，卫生部. GB/T 18883—2002，室内空气质量标准［S］. 北京：中国质检出版社，2015.

[2]　住房和城乡建设部，国家质量监督检验检疫总局. GB 50325—2010，民用建筑工程室内环境污染控制规范（2013 年版）［S］. 北京：中国计划出版社，2013.

[3]　王志勇，徐昭炜，李剑东，等. 公共建筑室内空气净化设备应用及实际运行效果分析［J］. 洁净与空调技术，2016，1：24-27.

[4]　程明亮. 应重视环境毒物砷污染引起的肝病［J］. 中华医学杂志，2009，89（21）：1444-1445.

[5]　住房和城乡建设部. GB/T 50378—2019，绿色建筑评价标准［S］. 北京：中国标准出版社，2019.

[6]　中国建筑学会. T/ASC 02—2016，健康建筑评价标准［S］. 北京：中国建筑工业出版社，2016.

[7]　住房和城乡建设部. JGJ/T 440—2018，住宅新风系统技术标准［S］. 北京：中国建筑工业出版社，2017.

[8]　崔晶晶. 基于不同类别过滤单元的空气净化器净化特性试验研究［D］. 上海：东华大学，2016.

[9]　赵力，陈超，王亚峰，等. 北京室内外 $PM_{2.5}$ 污染状况及过滤器效率调研［J］. 建筑科学，2015，31（8）：140-145.

[10]　范东叶，王清勤，赵力，等. 半集中式空调系统控制室内 $PM_{2.5}$ 污染的设计分析与应用［J］. 建筑科学，2016，32（10）：86-90.

[11]　国家市场监督管理总局，中国国家标准化管理委员会. GB/14295—2019，空气过滤器［S］. 北京：中国标准出版社，2019.

［12］ 杨复沫，贺克斌，马永亮，等. 北京 $PM_{2.5}$ 浓度的变化特征及其与 PM_{10}、TSP 的关系 ［J］. 中国环境科学，2002，22（6）：506-210.

［13］ 国家质量监督检验检疫总局，中国国家标准化管理委员会. GB/T 34012—2017，通风空调用空气净化装置 ［S］. 北京：中国标准出版社，2017.

［14］ 国家质量监督检验检疫总局，中国国家标准化管理委员会. GB/T 18801—2015，空气净化器 ［S］. 北京：中国标准出版社，2015.

下篇　面向未来的空气净化设备测试评价体系

第7章 国内外空气净化设备测试评价标准体系

7.1 引言

在中国，空气净化行业已经成为民众忧心、领导关心、社会关注的重大问题。2016年年底，中共中央国务院也印发了《"健康中国2030"规划纲要》。在"十三五"国家重大专项目中绿色建筑、建筑环境及大气领域重点专项中，均有与居住建筑室内通风、室内空气质量营造等相关的研究项目，可见国家对空气净化行业及社会需求的重视程度。用于通风系统的空气过滤器、新风净化机等空气净化设备在国内外均有比较完备的测试评价标准，本章从一般通风系统用空气过滤器和新风净化机两个方面，分别阐述了国内外的标准体系，指出了现行标准中存在的问题和挑战，并对标准的未来发展提出展望。

7.2 空气过滤器

7.2.1 标准简介

通风系统用空气过滤器的性能指标一般包括阻力、净化效率、容尘量等，目前，通风系统用空气过滤器标准主要有中国标准 GB/T 14295—2019[1]、GB/T 34012—2017[2]，国际标准 BS EN ISO 16890：2016[3-6]系列、ISO 10121-1：2014[7]、ISO 10121-2：2013[8]，欧盟标准 BS EN 779：2012[9]，美国标准 ANSI/ASHRAE Standard 145.1-2015[10]、ANSI/ASHRAE Standard 145.2-2011[11]、ANSI/ASHRAE Standard 52.2-2017[12]等。以上几个国家或组织的标准对空气过滤器的规定不完全一致，适用范围、检测项目、检测方法、检测装置和评价方法都不尽相同。不同标准的相关信息如表7-1所示。

标准汇总表 表7-1

序号	标准名称	标准号	主编单位	检测项目	适用范围
1	《空气过滤器》	GB/T 14295—2019	中国建筑科学研究院有限公司	外观、尺寸偏差、阻力、效率（计数效率、计重效率、PM_x 效率）、容尘量、清洗、消静电、防火、额定功率、工作电压、臭氧浓度增加量、电气强度、泄漏电流、接地电阻	适用于通风、空气调节和空气净化系统或设备用空气过滤器

序号	标准名称	标准号	主编单位	检测项目	适用范围
2	《通风系统用空气净化装置》	GB/T 34012—2017	中国建筑科学研究院有限公司	外观、净化效率（PM$_{2.5}$、气态污染物、微生物）、阻力、风量、机外静压、额定功率、净化能效、噪声、容尘量、臭氧浓度增加量、紫外线泄漏量、电气安全（绝缘电阻、电气强度、泄漏电流、接地电阻）、清洁	适用于通风和空调系统用空气净化装置的生产和检验
3	Air filters for general ventilation Part 1：Technical specifications，requirements and classification：system based upon particulate matter efficiency（ePM）	BS EN ISO 16890-1：2016	ISO	阻力、计径计数效率（消静电前后）、计重效率、容尘量	适用于按本系列标准规定试验规程实测 ePM$_1$ 效率不高于99％的一般通风过滤器
4	Air filters for general ventilation Part 2：Measurement of fractional efficiency and air flow resistance	BS EN ISO 16890-2：2016			
5	Air filters for general ventilation. Part 3：Determination of the gravimetric efficiency and the air flow resistance versus the mass of test dust captured	BS EN ISO 16890-3：2016			
6	Air filters for general ventilation. Part 4：Conditioning method to determine the minimum fractional test efficiency	BS EN ISO 16890-4：2016			

续表

序号	标准名称	标准号	主编单位	检测项目	适用范围
7	Test method for assessing the performance of gas-phase air cleaning media and devices for general ventilation. Part 1：Gas-phase air cleaning media	BS EN ISO 10121-1：2014	ISO	阻力、容污量、去除效率、持附性	适用于一般通风用气相空气净化滤材，针对一般过滤的气相净化装置中的3类固体气相空气滤材和滤材结构，3类滤材包括：GPACM-LF（用于填充的不同形状和粒度的颗粒）、GPACM-FL（用于制作单层、折叠状、袋式过滤器的片状织物）、GPACM-TS（深度方向远大于片料厚度的三维结构）
8	Test method for assessing the performance of gas-phase air cleaning media and devices for general ventilation. Part 2：Gas-phase air cleaning devices (GPACD)	BS EN ISO 10121-2：2013	ISO	阻力、容污量、去除效率、持附性	适用于一般通风用气相空气净化过滤器，还可用于洗涤器、吸收器、非吸收设备、填料塔等
9	Particulate air filters for general ventilation-Determination of the filtration performance	BS EN 779：2012	CEN	初阻力、终阻力、初始效率（0.4μm）、平均效率（0.4μm）、初始计重效率、平均计重效率，容尘量	适用于一般通风用空气过滤器，适用于对0.4μm粒子初始过滤效率低于98%的空气过滤器
10	Laboratory Test Method for Assessing the Performance of Gas-Phase Air-Cleaning Systems：Loose Granular Media	ANSI/ASHRAE Standard 145.1-2015	ASHRAE	初阻力、终阻力、去除效率、容污量	本标准仅适用于平均颗粒直径小于5mm（0.20in）的粒状或球状介质
11	Laboratory Test Method for Assessing the Performance of Gas-Phase Air-Cleaning Systems：Air-Cleaning Devices	ANSI/ASHRAE Standard 145.2-2011	ASHRAE	初阻力、终阻力、初始效率、平均效率、容污量、持附性	本标准适用于具有相同品牌和型号的代表性的样品装置，不适用于室内空气净化器

续表

序号	标准名称	标准号	主编单位	检测项目	适用范围
12	Method of Testing General Ventilation Air-Cleaning Devices for Removal Efficiency by Particle Size	ANSI/ASHRAE Standard 52. 2-2017	ASHRAE	初阻力、终阻力、平均计数效率、容尘量	适用于一般通风用空气净化器件，不适用于静电除尘器

7.2.2 检测台和测试仪器介绍

检测装置主要形式如图 7-1～图 7-3 所示，不同标准的检测装置差异性及其对仪器设备的要求如表 7-2 和表 7-3 所示。

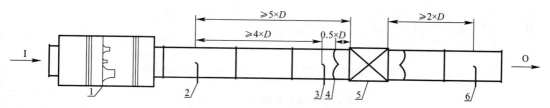

图 7-1 GB/T 14295—2019 标准检测台

D—管径；I—进气；O—排气；1—风量测量装置；2—气溶胶发生器；3—上游采样管；
4—静压环；5—受试空气过滤器；6—下游采样管

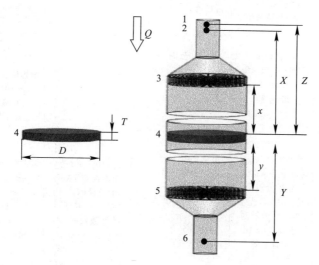

图 7-2 BS EN ISO 10121-1：2014 标准检测台

1—Z 处的风量 Q 采样点；2—上游 X 处 T_U、RH_U、p_U、C_U 的采样点；
3—距离滤材样品表面 X 处的均流器；4—直径 D、深度 T 的滤材；
5—距离滤料样品表面 y 处的均流器；6—下游 Y 处 T_U、RH_U、p_U、C_U 的采样点

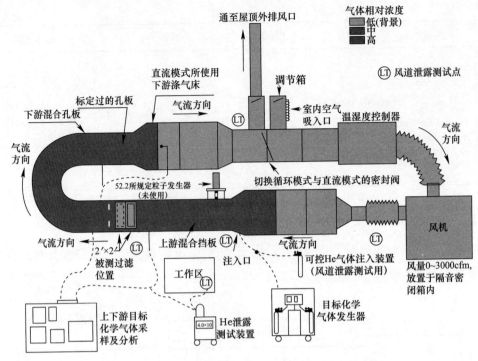

图 7-3　ANSI/ASHRAE Standard 145.2-2011 检测台

不同标准试验用仪表（颗粒物）　　　　　　　　　　表 7-2

测量参数	标准测量仪表	BS EN 16890：2016	BS EN 779：2012	ANSI/ASHRAE Standard 52.2-2017	GB/T 14295—2019	GB/T 34012—2017
风量	测试管道	正压或负压	正压或负压	正压	正压	正压或负压
风量	空气流量计	准确度：±5%读数值	准确度：±5%	准确度：±5%	空气流量计/准确度：±3%读数值	准确度：±3%读数值
阻力	压力计	0～70Pa 时，准确度：±2Pa >70Pa 时，准确度：±3%读数值	0～70Pa 时，准确度：±2Pa >70Pa 时，准确度：±3%读数值	—	压力计/0～70Pa 时，准确度：±2Pa >70Pa 时，准确度：±3%读数值	0～70Pa 时，准确度：±2Pa >70Pa 时，准确度：±3%读数值
计数效率	粒子计数器	0.3～10.0μm 至少具备 12 个对数分布粒径档，粒径分辨率应≤8%。光学粒子计数器对于 0.3μm 粒子计数效率应≥50%	对 0.2μm 粒子的计数效率不应低于 50%，0.2～3.0μm 至少具备 5 个对数分布粒径档	0.3～10.0μm 范围内设定 12 个粒径档，对 0.3μm 粒子的计数效率至少为 50%	至少有≥0.3μm、0.5μm、1.0μm、2.0μm、5.0μm 五个粒径档，示值误差不超过±30%	—
PM$_x$ 净化效率	粉尘仪	通过计数效率换算成 PM$_x$ 效率	—	—	示值误差不超过±20%，示值重复性不应大于±10%	示值误差不超过±20%，示值重复性不应大于±10%

测量参数	标准测量仪表	BS EN 16890：2016	BS EN 779：2012	ANSI/ASHRAE Standard 52.2-2017	GB/T 14295—2019	GB/T 34012—2017
容尘量、计重效率	电子天平	分度值：0.1g	分度值：0.1g	分度值：0.1g	分度值：0.1g	分度值：0.1g
臭氧浓度增加量	臭氧分析仪	—	—	—	准确度：±4%读值	准确度：±4%读值

不同标准试验用仪表（化学污染物） 表 7-3

测量参数	标准测量仪表	BS EN ISO 10121-2	ANSI/ASHRAE Standard 145.1-2015	ANSI/ASHRAE Standard 145.2-2015	GB/T 34012—2017
风量	测试管道	正压或负压	正压或负压	正压	正压或负压
	空气流量计	准确度：±5%	准确度：±1%	准确度：±5%	准确度：±3%读数值
阻力	压力计	准确度：±2%	准确度：±2.5Pa	—	0～70Pa时，准确度：±2Pa；>70Pa时，准确度：±3%读数值
气态污染物去除效率	质量浓度测试仪/化学法或色谱法	准确度：±1.5%	—	—	最小分辨率 0.01mg/m³，与化学法或色谱法偏差应在±10%内
微生物净化效率	空气微生物采样器	—	—	—	捕获率达95%

7.2.3 检测方法

1. 颗粒物

颗粒物污染对人群健康的危害程度视粒子大小、密度、化学活性和生物活性不同差别很大。PM_{10} 和 $PM_{2.5}$ 小微粒能被吸入人体内，通过氧化刺激、炎症反应或者对遗传物质的作用，引起肺部组织损伤，严重时可引发癌症，因此，颗粒物污染是人们最为关注的室内环境污染之一。在国内外有关空气净化装置的检测标准中，都把颗粒物净化效果作为最主要的考核指标。

颗粒物评价方法有两种：一种是计数效率，另一种是计重效率。计数效率法沿用空气过滤器的检测方法，是一套比较成熟的方法，在国内外已使用了多年。涉及的标准有 GB/T 14295—2019、BS EN 16890：2016、BS EN 779：2012 和 ANSI/ASHRAE Standard 52.2-2017，其相关内容见表 7-4 和表 7-5。中国和美国相同，采用 KCl 气溶胶作为测试尘源，粒径范围为 $0.3～10.0\mu m$，粒径范围较宽，可以研究空气净化装置对可吸入颗粒物的作用效果，相比欧盟标准 BS EN 779：2012 有明显优势。中国和美国标准采用的尘源相同，但是测试方法却大相径庭。GB/T 14295—2019 测试方法相对简单，只需测试某一风速下空气净化装置对某范围粒径的粒子的净化效率即可。ANSI/ASHRAE Standard 52.2-2017 的测试方法复杂烦琐，测试粒径段有 3 个大的粒径段（$0.3～1.0\mu m$、$1.0～3.0\mu m$、$3.0～10.0\mu m$），每个大的粒径段又分为 4 个小粒径段，共 12 个粒径段，需要得出每一粒径段颗粒物的计数效率。第一次净化效率测试后，需要反复发尘 4 次，尘源采用标准人工尘（ASHRAE 尘，其中道路尘占 72%，炭黑占 23%，短棉绒占 5%），整个过程要求发尘均匀稳定，每次发尘结束后，都需要测试计数效率，共测试 5 次，最后采用最低净化效率（MERV）进行判定分级，这种评价方法已被美国 LEED 认证所采纳。ISO 16890 在测试尘源上综合了 BS EN 779：2012 和 ANSI/ASHRAE Standard 52.2-2017 中使用的 DEHS 和 KCl 两种尘源，同时测试方法和测试粒径方面又参照了 ANSI/ASHRAE Standard 52.2-2017，并做了诸多假设，包括：①假定全球城市及郊区环境空气特征的两种标准化大气尘体积分布；②假定粒子密度为常量，而实际环境大气中粒子密度随粒径大小而不同，同时忽略空气动力学粒径和光学粒径的差异；③假定实际运行状态下过滤器的性能参数为初始状态计径效率的试验值与消静电处理后的试验值两者的平均。

不同标准的检测方法对比

表 7-4

标准		BS EN 16890：2016	BS EN 779：2012	GB/T 14295—2019	ANSI/ASHRAE Standard 52.2-2017
测试管道		正压或负压	正压或负压	正压	正压
试验用空气		(23±5)℃/(45±10)%	≤75%	(23±5)℃/(45±10)%	(10~38)℃/(20~65)%
负荷尘		L2 尘	ASHRAE 尘	标准试验尘(D1、D2、D3试验尘)	ASHRAE 尘
粒子计数器		0.3~10.0μm 范围内至少设定 12 个粒径档	0.2~3.0μm 内至少设置 5 个近似对数等距插值点	至少有≥0.3μm、0.5μm、1.0μm、2.0μm、5.0μm 五个粒径档	0.3~10.0μm 范围内设定 12 个粒径档
检测方法	初始计重效率	发尘量 30g（阻力增加 10Pa，先到为准）	发尘量 30g	无	发尘量 30g（阻力增加 10Pa，先到为准）
	终阻力	200Pa（$e_{PM_{10}}$<50%）300Pa（$e_{PM_{10}}$≥50%）	G 级别 250Pa；M 和 F 级别 450Pa	粗效：200Pa；中效、高中效及亚高效：300Pa	350Pa 或计重效率降到最高值的 85%
	计重效率/容尘量中间过程	容尘量试验结束之前至少均匀分 5 次加尘，发尘浓度为 (140±14) mg/m³	G 级别：第一次发尘结束后，直到终阻力，进行至少 4 次发尘（过滤器阻力接近 100Pa、150Pa、200Pa、250Pa 时结束每次发尘）M 和 F 级别：第一次发尘结束后，直到终阻力，进行至少 4 次发尘（过滤器阻力接近 100Pa、150Pa、250Pa、350Pa 和 450Pa 时结束每次发尘）发尘浓度为 (70±7) mg/m³	容尘量试验结束之前至少均匀分 4 次加尘，发尘浓度为 (70±7) mg/m³	第一次发尘结束后，直到终阻力，进行至少 4 次发尘（空气净化装置阻力相对于初阻力增量达到终阻力与初阻力差值的 1/4、1/2、3/4 时以及空气净化装置达到终阻力时结束每次发尘）发尘浓度为 (70±7) mg/m³
	容尘量	平均计重效率与总发尘量的乘积	平均计重效率与总发尘量的乘积	各容尘阶段受试过滤器容尘量之和	各容尘阶段受试过滤器容尘量之和

不同标准试验用气溶胶　　　　　　　　　　　　表 7-5

项目	BS EN 16890：2016	BS EN 779：2012	ANSI/ASHRAE Standard 52.2-2017	GB/T 14295—2019	GB/T 34012—2017
试验用气溶胶	DEHS 液态气溶胶＋KCl 固态气溶胶	DEHS 液态气溶胶	KCl 固态气溶胶	KCl 固态气溶胶	KCl 固态气溶胶
发生装置	Laskin 喷嘴＋大粒径气溶胶发生器	Laskin 喷嘴	大粒径气溶胶发生器	大粒径气溶胶发生器	大粒径气溶胶发生器
粒径范围	$0.2\sim3.0\mu m$ $0.3\sim10.0\mu m$	$0.2\sim3.0\mu m$	$0.3\sim10.0\mu m$	$0.3\sim10.0\mu m$	$0.3\sim10.0\mu m$
测试粒径	$0.3\sim1.0\mu m$ $1.0\sim10.0\mu m$	$0.4\mu m$	$0.3\sim1.0\mu m$、$1.0\sim3.0\mu m$ 和 $3.0\sim10.0\mu m$	$\geqslant0.5\mu m/\geqslant2.0\mu m$	PM_x（采用粉尘仪测试）

计数效率试验依据 BS EN 779：2012、ANSI/ASHRAE Standard 52.2-2017 和 GB/T 14295—2019，如表 7-4 和表 7-5 所述，各标准测试的计数效率方法相同，但测试粒径和评价方法有所差别，GB/T 14295—2019 测试空气过滤器的初始计数效率，而 BS EN 779：2012 和 ANSI/ASHRAE Standard 52.2-2017 则是测试不同容尘阶段的计数效率，最终根据整个容尘阶段的平均计数效率进行综合评价，同时 BS EN 779：2012 需要对 F 级以上级别进行消静电处理。

PM_x 净化效率试验依据 GB/T 34012—2017 和 BS EN 16890：2016，但两者测试方法和评价方法有较大差别，GB/T 34012—2017 采用粉尘仪直接测试 PM_x 净化效率，而 BS EN 16890：2016 通过测试消静电前后的计数效率，再根据公式计算 PM_x。

计重效率和容尘量试验依据 BS EN 779：2012、ANSI/ASHRAE Standard 52.2-2017、GB/T 14295—2019 和 BS EN 16890：2016，具体的检测方法见表 7-4。

ISO 16890 系列标准以现有的欧美一般通风用过滤器测试标准（ANSI/ASHRAE Standard 52.2-2012 及 EN 779：2012）为基础，沿用目前欧美测试标准体系中在用的测试装置、测试尘源、测试仪器及相应的测试方法，通过规定参考城镇及郊区大气尘粒径分布特征曲线，并对 $0.3\sim10\mu m$ 区间至少 12 挡粒径挡的计径效率进行测试，并依据测试结果通过计算而非直接测量的方式获得被测过滤器的颗粒物过滤效率（e_{PM}）。在参考大气尘粒径分布特征的数学表述上，由于 ISO 标准希望能沿用当前测试手段，因此放弃了对小于 $0.3\mu m$ 粒子的描述，而是选择大气尘通常所认知的三模态分布中的细模态与粗模态 2 个对数正态分布按规定比例分别组合成参考大气尘特征粒径分布。图 7-4 显示了该标准所规定

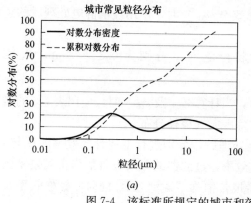
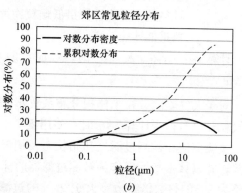

图 7-4　该标准所规定的城市和郊区参考大气尘粒径分布特征曲线

（a）城市；（b）郊区

的城市和郊区参考大气尘粒径分布特征曲线，表 7-6 给出了当采用 ISO 16890-2：2016 所推荐的计数器粒径分挡时，计算得到的城市和郊区参考大气尘体积分布系数。

城市和郊区参考大气尘离散粒子体积分布系数 q_3（$\bar{d}_i$）　　　　　表 7-6

光学粒径（μm）				大气尘离散粒子体积分布系数 $q_3(\bar{d}_i)$	
d_i （μm）	d_{i+1} （μm）	平均粒径 $\bar{d}_i=\sqrt{d_i \cdot d_{i+1}}$ （μm）	$\Delta \ln d_i = \ln(d_{i+1}/d_i)$	城市	郊区
0.30	0.40	0.35	0.29	0.22627	0.09412
0.40	0.55	0.47	0.32	0.19891	0.08395
0.55	0.70	0.62	0.24	0.15837	0.07432
0.70	1.00	0.84	0.36	0.11522	0.07014
1.00	1.30	1.14	0.26	0.08503	0.07628
1.30	1.60	1.44	0.21	0.07618	0.08833
1.60	2.20	1.88	0.32	0.08022	0.10804
2.20	3.00	2.57	0.31	0.09984	0.13726
3.00	4.00	3.46	0.29	0.12688	0.16708
4.00	5.50	4.69	0.32	0.15556	0.19542
5.50	7.00	6.20	0.24	0.17757	0.21671
7.00	10.0	8.37	0.36	0.19157	0.23143

注：i 为计数器测试粒径挡编号；d_i 为测试粒径挡下限粒径，μm；d_{i+1} 为测试粒径挡上限粒径，μm。

具体测试过程上，过滤器计径效率测试与 ANSI/ASHRAE Standard 52.2-2012 标准一致，而后按式（7-1）计算颗粒物过滤效率 e_{PM}：

$$e_{PM_x} = \frac{\sum_{i=1}^{n} E_i q_3(\bar{d}_i) \Delta \ln d_i}{\sum_{i=1}^{n} q_3(\bar{d}_i) \Delta \ln d_i} \tag{7-1}$$

式中：x——粒径范围；

　　　n——用于效率计算的计数器粒径挡数量；

　　　E_i——第 i 挡粒径所对应的计径效率，当计算平均颗粒物过滤效率 e_{PM_x} 时，使用平均计径效率，当计算最低颗粒物过滤效率 $e_{PM_{x,\min}}$ 时，使用经消静电处理后的过滤器最低计径效率。

计算 e_{PM_1}，$e_{PM_{2.5}}$ 及 $e_{PM_{10}}$ 时，对应计算的粒径范围 x 分别为 $0.3 \sim 1.0\mu m$，$3.0\mu m$，$10.0\mu m$。

对于大气尘离散粒子体积分布系数 $q_3(\bar{d}_i)$，当计算 e_{PM_1} 及 $e_{PM_{2.5}}$ 时，使用表 7-6 的城市大气粒径分布；当计算 $e_{PM_{10}}$ 时，使用表 7-6 的郊区大气粒径分布。

实验室应在被测过滤器初始状态及消静电处理后，分别进行上述计径效率测试与 e_{PM} 计算，并以算术平均值作为被测过滤器的标称效率，过滤器的分级报告值为实测效率向下圆整为 5% 的整数倍，效率大于 95% 的过滤器报告值为 ">95%"，同时，标称效率及消静电处理后的最低效率均应满足表 7-7 的分组最低效率要求。

ISO 16890 标准规定的过滤器分组最低效率要求　　　　表 7-7

分组	过滤效率限值（%）			级别报告值
	$e_{PM_1,min}$	$e_{PM_{2.5},min}$	$e_{PM_{10}}$	
ISO Coarse			<50	初始状态下计重效率
ISO $e_{PM_{10}}$			≥50	$e_{PM_{10}}$
ISO $e_{PM_{2.5}}$		≥50		$e_{PM_{2.5}}$
ISO e_{PM_1}	≥50			e_{PM_1}

2. 微生物

对于微生物的检测，目前国内关于空气过滤器对微生物净化性能的检测主要依据 GB/T 34012—2017[2] 以及 GB 21551.3—2010 两个标准。其中 GB/T 34012—2017 适用于空气过滤器在额定风量下对微生物一次通过去除能力的评价，而 GB 21551.3—2010 则是将空气过滤器安装在净化装置上，在模拟环境舱中对装置单位时间内的除菌率进行评价。其具体测试评价方法对比如表 7-8 所示。

微生物净化性能评价方法对比　　　　表 7-8

序号	项目	GB/T 34012—2017	GB 21551.3—2010
1	测试原理	在空气净化装置入口段发生一定浓度的微生物，分别测定装置入口处和出口处管道空气中微生物浓度，通过空气净化装置入口处和出口处管道空气中微生物浓度之差与入口处管道空气中微生物浓度之比，得出空气净化装置对微生物的净化效率	在规定时间内，分别测定对照组和试验组中菌落的初始数值和结束时数值，并依据标准中给定公式计算出对空气中细菌和微生物的抗菌、除菌率
2	测试设备	宜选用负压空气动力学试验台	30m³ 模拟试验舱
3	试验菌源	试验菌种为白色葡萄球菌 8032，使用其他微生物进行试验时，测试结果应注明菌种名称及编号	白色葡萄球菌 8032 或其他适用非致病性微生物
4	方法要点	评价试验分为对照组试验和试验组试验两部分，即在不安装空气过滤器以及安装空气过滤器两种情况下分别进行试验，试验组试验应不少于 3 次，以平均值作为被测空气过滤器的微生物净化效率，并且在净化效率评价过程中要包含对照组试验结果即自然消亡的影响	评价试验分为对照组试验和试验组试验两部分，对照组为将样机所有具有除菌、杀菌功能的零部件拆除或者将除菌、杀菌功能设定为不工作状态，试验组为样机的最高除菌条件状态。两组试验要求为同步进行

3. 化学污染物

关于空气过滤器对气态化学污染物净化效率的评价测试方法，在标准 GB/T 34012—2017[2]、ISO 10121-2：2013[8]、ANSI/ASHRAE Standard 145.2-2011[11] 中均有相关规定。对于化学污染物净化效率的测试方法，三个标准中基本相同，不同的是 ISO 10121-2：2013、ANSI/ASHRAE Standard 145.2-2011 更注重强调的是容污量，即在给定试验条件下和规定试验终点时，滤材或过滤器可容纳的选定吸附质的量。具体的净化效率评价方法对比见表 7-9。

化学污染物净化效率评价测试方法对比   表 7-9

序号	项目	GB/T 34012—2017	ISO 10121-2：2013	ANSI/ASHRAE Standard 145.2-2011
1	测试原理	在空气净化装置入口段发生一定浓度的气态污染物，分别测定装置入口处和出口处管道空气中气态污染物浓度，通过空气净化装置入口、出口空气中气态污染物浓度之差与入口空气中气态污染物浓度之比，得出空气净化装置对气态污染物的净化效率	对于特定气体试验，在设定的风量、温度、相对湿度条件下对过滤器进行预处理，至温湿度与受试过滤器平衡且稳定，在测试风道上游加载选定浓度污染物，采用原位在线技术测试过滤器上下游气体浓度，计算初始净化效率	对于特定气体试验，在设定的风量、温度、相对湿度条件下对过滤器进行预处理，至温湿度与受试过滤器平衡且稳定，在测试风道上游加载选定浓度污染物，采用原位在线技术测试过滤器上下游气体浓度，计算初始净化效率
2	试验条件	试验用空气温度宜为 (23 ± 2)℃，相对湿度宜为 (50 ± 10)%	推荐试验温度为 23℃，相对湿度 50%，也可按照实际应用时的参数进行	温度为 (25 ± 2)℃，相对湿度 (50 ± 10)%
3	上游污染物浓度	宜在测试过程中维持 (3 ± 0.5) S（S 为 GB/T 18883 规定的污染物浓度限量）的稳定污染物浓度。风道系统上游取样截面气态污染物浓度不均匀性不应大于 15%，30min 内气态污染物浓度波动不应大于 10%	推荐污染物给定浓度值：二氧化硫为 450ppb，氨气为 450ppb，甲苯为 5ppm	各污染物的初始浓度给出高、低两种选择
4	目标污染物	推荐污染物种类：甲醛、苯、甲苯、TVOC、二氧化硫、一氧化碳、氨	酸性气体：二氧化硫、二氧化氮、氮氧化物、硫化氢、醋酸；碱性气体：氨、N-甲基 2 吡咯烷酮；VOC 气体：甲苯、异丙醇、异丁醇、正己烷、四氯乙烯、甲醛、硫醇、乙醇、丁酮、丙酮、正丁烷；其他气体：臭氧、氯气、一氧化碳、二氧化碳	酸性气体：二氧化硫、氯化氢、硫化氢、氮氧化物；醛类：甲醛、乙醛、己醛；碱性气体：氨、N-甲基 2 吡咯烷酮；氧化性气体：臭氧；VOC 气体：甲苯、丁酮、丙酮、苯、环己烷、环戊烷、二氯甲烷、乙醇、正己烷等；战争毒剂：DMMP

　　ISO 10121-1：2014 则是对空气净化滤材进行测试评价的标准，其中规定的测试项目与测试条件与 ISO 10121-2：2013 基本一致，区别在于检测装置因测试对象的不同而不同。另外，美国标准 ANSI/ASHRAE Standard 145.1-2015 与 ANSI/ASHRAE Standard 145.2-2011 也属同样情况。

　　4. 电气安全

　　电气安全是静电空气过滤器的重要安全指标，有关空气净化装置的电气安全方面的标准规范很多，有 GB 4706.45—2008、GB/T 14295—2019 和 SN/T 1589.7—2013 等，这些标准均以 GB 4706.45—2008 内容为基础，只是结果评价上略有差别，相关内容见表 7-10。

电气安全检测内容 表 7-10

标准号	检测项目
GB 4706.45—2008	输入功率、电流、电气强度、泄漏电流、瞬态过电压、耐潮湿、臭氧等
SN/T 1589.7—2013	防触电、输入功率、电流、电气强度、泄漏电流、接地电阻、机械危险等
GB/T 14295—2019	功率、工作电压、电气强度、泄漏电流、接地电阻、臭氧等

5. 环境影响因素

空气过滤器是消除污染净化空气的重要设备之一，但是在使用中也会对环境造成负面影响。比如：静电过滤器作为除尘单元，工作电压过高，有可能引起臭氧浓度超标；光触媒式空气净化器安装不善则可能发生紫外线泄漏。针对这些问题，GB/T 34012、JG/T 294 和 GB/T 14295 分别提出了安全卫生要求，臭氧增加量和紫外线泄漏量限量要求见表 7-11。臭氧增加量指被测样品前后空气中臭氧浓度之差，紫外线泄漏量指紫外灯开启前后装置周围紫外线强度测试值之差。

臭氧和紫外线标准要求比较 表 7-11

标准编号	臭氧增加量（mg/m³）	紫外线泄漏量（μW/cm²）
GB/T 34012	0.10	5
JG/T 294	0.16	5
GB/T 14295	0.05	—

脱尘现象是造成室内环境污染的主要影响因素，主要包括三方面：

（1）二次扬尘：随着过滤器上集尘量的增加，下列因素可能导致已捕集颗粒物的脱落并被气流带走。影响因素包括：①新来的粒子撞击已捕集的粒子，导致其脱落并被气流带走；②滤材缝隙被已捕集粒子占据而导致缝隙间风速提高，阻力上升使滤材受压缩，从而进一步提高了缝隙间的风速，这些都会增强气流对已捕集粒子的拖曳作用，致使部分颗粒物再飞散；③运行过程中滤料抖动，造成积尘在滤材内部的重新分布，伴随着积尘的即时逃逸。低效率过滤器的二次扬尘现象比高效过滤器更显著。

（2）颗粒物反弹：粒子与滤材的纤维表面或已被捕集的粒子碰撞，理想情况下，即刻被捕集。小粒子、低风速时，吸附能远大于悬浮粒子的动能，因此，粒子一旦被捕捉，不太可能从过滤器上脱落。随着粒径的增大和风速的提高，粒子的动能相应增加，因此大粒子可能在滤材纤维上"反弹"。反弹后的粒子动能降低，在与随后的纤维碰撞时被捕捉。若后面没有纤维，粒子就跑掉了，造成该粒径范围的粒子过滤效率的降低。低效率过滤器的粒子反弹效应比高效率过滤器更为显著。

（3）滤材本身纤维及颗粒物的脱落：某些滤料可能含有易脱落的松散纤维或颗粒物。使用过程中，特别是遇到紊流、风量变化或启停，这些物质有可能释放到气流中。此类脱尘的多少取决于滤材的纤维结构、滤材的整体性、滤材在风速变化时的稳定性、过滤器选材的稳定性。与正常环境下通过过滤器的灰尘总量相比，过滤器自身纤维或颗粒物的脱落量通常可忽略不计。

7.3 新风净化机

新风机按照净化模式、送风形式和热回收模式可分为四种模式：单向流新风机（不带热回收)、双向流热回收新风机、单向流＋内循环新风机(不带热回收)和双向流热回收＋内循环新风机。双向流热回收新风机也被称为空气-空气能量回收装置。

新风机检测指标主要有三方面,分别为性能指标、安全指标和环境影响指标。性能指标包括通风性能(风量、风压、输入功率、有效换气率)、热回收效果(交换效率)和污染物净化效率等;安全指标主要指电气安全等;环境影响指标包括噪声、臭氧和紫外线等。本文对新风机相关检测标准做了详细的介绍,希望为新风机标准推广应用起到积极作用,为标准编制或修订提供建议,促进新风行业的健康发展。

7.3.1　相关标准介绍

目前,国内新风机检测标准主要有 GB/T 21087—2007[13] 和 GB/T 34012—2017,有关污染物净化效果的测试也可依据 GB/T 14295—2019、JG/T 294—2010[14]、GB/T 18801—2015[15] 等标准,各标准相关信息见表 7-12。各标准适用范围、检测项目、检测方法都不尽相同。GB/T 21087 和 GB/T 34012 是国内新风机检测主要的测试依据,由中国建筑科学研究院主编,GB/T 34012 标准主要包括通风性能、污染物净化效率、电气安全和环境影响因素等项目;GB/T 21087 标准主要侧重于热回收新风机通风性能、热回收效果、电气安全和噪声等,不涉及污染物净化效率测试,两个标准相互补充,相得益彰。

为了便于新风机推广应用,统一新风系统工程实施过程中的技术要求,保证工程质量,先后颁布了 JGJ/T 440—2018 和 DB11/T 1525—2018。

在欧美等发达国家,新风机普及率远高于我国。自 20 世纪 90 年代开始,部分国家和地区相继发布了相应的标准,包括 EN 308—1997[16]、JIS B 8628—2017[17]、ANSI/ASHRAE 84—2013[18]、ANSI/AHRI 1061—2014[19]、EN 13141-8:2014[20] 和 EN 13141-11:2015[21],相关内容见表 7-13。以上几个标准的规定不完全一致,标准涵盖的范围、分类及试验的标准工况和评定规则等都不尽相同,这与标准使用的地区有很大关系。由于其欧洲大部分地区纬度高,气候寒冷,能量回收中冬季制热因素多,欧洲标准工况只对热工况提出了要求,而日本南北气候相差较大,同时对冷热工况提出了要求。EN 13141-11 包括风量、输入功率、漏风量等指标,不涉及交换效率测试,而其他几个标准都涉及交换效率测试。

国内新风机检测标准　　　　　　　　　　　　　　　　表 7-12

标准编号	标准名称	主编单位	适用范围	主要项目
GB/T 34012—2017	通风系统用空气净化装置	中国建筑科学研究院	通风和空调用空气净化装置	风量、机外静压、输入功率、净化效率、净化能效、臭氧、紫外线、电气安全等
GB/T 21087—2007	空气-空气能量回收装置	中国建筑科学研究院	采暖、通风、空调和净化系统中的能量回收装置	风量、出口全压、静压损失、输入功率、漏风率、有效换气率、交换效率、噪声、凝露、电气安全等
GB/T 14295—2019	空气过滤器	中国建筑科学研究院	通风、空调调节和净化用干式过滤器	阻力、效率、容尘量、臭氧、电气安全、清洗、防火和储存等
GB/T 18801—2015	空气净化器	中国家用电器研究院	家用和类似用途空气净化器	洁净空气量、累计净化量、微生物去除、噪声、电气安全等
JG/T 294—2010	空气净化器污染物净化性能测定	中国建筑科学研究院	单体式和模块式空气净化器	阻力、净化效率、净化寿命、臭氧、紫外线等

国外新风机检测标准 表 7-13

标准编号	标准名称	主编单位	适用范围	主要项目
EN 308—1997	空气-空气和烟气余热回收装置性能测试程序	RHE/30 技术委员会	实验室测试空气-空气通风空调用热交换器和在建筑物内烟气能量回收装置	风量、静压损失、箱体漏风、内部漏风率、旁通量、换热效率等
JIS B 8628—2017	空气-空气热交换器	日本工业机械技术委员会	以空调节能为目的的住宅舒适性空调使用的全热交换器	风量、静压损失、有效换气量、输入功率、交换效率、结露、电压波动、电机温升、耐压、湿热试验、淋雨试验、噪声
ASHRAE 84—2013	空气-空气能量交换装置测试方法	美国采暖、制冷与空调工程师学会-84 项目委员会	旋转能量回收轮、热管换热器、盘管回收换热器等	交换效率、漏风率、静压损失等
AHRI 1061—2014	通风设备用空气-空气能量回收装置性能评价	美国空调、制热和制冷学会	通风系统中使用的空气-空气热交换器	风量、静压损失、有效换气量、交换效率等
EN 13141-8：2014	住宅通风部件/产品性能测试-第8部分独立房间用无风管机械通风装置（含热回收）性能测试方法	CEN/TC 156 建筑通风技术委员会	独立房间用无风管机械通风装置（含热回收）	风量、输入功率、内部漏风率、内部/外部气密性、有效换气量、交换效率、噪声
EN 13141-11：2015	住宅通风部件/产品性能测试-第11部分新风机	RHE/2 建筑通风技术委员会	住宅用新风机	风量、输入功率、漏风率、噪声

7.3.2 检测装置

不同标准涉及的检测设备见表 7-14。新风机风量和风压检测装置一般分为两类，一类是喷嘴箱测量装置，一类是风管和皮托管测量装置，实验室测试通常采用喷嘴箱测量装置，除测试装置外，风量和风压测试仪器还包括大气压测量仪表、温湿度测量仪表和压力测量仪表等。有效换气率检测设备包括流量测量装置、二氧化碳发生室、气体混合器、气体取样器、温湿度测量仪器、压力测量仪器、气体浓度测量装置等。交换效率测试装置分为风管法和两室法两类。风管法检测装置由冷却器、加热器、加湿器、静压箱、空气流量测量装置、静压环、空气取样装置和辅助风机组成，管路要保温隔热处理，保证温湿度测量准确，风量测量段宜分别测量进风和排风风量。两室法测试装置由两个恒温恒湿的小室、空调机、测试管道、辅助风机等组成。噪声需在消声室或半消声室内测试，测试仪器为声级计。

污染物一次通过净化效率测试主要依据 GB/T 34012 或 JG/T 294，而具有内循环功能的新风机，可以参照 GB/T 18801 或 JG/T 294 等标准测试洁净空气量或循环净化效率等。污染物一次通过净化效率检测装置通常由风道系统、污染物发生装置和测量仪表三部分组成。风道系统为检测提供所需测试平台，由风机、风管、净化箱、流量测量装置等组成。污染源发生装置根据测试对象不同主要有以下几类：颗粒物通常采用气溶胶作为测试尘源，发尘器采用大粒径气溶胶发生器或 Laskin 喷嘴喷雾发生器，前者发生固态微粒，后者发生液态微粒；微生物气溶胶由微生物物气溶胶发生器发生；甲醛和 VOC 等化学污染物发生装置从发生原理上分为两类，一类是热挥发型，将液态污染物加热变为气体，通过高压气流带入测试管道中，另外一类是催化型，液态甲醇通过催化模块，变成甲醛气体。颗粒物测试仪器有粉尘测试仪和粒子计数器等；微生物测试设备有撞击式空气微生物采样器、恒温培养箱和洁净工作台等；化学污染物测试仪器有大气采样仪、分光光度计、气相色谱仪和一些便携式测试仪器等。

新风机检测设备　　　　　　　　　　表 7-14

检验项目	GB/T 21087	GB/T 34012	ASHRAE 84	AHRI 1061	EN 308	JIS B 8628	EN 13141-8
风量和风压	喷嘴风量测量装置或风管和皮托管	喷嘴风量测量装置或风管和毕托管	喷嘴风量测量装置	喷嘴风量测量装置	风管和皮托管	喷嘴风量测量装置或风管和皮托管	—
有效换气率	风管、二氧化碳气体等	—	风管、六氟化硫等	风管、六氟化硫等	—	风管、二氧化碳等	风管、示踪气体
热交换效率	两室法装置和风管法装置	风管法装置	风管法装置	风管法装置	风管法装置	两室法装置和风管法装置	—
净化效率	—	空气动力学试验台、污染物发生装置等	—	—	—	—	—
噪声	消声室或半消声室	消声室或半消声室	—	—	—	消声室或半消声室	消声室或半消声室或非消声室

7.3.3　检测方法

1. 通风性能

新风机通风性能依据 GB/T 21087 或 GB/T 34012 测试，将新风机连接到测试台，通过压差计测试新风机出口静（全）压，调节测试台风机转速，直到满足试验要求，通过测量喷嘴前后压差，计算得出新风机风量，功率计测量新风机输入功率。实验中可以规定出口静压（比如 50Pa），测试新风机风量和输入功率，也可以规定新风机风量（比如300m³/h），测试新风机出口静压和输入功率。可选取多个工况进行测试，绘制标况下新风机风量、风压、输入功率特性曲线。双向流新风机需同时测试新风和排风风量。GB/T 21087 要求标准空气状态风量为试验风量，并未同输入功率等参数一样转化为标况，不利于实验室间数据比较，建议风量同输入功率和风压一样转换为标况。GB/T 21087 要求实测输入功率转换成标况，但未指明采用何处的空气密度，新风入口或出口处温度不同，密度会有差异，表述不清晰给数据处理带来困扰。GB/T 21087 和 GB/T 34012 要求实测风量不小于名义值的 95%。

2. 有效换气率

有效换气率是体现新风和排风混合率的指标，有效换气率越高，说明新风和排风隔绝越好，反之，则说明新风和排风存在混风，设备内部气密性不佳。有效换气率测试是进行交换效率测试的前提条件，GB/T 21087 要求有效换气率不小于 90%，有效换气率满足要求后，才可进行交换效率测试。

采用 CO_2 作为示踪气体，调整样机的新风、排风出口静压达到新风机规定的名义值，然后释放 CO_2，并使其浓度满足 0.5%～5% 范围，在新风侧进风、出风和排风进风三点同时测试 CO_2 浓度，通过计算得出有效换气率。ANSI. AHRI 1061 和 ASHRAE 84 测试有效换气率的方法与 GB/T 21087 类似，但示踪气体采用 SF_6，ANSI. AHRI 1060 要求实验过程中空气湿度稳定，相对湿度保持在 20%～60% 之间。与我国和美国标准不同，JIS B 8628 测试有效换气量，其测试方法有两种，一种方法同 GB/T 21087 相同，采用风管法，用 CO_2 做示踪气体，另一种方法为衰减法，将新风机安装在一个房间内，房间体积为15～30m^3，房间自然换气次数为 0.3 次/h，在室内释放一定浓度的 CO_2，定时检测室内 CO_2 浓度，通过 CO_2 浓度衰减计算得到实验过程中室内换气量，扣除自然换气量，得出有效换气量。

3. 交换效率

新风机按照装置换热类型分为全热型和显热型两类。交换效率可以由温度交换效率、湿量交换效率和焓交换效率表示，按照排风进风和新风进风的干、湿球温度状态，分为制热工况和制冷工况。测试方法分为风管法和两室法两种。本书只介绍两室法，将样机安装在测试舱内，调整测量设备，控制被试装置的静压为风量和风压试验对应的名义值，测量新风机的新风量、排风量和输入功率。被测装置必须在标准工况下连续运行 30min 后才能测量，随后连续测量 30min，按照相等的时间间隔记录空气的各项参数，至少记录 4 次数值，由测试数据计算得出交换效率。在国内，显热型新风机交换效率通常用温度交换效率表示，全热型新风机交换效率通常用焓交换效率表示，且需要等风量测试。NSI. AHRI 1061、ASHRAE 84、JIS B 8628 和 GB/T 21087 测试方法基本相同，测试工况和评价方法略有不同，详见表 7-15。

值得一提的是，GB/T 21087 要求交换效率在等风量下测试，即新风风量和排风风量相同，但是实际应用中，为了营造室内正压的环境，新风风量往往大于排风风量，如何测试和评价非等风量下交换效率，值得深入研究。目前，市场上非等风量新风机比重很高，因此，建议标准修编时补充相关方法。另外，GB/T 21087 中两室法要求样机安装在两室中间位置，但是对于落地式或壁挂式新风机，很难实现，往往是安装在其中一室内，通过管道联通另外一室，这种安装方式对交换效率测试结果无影响，但是对于凝露实验影响较大，有可能在样品外壳形成结露。

交换效率检测标准比较　　表 7-15

项目	GB/T 21087	EN 308	AHRI 1060	JIS B 8628	EN 13141-8
试验工况	制冷工况：室外侧干球温度 35℃、湿球温度 28℃，室内侧干球温度 27℃、湿球温度 19.5℃；制热工况：室外侧干球温度 5℃、湿球温度 2℃，室内侧干球温度 21℃、湿球温度 13℃	仅有制热工况，分 I、II、IIIa、IIIb 四种模式。I、II、IIIa 三种模式相同，室外侧干球温度 5℃、湿球温度无要求，室内侧干球温度 25℃，湿球温度小于 14℃；IIIb 模式室外侧干球温度 5℃、湿球温度 3℃，室内侧干球温度 25℃、湿球温度小于 18℃	制冷工况：室外侧干球温度 35℃、湿球温度 26℃，室内侧干球温度 23℃、湿球温度 17℃；制热工况：室外侧干球温度 2℃、湿球温度 1℃，室内侧干球温度 21℃、湿球温度 14℃	制冷工况有 4 种：室外侧干球温度保持 35℃、湿球温度（23, 24, 31, 24）℃，室内侧干球温度（21, 24, 27, 27）℃，湿球温度（15, 17, 20, 19）℃；制热工况有 3 种：室外侧干球温度（2, 5, 7）℃、湿球温度（1, 3, 6）℃，室内侧干球温度（21, 20, 20）℃、湿球温度（14, 15, 12）℃	仅有制热工况，分为标准测试工况 1（强制）、2（1 型强制 2 型可选）、3（可选）和寒冷气候测试工况 4（可选）；这里只介绍对所有机组强制要求的标准工况 1：室外侧干球温度 7℃，室内侧干球温度 20℃、湿球温度 12℃
性能要求	制冷工况：焓效率大于 50%；温度效率大于 60%；制热工况：焓效率大于 55%；温度效率大于 65%；实测值不小于名义值的 90%	—	温度效率不低于名义值的 95%，不高于名义值的 +2%；湿量效率不低于名义值的 93%，不高于名义值的 +2%	名义值的 90% 以上	—

4. 净化效率

在新风机检测中常把 $PM_{2.5}$ 颗粒物净化效率作为最主要的考核指标之一。GB/T 34012 标准涉及 $PM_{2.5}$ 净化效率检测和判定方法，详细内容见表 7-16。根据净化效率不同，将产品判定为 A、B、C、D 四级。如果测试计数效率，可依据 GB/T 14295；若测试 PM_{10} 净化效率，可依据 GB/T 34012 和 JG/T 294。

PM$_{2.5}$净化效率检测标准 表 7-16

项目	GB/T 34012
尘源	KCl
粒度特点	多分散固相粒子
浓度范围	$(150\sim750)$ $\mu g/m^3$
环境要求	$18\sim28℃$，$30\%\sim70\%$
性能要求	A：$E_W>90\%$ B：$70\%<E_W\leqslant90\%$ C：$50\%<E_W\leqslant70\%$ D：$20\%<E_W\leqslant50\%$

新风机也是消除微生物污染的一类重要方法，涉及微生物检测的标准有 GB/T 34012 或 JG/T 294，相关内容见表 7-17。GB/T 34012 采用白色葡萄球菌 8032 作为污染物，JG/T 294 则采用空气中的自然菌，相比白色葡萄球菌，自然菌浓度不易控制，且受外界因素干扰较大，在现场检测中，考虑操作性和现场情况复杂性等原因，可采用自然菌，但是在实验室检测中，建议采用白色葡萄球菌或一些低致病性的菌种。两个标准判定规则不同，JG/T 294—2010 要求微生物一次通过净化效率≥50%为合格，GB/T 34012 则依据净化效率不同分为 A、B、C、D 四级。

化学污染物净化效率检测主要依据 GB/T 34012 或 JG/T 294，因测试频次不高，不做细致比较。由于国情不同，国外的几个标准不涉及净化指标测试。

微生物净化效率检测标准比较 表 7-17

项目	JG/T 294	GB/T 34012
菌种	空气中自然菌	白色葡萄球菌 8032
培养基	营养琼脂培养基	营养琼脂培养基
菌量要求（cfu/m³）	无要求	2500～25000
采用流量（L/min）	28.3	28.3
采样时间（min）	0.5～5	未要求
性能要求	≥50%为合格	A：$E_W>90\%$ B：$70\%<E_W\leqslant90\%$ C：$50\%<E_W\leqslant70\%$ D：$20\%<E_W\leqslant50\%$

5. 洁净空气量和净化能效

对于自循环功能的新风机，洁净空气量和净化能效也是重要的考核指标。颗粒物和气态污染物的洁净空气量、累积净化量和净化能效测试依据 GB/T 18801 标准，详见表 7-18。对微生物去除性能测试应符合 GB/T 21551.3 的要求。

洁净空气量和净化能效测试　　　　　　　　　　　表 7-18

项目	颗粒物	气态污染物
污染源	红塔山牌香烟	甲醛、甲苯等
浓度范围	初始时，大于等于 $0.3\mu m$ 粒子浓度应该在（$10^6 \sim 2 \times 10^7$）个/L	初始浓度选择在 GB/T 18883 标准规定浓度限值的（10 ± 2）倍
环境要求	23～27℃，40%～60%	
性能要求	高效级：$\eta_{颗粒物} \geqslant 5$ 合格级：$2 < \eta_{颗粒物} \leqslant 5$	高效级：$\eta_{气态污染物} \geqslant 1$ 合格级：$0.5 < \eta_{气态污染物} \leqslant 1$

6. 电气安全

电气安全是新风机安全运行的重要指标之一，有关新风机电气安全方面的标准有 GB/T 21087、GB/T 34012 和 JIS B 8628，其检测项目见表 7-19。

电气安全检测标准比较　　　　　　　　　　　　表 7-19

标准编号	检测项目
GB/T 21087	凝露、电气强度（热态和冷态）、绝缘电阻（冷态和热态、淋水后）、泄漏电流（热态）、接地电阻（冷态）、湿热
GB/T 34012	电气强度（冷态）、泄漏电流（冷态）、接地电阻（冷态）、绝缘电阻（冷态）
JIS B 8628	凝露、启动、电压波动、电机温升、绝缘电阻（冷态和热态、淋水后）、电气强度（热态和冷态）等

注：1. 冷态指常温常湿状态，热态指经过凝露 4h 停机立即测试；
　　2. 湿热实验为温度 40℃，相对湿度 90% 保持 48h 后立即测试绝缘电阻和电气强度；
　　3. 淋水绝缘电阻针对安装在室外的新风机，对安装在室内新风机不需测试此项。

7. 环境影响指标

噪声是人们比较关注的测试项目之一。国内新风机噪声测试依据标准有 GB/T 21087 和 GB/T 34012，其中 GB/T 21087 较为全面，包含多种安装模式。JIS B 8628、EN 13141-8、EN 13141-11 规定了噪声测试方法，而 ANSI. AHRI 1060、ASHRAE 84、EN 308 标准没有涉及。GB/T 21087、JIS B 8628、EN 13141-8 和 EN 13141-14 噪声测试异同点见表 7-20。新风机噪声测试关键在于测点位置选择和风管安装，安装方式或者测点位置不同，都会引起测试结果差异。根据安装模式不同，GB/T 21087—2007 和 JIS B 8628 分别规定了 6 种和 8 种测试方法。

噪声测试标准对比　　　　　　　　　　　　　　表 7-20

项目	GB/T 21087	JIS B 8628	EN 13141-8	EN 13141-11
测试环境	消声室或半消声室，半消声室地面为反射面	反射音影响小，测试噪声和背景噪声之差超过 8DB（A）	消声室或半消声室、非消声室	混响室、消声室或半消声室、双室法
测试前运行情况	测试前运行 15min	无要求	无要求	无要求
连接管道	进出风口宜通过管道与室外相连	无要求	无要求	无要求

项目	GB/T 21087	JIS B 8628	EN 13141-8	EN 13141-11
静压要求	机外静压调节至名义值或约定值	无要求	无要求	无要求
安装模式	6种安装模式，包括壁挂式、立式、落地暗装、吊顶卧式明装、吊顶卧式暗装、卡式	8种安装模式，包括壁挂式（两种）、立式、落地（中小型、大型）、吊顶卧式明装、吊顶卧式暗装、卡式	安装要求距离墙的交叉处以及墙角1m以上（除典型测试外）	包括混响室法、消声室或半消声室或非消声室法、两室法、导管单元法等
性能要求	≤名义值+1dB（A）	≤名义值+3dB（A）		

　　新风机是消除室内空气污染的重要措施之一，但是使用不当，不但无益，反而有害。有些新风机采用静电过滤器作为除尘单元，工作电压过高，有可能引起臭氧浓度超标，光触媒式空气净化器安装不善则可能发生紫外线泄漏，高效过滤器存在的脱尘现象，相关论述见本书 7.1.3.5 章节。

7.4　现行标准面临争议与挑战

7.4.1　现行标准中存在问题

　　ISO 16890 系列标准是国际上首个基于实际市场需求导向的技术标准，直接迎合了普通消费者对过滤器及各类净化器的 PM 净化效率解读需求，因此在全球范围内尤其是我国引起了较为热烈的讨论。但应清楚意识到，标准尤其是国际标准更多体现的是对现有成熟技术的总结与妥协。以下对 ISO 16890 系列标准目前所面临的一些问题以及争议进行介绍。

　　1. 光散射测试手段所带来的问题

　　首先，光散射粒径既不等同于粒子的实际几何粒径，也不等同于表征其空气运动特性的空气动力学粒径。从光散射式粒子检测仪器的原理上看，粒子光散射信号强度与粒径的立方成正比，但只有针对理想球形的单一物质，方可基于这种比例关系得到所测粒子的粒径，不同物质的形状差异、光散射系数（refraction index real part，R_{IRP}）差异都将导致测量结果偏离，针对这一本质上无法解决的问题，粒子测量行业采用标定的统一方法进行妥协处理，约定采用同样的标准物质（聚苯乙烯乳胶球（PSL））作为参比物，当被测粒子与某粒径的 PSL 给出一致的光散射强度信号时，认为被测粒子粒径等同于所参比的PSL，当然被测粒子形状、光散射系数与 PSL 偏差越大，则测量误差也就越大。为验证上述观点，笔者团队以球形的油性 DEHS 气溶胶、正立方体的固体 KCl 气溶胶及实际大气尘作为测试对象，分别使用基于空气动力学直径测量的粒径迁移率分析仪（DMA）与设置不同光散射系数的光学粒子计数器进行比对测试，结果见图 7-5。从图 7-5 可以看出：即使球形的单一物质气溶胶，也难以通过仪器光散射系数的调整实现光学粒子计数器测试结果与空气动力学粒径测试仪器建立一致性；而非球形气溶胶，以及复合成分、形状复杂的大气尘，光散射测量结果与空气动力学粒径测试仪器无法建立可比性。

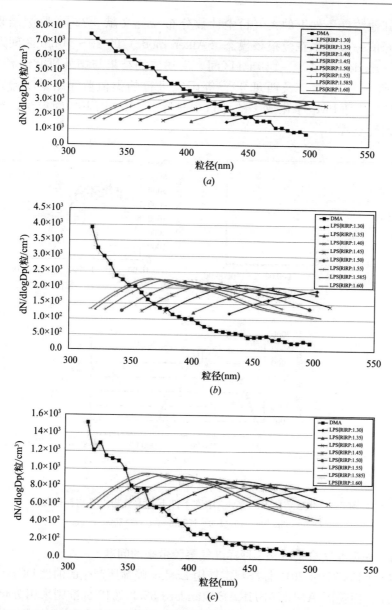

图 7-5 不同光散射系数的光学粒子计数器粒径分布测试结果与 DMA 测试结果比较

(a) 油性 DEHS 气溶胶；(b) 固体 KCl 气溶胶；(c) 实际大气尘

因此，基于光散射粒径测试最终得到的颗粒物质量浓度有别于实际值，基于该浓度所测得的净化效率，必然与其实际运行过程中的效率存在差异且不具可比性。

其次，现有的欧美标准体系均采用最小测试粒径为 $0.3\mu m$ 的光学粒子计数器作为计径效率测试手段，基于此，ISO 16890 系列标准限定了用于测量并计算颗粒物净化效率的粒径范围，无论 PM_1、$PM_{2.5}$ 及 PM_{10}，均以 $0.3\mu m$ 作为所测粒径范围的下限。但实际大气尘粒径分布的监测结果表明，小于 $0.3\mu m$ 的粒子数量占大气尘粒径整体绝对优势，笔者团队在 2015～2017 年间对北京地区不同大气污染状况下 $10nm$～$10\mu m$ 区间大气尘计数浓度分布进行统计分析，图 7-6 显示了具有代表性的大气 $PM_{2.5}$ 浓度分别为 $0～50\mu g/m^3$、$100～150\mu g/m^3$ 及 $300～400\mu g/m^3$ 时的大气粉尘粒径分布测试结果,其他浓度条件下的大气粉尘计数分布参见文献[22]。监测结果显示,大气计数浓度峰值一般发生在爱根核模态(Aiken mode)的 20～50nm 区间及凝聚模态(accumulation mode)的 100～140nm 区间。上述监测结果与国外研究学者在美国[23]、德国[24]、希腊[25]、巴西[26]及西班牙[27]等国家进行的类似监测结果吻合。因此,在 PM 净化效率尤其是 PM_1 净化效率的评价中排除 $0.3\mu m$ 以下区间粒子,缺乏足够的科学性与合理性支撑。

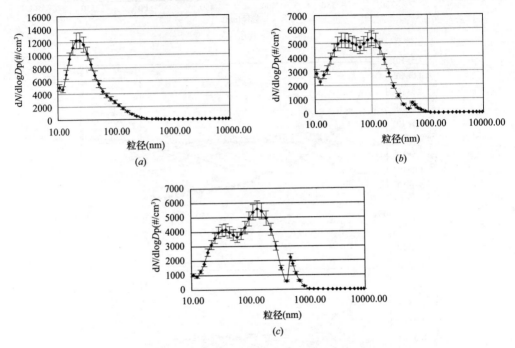

图 7-6 北京地区不同 $PM_{2.5}$ 浓度条件下的大气粉尘平均粒径分布

(a) 0～50$\mu g/m^3$; (b) 100～150$\mu g/m^3$; (c) 300～400μgm^3

2. 采用 2 种标准气溶胶而非一种标准气溶胶带来的问题

传统的欧洲 EN 779:2012 标准规定使用 Laskin 喷嘴所产生的油性 DEHS 液滴作为测试气溶胶物质,而美国 ANSI/ASHRAE Standard 52.2-2012 标准则采用雾化干燥并经静电中和处理的固体 KCl 气溶胶作为测试气溶胶。由于 ISO 16890 系列标准是基于一个相对宽的粒径范围内对多挡粒径分别测试计径效率,因此从技术角度考虑,选择一种可保证各采样粒径挡均能获取具有统计意义测试结果的单一试验粉尘即可,美国标准的 KCl 气溶胶粒径分布更分散、更符合要求,但欧洲方面不愿意让步,双方最终作了一个妥协:即对于 $1\mu m$ 以下粒子,沿用欧洲的 DEHS 气溶胶;对于 $1\mu m$ 以上粒子则采用 KCl 气溶胶。妥协的结果:一方面带来了操作层面不必要的麻烦,原本只需进行 1 次的试验必须分为 2 次、采用 2 套发尘系统完成,对于容尘量较小的各类膜过滤装置,存在试验时间延长而导致性能迁移的风险;另一方面,针对不同物性试验气溶胶,光散射式计数器存在响应差异,进而导致测试结果偏差。表 7-21 给出了分别按照 ISO 16890 系列标准采用 2 种标准测试气溶胶(DEHS 和 KCl)及只采用 1 种测试气溶胶(KCl)分别进行 $PM_{2.5}$ 净化效率测试时,所得到的相应 e_{PM} 效率对比。从试验结果来看,按照 ISO 16890 系列标准采用 2 种标准测

试气溶胶所获得 $PM_{2.5}$ 净化效率的试验结果，相比采用单一气溶胶的试验结果，其效率绝对值偏差 $10\%\sim15\%$，考虑到 ISO 标准级别标识以 5% 分挡划界，这一偏差相当大。

采用单一气溶胶和采用 2 种气溶胶的同一过滤器 e_{PM}
效率试验结果比较（单位：%）　　　　　　　　　表 7-21

试验过滤器级别	试验气溶胶	
	KCl	DEHS 和 KCl
F5	35.44	24.34
F6	47.80	31.92
F7	68.40	60.40
F8	84.95	75.12
F9	90.61	88.62

3. 过滤器的容尘试验粉尘问题

ISO 16890 系列标准所规定的过滤器容尘量试验方法与传统标准方法没有明显区别，只是在试验负荷尘方面采用 ISO 15957：2015[28] 所规定的 L2 粉尘（即 ISO 12103-1：2016《Road vehicle—test contaminants for filter evaluation—part1：Arizona test dust》所规定的 A2 细灰），这种试验粉尘源自 20 世纪 80 年代前后对于汽车用过滤器的试验负荷尘，以美国 Arizona 地区的荒漠土为主，表征对于道路扬尘的模拟，而后 ASHRAE 在此基础上按比例添加炭黑（代表大气中的燃烧产物）及纤维，形成目前世界范围内广泛使用的过滤器容尘试验负荷尘。但超过 30 年的全球使用经验表明，ASHRAE 粉尘作为过滤器负荷尘存在的主要问题有：第一，负荷尘吸湿性较强，易结块，使用前需严格烘干，否则试验结果误差较大；第二，负荷尘的全球几个主要供应商产品存在差异，使用不同供应商产品所做的过滤器容尘量试验结果不可对比。

ASHRAE 负荷尘成分中的炭黑和纤维是造成其吸湿结块的主要因素，因此 ISO 16890 系列标准摒弃炭黑和纤维而直接采用 ASHRAE 负荷尘的基础荒漠土作为负荷尘。但荒漠土作为大气尘的模拟试验手段存在明显不足，这主要是因为从形成机理上看，基于风化、破碎等机理所逐渐形成的荒漠土粒径偏大，亚微米尺度粒子占比极低，与实际大气尘偏差大，因此难以反映出过滤器处理实际大气粉尘时的性能表现，图 5 为日本学者于 2011 年做的目前在用过滤器负荷尘与全球主要城市的大气尘粒径分布比较[29]。由图 5 可以看出，有的国际标准负荷尘包括 ISO A2 细灰绝大部分为 $1\mu m$ 以上的大粒子，与实际大气尘粒径分布偏差较大，基于上述负荷尘的试验结果也难以获取反映过滤器真实性能变化的试验结果。

4. 化纤过滤材料的消静电处理问题

对于化纤过滤材料的消静电处理问题，当前 ISO 16890 系列标准及 EN 779：2012 均倾向于不管材料驻极技术好坏，一律尽可能消除全部静电后复测效率，并与未处理前的测试结果进行比对，其目的是提示用户采购过滤器材料时基于滤材纤维的过滤效率和基于静电驻极技术的过滤效率贡献占比各为多少，即认为所有静电驻极技术都是不可靠的，实际使用中均可能完全丧失。但从整个过滤行业的发展及市场实际需求来看，这种试验方法较为简单粗暴，存在以下主要问题：

第一，化纤过滤材料的静电荷保持特性与使用环境、使用时间等存在较强的关联性，若处理空气中含有油烟或各种醇类等挥发性有机物，确实会加速材料所附静电荷的快速丧失，但在一般通风用过滤器使用场所，往往不涉及上述特殊污染处理，因此用其作为所有产品的统一评价方法过于苛刻。

第二，一般通风过滤器使用时间有限，并不需要滤材永久驻极。而依据笔者所在团队对于当前国内产品的测试经验，不同供应商、不同加工工艺的化纤材料驻极特性差异显著，部分滤材驻极效果极差，静电保持时间不超过 3 天，但也有滤材确实能长时间保持其纤维所附静电。此外，目前各种新型的静电增强技术的发展也大幅提升了滤材静电保持的可靠性[30]，是否在未来国际标准化体系中一定要强调无差别的消静电处理值得进一步商榷与讨论。

第三，更低阻力及更高效率是净化过滤行业永恒的主题与前进方向，对于我国建筑物整体体量庞大、净化处理设备市场需求快速发展的市场意义尤其重大。尽管存在静电流失、效率下降问题，但采用静电驻极技术的化纤材料在相同过滤效率下的阻力确实会优于传统的玻纤过滤材料，是降低空气净化设备运行能耗的一个重要发展方向。而从行业发展角度考虑，该标准所体现的引导作用应该是促进化纤滤材厂商持续改进，提高静电驻极技术，发展更加耐久、更加低阻节能的产品，而非在其存在不足的当下简单地限制其应用、限制一个技术领域的未来发展可能性。因此，行业所需要的消静电方法应该强度适中，能够给出静电对于整体净化效率的贡献占比，更为重要的是，可以比较出不同过滤材料静电驻极技术的优劣，从而促进厂商提高驻极技术，持续提高产品可靠性。

7.4.2　未来一般通风用过滤器标准的发展方向

综上所述，现有的国际标准体系对于如何科学评价过滤器颗粒物净化效率仍存在诸多不足，至少在以下几个方面仍需进行扎实的基础工作以获得更具科学性的过滤器测试评价标准：

（1）进一步完善大气尘特征粒径分布特征的基础数据收集，并在此基础上发展反映大气尘实际尺度特征的新型试验粉尘，建立基于直接测量而非间接计算的过滤器及类似用途净化装置的 $PM_{2.5}$ 净化效率的试验方法。首先，采用直接质量测量方法的优势在于，测试仪器不需要对试验尘粒径范围进行不必要、不合理的筛选，可采用标准的 PM 采样头配合多种检测手段进行测试。其次，当试验粉尘采用单一物质时，可采用标准比对方法对光散射式粉尘仪及光度计进行标定校准，使之符合测试要求，鉴于绝大多数光学粒子计数器厂商均不开放光散射系数的调整修订，而主流光散射式粉尘仪则开放质量浓度修正系数，因此以试验粉尘为标准物质，通过对粉尘仪与标准仪器比对修正，从而可在确保测试精度的前提下，大幅降低试验成本。最后，通过特定粉尘物质及相应测量手段的选择，可有效规避环境影响，使试验方法既满足实验室测试需要，也适于对建筑物已安装过滤装置的测试需要。例如，通过选择大气含量低同时对人体无毒无害的 NaCl 或 KCl 等作为试验尘，配合只针对相应 Na 或 K 进行质量浓度测量的火焰光度计等测试手段，就可在环境大气颗粒物不作净化处理的前提下，对已安装的空气净化装置进行性能评价，提高测试精度。

（2）建立基于上述试验粉尘的过滤器测试负荷尘发生方法，建立更为科学的过滤器容尘加速试验方法，以使过滤器实验室容尘试验结果能更科学地反映过滤器实际运行过程中的性能变化，从而使过滤器生命周期综合能效的科学评价与分级成为可能。同时，由于效率试验和容尘试验均采用同一种试验尘，使试验成本大幅降低，试验进行也更为快捷方便。

（3）建立新的、低强度化纤过滤材料消静电试验方法。新方法应在现有试验方法提供的信息基础上，更科学地比较与辨识不同静电驻极技术及相应产品的优劣，以及不同化纤材料保有静电能力的差异性，从而发挥促进行业发展的标准导向功能。

（4）简化过滤器的分级体系，使之更贴近市场需求。目前各国中效过滤器的分级标准普遍过细，以中效级别为例，欧洲 EN 779：2012 对效率为 40%～95% 的过滤器分 5 挡（M5～M6，F7～F9），美国 ANSI/ASHRAE Standard 52.2-2012 对效率为 50%～95% 的过滤器分为 8 挡（MERV9～MERV16）。而对于 ISO 16890 系列标准，其实质上对 50%～95% 区间级别分挡达到 19 挡。但过细的过滤器分挡体系，既非必要，也不符合市场需求。在实际市场应用上，即使是按分级最粗的欧洲标准组织生产的厂商，目前实际上也只有极少数大型国际厂商会在日常产品生产中考虑涵盖所有级别过滤器，以适应各行业用户的多样化需求，而绝大多数规模厂商日常品种只包括 2～3 个最常用级别以保证生产成本的最优控制。回归到分级体系的基础出发点，过滤器级别划分需要体现 2 个基本原则：一方面，突出不同过滤器在使用效果上的差异性，以及确保产品正常性能波动不会导致级别判定偏差。而要保证级别判定不出现偏差，则产品的质量控制体系必须能够将产品性能的波动范围最多控制在级别允许范围的一半，也就是说，当以 5% 作为每一挡级别的允许范围时，产品的生产性能波动必须控制在 ±2.5% 以内，否则企业很难保证对给定级别过滤器的稳定生产。对于目前中效过滤器行业的普遍工艺水平及质量控制水平而言，要保证这一点是较为困难的。另一方面，过细的级别分挡也不符合市场实际需求，对于大多数中效过滤器应用场合而言，60% 和 65% 的过滤器不存在可辨识的使用效果差异，甚至效率绝对值偏差 10%～15% 的过滤器在实际应用场合中的使用效果差异也难以体察。因此，在未来的标准修订过程中，标准编制组及全行业都需要认真的思考一个真正符合用户市场需求的过滤器分级体系。

本书对 ISO 16890 系列标准的核心技术内容进行了简单介绍，着重对当前的标准所存在的问题进行了阐述，并对标准未来发展完善方向提供了参考建议。从笔者近 10 年来参与 ISO 标准工作的经验来看，ISO 标准更新完善是我国相关行业及企业发展的动力而非阻力，需要国内同仁在各个层面持续努力，这种努力既包括技术性的基础投入，也包括国家层面改进当前 ISO 部分不合理运行规则的政治努力。ISO 由欧洲国家发起，从诞生时所建立的运行规则就体现了对于欧洲标准体系的过度保护，在标准的投票规则上，ISO 采用每个正式成员国均只有 1 票的完全平均做法，但在欧洲目前的一体化前提下，几乎每个欧洲标准的背后都有至少 10 票的强势支撑，这导致大多数欧洲标准可以轻松进阶成为国际性的 ISO 标准。这一现状对于国际其他主流经济体如中国、美国及日本并不公平，也与目前大多数国际性经济合作组织采用按 GDP 划分投票权重的规则体制不符。而在欧盟内部，任何欧洲标准的投票表决也同样采用按 GDP 划分投票权重的规则。所以，我国各行业参与 ISO 标准体系的制定和修订过程，既需要科学技术人员的努力付出，也需要国家标准管理部门的政策投入与政治外交努力，使得 ISO 成为更为公平的国际标准化技术平台，更好地保证我国相关行业的利益，促进行业健康发展。

7.5　小结

本章共分为三部分内容，分别从空气过滤器、新风净化机和现行标准存在的问题和挑战三个方面介绍国内外标准体系。第一节介绍通风系统用空气过滤器标准，包括中国标准GB/T 14295—2019 和 GB/T 34012—2017，国际标准 BS EN ISO 16890：2016 系列、ISO 10121-1：2014、ISO 10121-2：2013、欧盟标准 BS EN 779：2012、美国标准 ANSI/ASHRAE Standard 145.1-2015、ANSI/ASHRAE Standard 145.2-2011、ANSI/ASHRAE Standard 52.2-2017 等，以上几个国家或组织的标准对空气过滤器的规定不完全一致，适用范围、检测项目、检测方法、检测装置和评价方法都不尽相同。分别从检测台和测试仪器、测试方法两个方面细致介绍各标准的异同点，重点介绍颗粒物测试方法。

第二节主要介绍新风净化机标准。新风净化机检测指标主要有三方面，分别为性能指标、安全指标和环境影响指标。性能指标包括通风性能（风量、风压、输入功率、有效换气率）、热回收效果（交换效率）和污染物净化效率等；安全指标主要指电气安全等；环境影响指标包括噪声、臭氧和紫外线等。主要介绍了新风机检测标准 GB/T 21087—2007、GB/T 34012—2017、GB/T 14295—2019、JG/T 294—2010、GB/T 18801—2015 和 EN 308—1997、JIS B 8628—2003、ANSI/ASHRAE 84—2013、ANSI/AHRI 1060—2014、EN 13141-8：2014 和 EN 13141-11：2015。分别从检测装置和检测方法（通风性能、交换效率、净化效率、电气安全等）进行介绍，希望为新风机标准推广应用起到积极作用，为标准编制或修订提供建议，促进新风行业的健康发展。

第三节介绍国际标准 ISO 16890 系列标准面临的一些问题和争议，分别从光散射测试手段所带来的问题、采用 2 种标准气溶胶而非一种标准气溶胶带来的问题、过滤器的容尘试验粉尘问题、化纤过滤材料的消静电处理问题阐述了标准中存在的争议，并提出未来过滤器标准的发展方向，在人工尘研制、消静电试验方法、过滤器分级等方面仍需进行扎实的基础工作，以便获得更加科学的过滤器测试评价标准。

参考文献

[1]　中国建筑科学研究院. GB/T 14295—2019 空气过滤器［S］. 北京：中国标准出版社，2019.

[2]　中国建筑科学研究院. GB/T 34012—2017 通风系统用空气净化装置［S］. 北京：中国标准出版社，2017.

[3]　ISO. Air filters for general ventilation—part 1：Technical specifications，requirements and classification system based upon particulate matter efficiency（ePM）：ISO 16890-1：2016［S］. Geneva：International Organization for standardization［S］. 2016.

[4]　ISO. Air filters for general ventilation—part 2：Measurement of fractional efficiency and air flow resistance：ISO 16890-2：2016［S］. Geneva：International Organization for standardization，2016.

[5]　ISO. Air filters for general ventilation—part 3：Determination of the gravimetric efficiency and the air flow resistance versus the mass of test dust captured：ISO 16890-3：2016［S］. Geneva：International Organization for standardization，2016.

[6]　ISO. Air filters for general ventilation—part 4：Conditioning method to determine the minimum fractional test efficiency：ISO 16890-4：2016［S］. Geneva：International Organization for standardiza-

tion, 2016.

[7] ISO. Test method for assessing theperformance of gas-phase aircleaning media and devices forgeneral ventilation Part 1: Gas-phase air Cleaning media:. ISO 10121-1: 2014 [S]. International Organization for standardization, 2014.

[8] ISO. Test method for assessing theperformance of gas-phase aircleaning media and devices forgeneral ventilation Part 2: Gas-phase air Cleaning device: ISO 10121-2: 2013 [S]. International Organization for standardization, 2013.

[9] CEN. Particulate air filters for general ventilation—determination of the filtration performances: EN 779: 2012 [s]. European Committee for Standardization. 2012.

[10] ANSI/ASHRAE. Laboratory test Method for assessing the performance of gas-phase air-cleaning systems loose granular media: ANSI/ASHRAE 145. 1-2015 [S]. 2015.

[11] ANSI/ASHRAE. Laboratory test Method for assessing the performance of gas-phase air-cleaning systems air-cleaning devices: ANSI/ASHRAE 145. 2-2011 [S]. 2011.

[12] ASHRAE. Method of testing general ventilation air-cleaning devices for removal efficiency by particle size: ANSI/ASHRAE Standard 52. 2-2012 [S] ASHRAE, 2012: 2-53.

[13] 中国建筑科学研究院. GB/T 21087—2007 空气-空气能量回收装置 [S]. 北京: 中国标准出版社, 2008.

[14] 中国建筑科学研究院. JG/T 294—2009 空气净化器污染物净化性能测定 [S]. 北京: 中国标准出版社, 2009.

[15] 中国家用电器研究院. GB/T 18801—2015 空气净化器 [S]. 北京: 中国标准出版社, 2015.

[16] BS EN 308—1997, Heat exchangers-test procedures for establishing the performance of air-to-air and flue gases heat recovery devices [S]. European Committee for Standardization, 1997.

[17] JIS B 8628—2003. Air to air heat exchanger [S]. Japanese Standards Association, 2003.

[18] ANSI/ASHRAE Standard 84-2013, Method of testing Air-to-Air exchangers for heat/energy exchangers [S]. Air-Conditioning, Heating and Refrigeration Institute (AHRI), 2013.

[19] ANSI/AHRI 1061-2014, Performance rating of Air-to-Air exchangers for energy recovery ventilation equipment [S]. Air-Conditioning, Heating and Refrigeration Institute (AHRI), 2014.

[20] BS EN 13141-8: 2014, Ventilation of buildings-performance testing of components/products for residential ventilation part 8: Performance testing of un-ducted mechanical supply and exhaust ventilation units (including heat recovery) for mechanical ventilation systems intended for a single room [S]. European Committee for Standardization, 2014.

[21] BS EN 13141-11: 2015, Ventilation of buildings-performance testing of components/products for residential ventilation part 11: Supply ventilation units [S]. European Committee for Standardization, 2015.

[22] Feng X, Zhang H, Zhang Y G, et al. A long-term monitoring results and summary of airborne particle size distribution from 10 nm to $10\mu m$ under different PM contamination levels in Beijing [C]//Proceedings of the 4th International Conference on Building Energy, Environment, 2018: 652-657.

[23] Whitey K T. The physical characteristics of sulfur aerosols [J]. Atmospheric Environment, 2007, 41 (S1): 25-49.

[24] Birmili W, Wiedensohler A, Heintzenberg J, et al. Atmospheric particle number size distribution in central Europe: Statistical relations to air masses and meteorology [J]. Journal of Geophysical Research: Atmospheres, 2001, 106 (23): 32005-32018.

［25］ Kopanakis I，Chatoutsidou S E，Torseth K，et al. Particle number size distribution in the eastern Mediterranean：Formation and growth rates of ultrafine airborne atmospheric particles ［J］. Atmospheric Environment，2013，77：790-802.

［26］ Schneider I L，Teixeira E C，Oliveira L F S，et al. Atmospheric particle number concentration and size distribution in a traffic-impacted area ［J］. Atmospheric Pollution Research，2015，6 (5)：877-885.

［27］ Gómez-Moreno F J，Pujadas M，Plaza J，et al. Influence of seasonal factors on the atmospheric particle number concentration and size distribution in Madrid ［J］. Atmospheric Environment，2011，45 (18)：3169-3180.

［28］ ISO. Test dusts for evaluating air cleaning equipment：ISO 15957：2015 ［S］. Geneva：International Organization for standardization，2015：1-8.

［29］ 鮑林発，畑光彦，大垣豊，等. 一般換気用フィルタ試験粒子規格化のための大気エアロゾル粒子径分布特性の検討 ［C］//Research Conference in Autumn 2011 by The Society of Powder Technology，2011.

［30］ Tian E Z，Mo J H，Long Z W，et al. Experimental study of a compact electrostatically assisted air coarse filter for efficient particle removal：Synergistic particle charging and filter polarizing ［J］，Building and Environment，2018，135：153-161.

第8章　基于实际大气颗粒物特征的
新型标准试验尘及试验方法

8.1　引言

　　大气颗粒污染物（Particulate Matter，PM）是中国以及世界其他发展中国家目前所面临的突出环境问题。在我国，近年来由于雾霾问题所引发的对于大气颗粒污染物的广泛关注促进了各类净化技术发展以及相应空气净化设备市场的迅速繁荣。仅 2015 及 2016 年，我国各类空气净化产品市场增长率就超过150％，2 年时间内整体市场规模增长超过 2 倍，与之形成鲜明对照的是，全球净化产品市场在 2004～2014 年总计 10 年的市场增长规模不足 90％。但必须关注的是，当前的国内外标准化测试手段在如何客观真实的评价各类空气净化设备实际使用性能以及实际使用过程能耗等方面存在不足与偏差，当前大量产品可能存在净化效率虚高以及实际运行能耗过高问题。因此，必须通过持续的科学研究，建立起针对各类空气净化装置的标准化科学评价体系，否则，鱼龙混杂的产品市场现状不仅难以满足人们对于改善居室空气品质、保障人身健康的迫切需求，还会对我国建筑整体能耗水平、社会能源供给结构产生较为严重的不利影响。同时，各类空气净化产品的使用还将产生大量难以降解及回收处理的各类耗材，若无法有效控制产品使用寿命及耗材更换频率，则对全球生态环境将是一个沉重的负担。

　　对于各类的空气净化设备，其对于颗粒污染物的净化功能是基于惯性、扩散、静电吸附等多种净化机理的综合与叠加，因此其对于不同粒径粒子会呈现出不同的净化效率[1,2]。此外，在对空气净化元件以及材料进行生命周期模拟与性能评价时，试验粉尘的分布特征将会对于粉尘在净化材料内部的堆积情况具有极大影响。因此，试验粉尘的粒径分布特征，对于科学评价空气净化设备净化性能以及生命周期综合能效性能具有关键影响。但与此需求不相适应的是，现有的国内外标准试验方法体系中，所采纳的各种试验粉尘粒径分布特征均与大气尘实际分布特征存在较大差异。在国际标准化技术体系中，用于评价空气过滤元件计重过滤效率的试验尘以及评价其使用寿命指标（容尘量）的负荷尘主要采用道路荒漠土为代表的大气沉降尘，如 ISO 15957[3] 与 ISO 12103[4] 所规定试验负荷尘等，这种试验粉尘源自 20 世纪 80 年代前后对于汽车用过滤器的试验负荷尘，因此采用美国 Arizona 地区的荒漠土为主，以表征对于道路扬尘的模拟，而后美国 ASHRAE 在此基础上按比例添加炭黑（代表大气中的燃烧产物）以及纤维，形成目前世界范围内广泛使用过滤器容尘试验负荷尘[5]。

　　2016 年国际标准化组织 ISO 第 142 技术委员会颁布了新版系列国际标准 ISO 16890：1-4[6-9]，ISO 16890 标准所规定的过滤器容尘量试验方法与传统标准方法没有明显区别，只是在试验负荷尘方面采用 ISO 15957 所规定的 L2 粉尘（即 ISO 12103-1 所规定的 A2 细灰）替代传统使用的 ASHRAE 粉尘，这主要是因为超过 30 年的全球使用经验表明

ASHRAE 粉尘作为过滤器负荷尘存在吸湿性强、易结块、试验结果不可比等问题，具体分析详见本书第 7 章，而负荷尘粒径分布严重偏离实际大气粉尘也导致试验结果难以反映净化装置在实际运行中的性能变化。

在大气环境研究领域，对于大气尘粒径分布的研究并非新兴课题，20 世纪 70 年代的洛杉矶严重空气污染阶段，美国气溶胶领域的著名学者 K. T. Whitby 开展了针对大气气溶胶粒径分布特征研究，这也是全球范围内相关领域研究的起点。图 8-1 给出了 K. T. Whitby 于 20 世纪 70 年代所获得的晴朗天气下道路邻近区域的大气气溶胶三模态粒径分布特征[11]，该研究利用 1 台电迁移率静电分析仪以及 2 台不同粒径测试范围的光散射式粒径频谱仪联合工作获得。

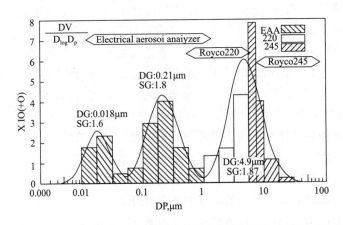

图 8-1　K. T. Whitby 于 20 世纪 70 年代所获得的晴朗天气下道路邻近区域的
大气气溶胶三模态粒径分布特征[11]

多年来，针对大气气溶胶的粒径分布特征性研究方面，传统的研究兴趣多集中在大气尘粒径分布受气候[12]、季节[13～15]、交通状况[16,17]、时间及海拔高度[18]等诸多方面的影响。传统研究更关注大气尘粒径分布的动态及区别性特性，其研究导向是探究大气颗粒污染物的来源、输运以及演变转化等机理以最终为室外大气环境治理、减少人员健康暴露等提供针对性技术措施开展基础研究。但对于空气净化领域而言，行业所需要的是针对于不同气象条件下，尤其是不同大气污染状态下的大气尘粒径分布是否存在共性特征的研究，而这些共性特征的存在与否将决定我们是否能够发展出下一代更为科学的空气净化设备净化性能以及生命周期综合能效表现的新型试验粉尘以及相应的科学评价方法体系。

2016 年始，受国家重点研发计划"建筑室内空气质量控制的基础理论和关键技术研究"（项目编号：2017YFC0702700）以及国家政府间国际科技创新合作重点专项"净零能耗建筑关键技术研究与示范"（项目编号：2016YFE0102300）资助，中国建筑科学研究院有限公司技术团队开展北京地区不同大气污染条件下的大气颗粒污染物粒径分布特征研究。并在监测得到的实际大气颗粒污染物粒径频谱特征基础上，研发了相应的标准试验粉尘，开展了基于标准试验粉尘的空气过滤器 $PM_{2.5}$ 净化效率以及生命周期容尘模拟试验。本章将主要对这些研究结果进行介绍，而这些成果将对未来 20～30 年以空气过滤器为代表的各类空气净化设备性能评价标准的完善提供重要的数据与技术基础。

8.2 大气尘实际粒径分布特征调研测试

8.2.1 调研测试设备

本研究使用一台宽范围粒径频谱仪（WPS 1000XP）对室内外大气尘粒径分布进行测试，该粒径频谱仪采用电迁移率粒径分析仪（DMA）配合凝结核计数器对 10～500nm 区间粒子粒径分布进行测试，采用光散射粒径频谱仪（LPS）对 350nm～$10\mu m$ 区间粒子粒径分布进行测试。图 8-2 给出了 WPS 的工作原理图。

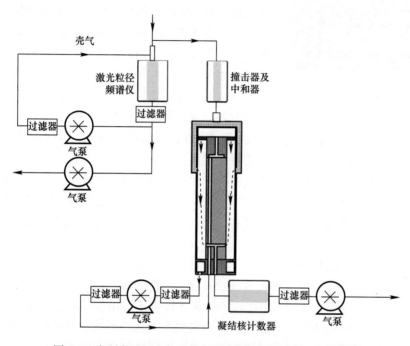

图 8-2 本研究用于大气尘粒径分布测试的 WPS 工作原理图

为同时获得大气 $PM_{2.5}$ 质量浓度，本研究另采用 1 台粉尘测试仪（TSI Dusttrack 8532）同时进行测量，图 8-3 为两台测试仪器同时进行测量。

8.2.2 调研测试方法

本研究在北京地区某办公楼内没有空气净化装置运行及机械通风系统的办公室内进行，每次采样环节均首先用过滤器对各仪器设备及采样管道进行自净处理。对于每次采样，先使用两台测试仪器利用伸至室外的采样管同时进行室外大气采样，采样时间约 1h 30min（WPS 采样 30 周期），而后关闭办公室门窗，自净测试仪器及采样管 15～20min，随后进行室内大气采样测试，采样时间以及采样周期与室外大气监测一致。监测采样从 2015 年 5 月至 2017 年 2 月，在工作日内随机选择，每采样日的室内外平均粒径分布以及平均 $PM_{2.5}$ 浓度作为当日的监测结果汇总并用于后续数据分析。

前期调研测试结果表明，在室外气象污染程度差异性较大时，大气颗粒物粒径分布也

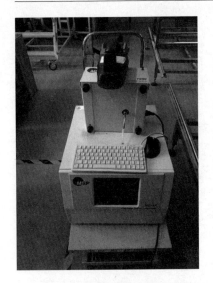

图 8-3　WPS 与 Dusttrack
同时测量布置

存在明显的差异，因此，为便于对所获取基础调研测试数据进行规律性总结，本研究将所有监测数据依据当日室外 $PM_{2.5}$ 质量浓度进行分组。为便于分析，本研究将所有监测数据按室外 $PM_{2.5}$ 浓度分为 $0\sim50\mu g/m^3$，$50\sim100\mu g/m^3$，$100\sim150\mu g/m^3$，$150\sim200\mu g/m^3$，$200\sim250\mu g/m^3$，$250\sim300\mu g/m^3$，$300\sim400\mu g/m^3$ 以及 $>400\mu g/m^3$ 共 8 个组别，并进行特征归纳。通过这样的处理，其他研究者可以较为清楚的发现在气象污染状态逐渐变化时，大气颗粒物的粒径分布变化趋向，总结其共性特征。同时，虽然大气细颗粒物 $PM_{2.5}$ 表征为颗粒物的计重浓度，但在本研究中，研究团队选择粒子数量而非质量作为粒径分布函数的权重指标。这样处理的主要原因包括：

（1）对于密度均匀的气溶胶，计重分布中某粒径粒子的数量以及其粒径大小共同决定了其在整体分布中所占份额，而由于粒径与体积间的立方关系，粒径所占权重远大于粒子数量占比，表征在总体粒径分布特征描述上，大粒径的占比将被过度高估。

（2）从近年来的研究成果看，当气候条件等影响因素发生变化时，大气颗粒物粒径分布的主要变化体现在亚微米区间，当以计重浓度表征大气尘粒径分布特征时，亚微米区间的粒径分布信息以及变化趋势不易显现。因此，近年来研究大气尘粒径分布特征的主要研究论文均以计数分布描述大气颗粒物分布[12,13,15,16,18,20]。为了将本研究监测结果与上述研究成果进行比对以考察其特征是否具备共性特征，本研究也选择计数分布的表征形式。

（3）本研究的目的是研发一种更能反映大气尘特性的新型试验粉尘，该粉尘将既可用于目前各类空气净化设备的 $PM_{2.5}$ 净化性能科学评价，还将作为负荷尘用于加速模拟空气净化设备使用过程中的阻力变化，从而可以对其整个生命周期的综合能效表现进行更科学的评价。为实现这一目标，就必须使得试验尘在小粒径区间更为贴近实际大气，以便在试验过程中使得试验尘在滤材内部纤维上的堆积过程更接近实际大气环境。

8.2.3　测试数据处理

监测采样共持续 21 个月，获取有效监测日数据 107 组，室内外大气尘粒径分布数据 6420 组。有效监测日数据中，室外 $PM_{2.5}$ 平均质量浓度涵盖范围包括低于 $50\mu g/m^3$ 至高于 $400\mu g/m^3$ 的广泛区域。其中，最低 $PM_{2.5}$ 浓度为 $5\mu g/m^3$（2016.8.31 监测），最高 $PM_{2.5}$ 浓度为 $590\mu g/m^3$（2015.6.25 监测）。表 8-1 给出了所有 107 个监测日在不同季节的分布情况，图 8-4 给出各 $PM_{2.5}$ 浓度范围内的监测日数量情况。

本研究所有监测日的季节性分布情况　　　　　　　　　　表 8-1

季节	冬	春	夏	秋
月份	12～2	3～5	6～8	9～11
监测日天数	16	16	47	28
占比（%）	15.0	15.0	43.9	26.1

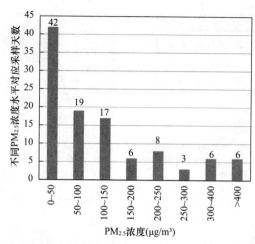

图 8-4 本研究各 $PM_{2.5}$ 浓度范围的相应监测日数据情况

8.3 室外大气尘粒径分布特征监测结果分析

图 8-5（a）～（i）给出了本研究所监测得到不同室外 $PM_{2.5}$ 浓度条件下的平均室外大气尘粒径分布特征。传统上被广为接受的观点是，大气尘在可悬浮颗粒物范围内的粒径分布函数可视为 3 个对数正态分布函数的叠加，在不同的气象以及污染条件下，相应的会在计数粒径分布特征曲线上呈现出 1～3 个特征峰值[11]。从本研究的监测结果可以看出，目前我国大气尘分布特征中对应粗模态（coarse mode）区域的特征峰值并不明显，在大多数情况下，大气尘呈现出较为明显的双峰分布。但在 $PM_{2.5}$ 浓度较低时，聚集模态（accumulation mode）区域所对应的曲线峰值也并不明显，整体的粒径分布特征只在核模态（nucleation mode）区域呈现单峰模态，文献［12］也得到类似的监测结果，该文的研究认为空气干燥、日照强烈的早晨等气象条件下，二次颗粒物的生成具有重要影响。而从另一方面，由于此类情况只发生于 $PM_{2.5}$ 浓度较低时，而此时一般的气象背景是城市内空气流通条件好，空气质量好，因此城市内所生成的污染物会迅速被流通空气所转移、稀释，因此其相互聚集、凝并以形成更大尺度颗粒物的概率被大大降低了。

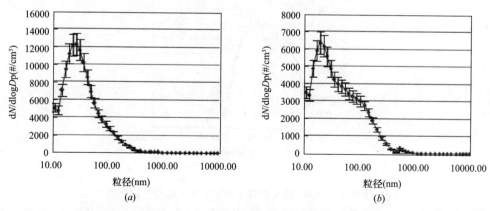

图 8-5 不同室外 $PM_{2.5}$ 浓度条件下的室外大气粒径平均分布（一）

（a）$PM_{2.5}$：$0～50\mu g/m^3$（单峰）；（b）$PM_{2.5}$：$0～50\mu g/m^3$（双峰）

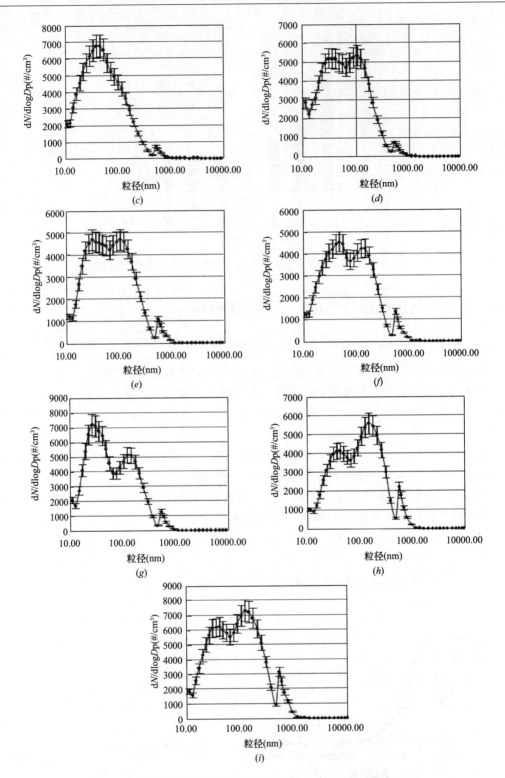

图 8-5　不同室外 $PM_{2.5}$ 浓度条件下的室外大气粒径平均分布（二）

(c) $PM_{2.5}$：$50\sim100\mu g/m^3$；（d) $PM_{2.5}$：$100\sim150\mu g/m^3$；（e) $PM_{2.5}$：$150\sim200\mu g/m^3$；（f) $PM_{2.5}$：$200\sim250\mu g/m^3$；
(g) $PM_{2.5}$：$250\sim300\mu g/m^3$；（h) $PM_{2.5}$：$300\sim400\mu g/m^3$；（i) $PM_{2.5}$：$>400\mu g/m^3$

　　尽管大气尘实际粒径分布受采样点地理位置、时间、气象条件等诸多条件影响,但通过本研究我们仍可以发现其存在某种共性特征:

　　(1) 在大多数情况下(PM$_{2.5}$浓度>50μg/m^3),大气尘粒径分布可用两个对数正态分布函数的算术叠加描述。

　　(2) 在不同PM$_{2.5}$质量浓度条件下,上述两个对数正态分布的峰值粒径范围相对固定,其中,对应核模态的峰值粒径范围约为20~50nm,对应聚集模态的峰值粒径范围约为100~140nm。随着PM$_{2.5}$浓度增加,核模态峰值粒径和聚集模态的粒径计数浓度比也产生规律性变化,当PM$_{2.5}$浓度低于50μg/m^{3}时,核模态粒子数量明显高于聚集模态,二者峰值粒径计数浓度比约为2:1,随着PM$_{2.5}$浓度逐渐升高,聚集模态占比逐渐增高,二者峰值粒径计数浓度比降低至约0.8:1。表8-2给出了不同PM$_{2.5}$质量浓度范围内的双峰分布峰值粒径位置以及峰值粒径计数浓度比。

不同PM$_{2.5}$质量浓度范围内的双峰分布峰值粒径位置以及峰值粒径浓度比　　　　表8-2

PM$_{2.5}$质量浓度(μg/m^3)	核模态峰值粒径(nm)	聚集模态峰值粒径(nm)	峰值粒径浓度比(核模态/聚集模态)
0~50	25.57	—	—
0~50	19.10	86.06	2.02
50~100	46.31	119.30	1.62
100~150	34.34	101.14	0.97
150~200	29.61	101.14	1.00
200~250	46.31	141.33	1.10
250~300	25.57	119.30	1.40
300~400	39.85	141.33	0.75
>400	34.34	119.30	0.84

　　通过对国际上其他国家如德国[12]、希腊[20]、巴西[16]、西班牙[13]及日本[15]等的类似监测数据进行比对,发现上述结论具有一定的普遍规律性(见图8-6~图8-10)。这表明基于上述粒径分布特征研发新的空气净化装置性能试验粉尘具有可能性和普遍应用意义。

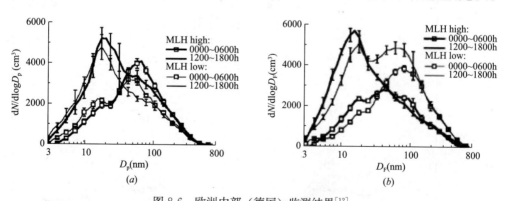

图8-6　欧洲中部(德国)监测结果[12]
(a) 夏季不同时间段监测结果;(b) 冬季不同时间段监测结果

　　由上述比对我们可以发现大气颗粒物粒径分布特征具备全球一致性的基本特征,究其原因在于,大气气溶胶尤其是亚微米尺度气溶胶的形成机制具有普遍的共性,除气候等自然因素外,人类活动的影响对于大气颗粒污染物的贡献是类似的,比如,对于粒径小于

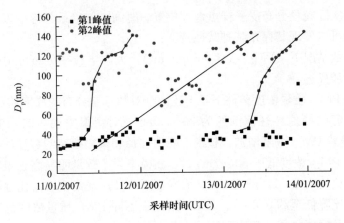

图 8-7　欧洲南部（西班牙马德里）监测结果（双模态分布中值粒径）[13]

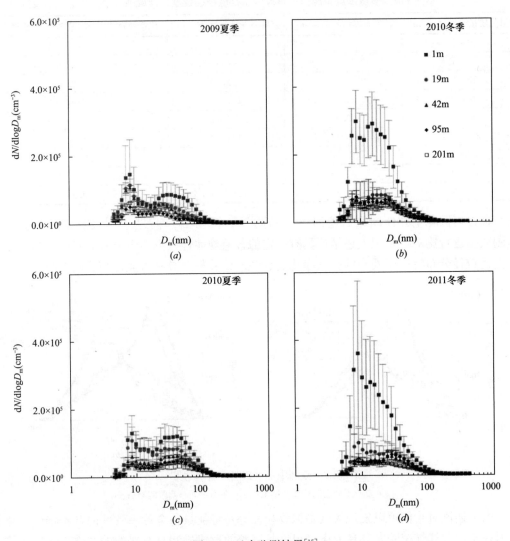

图 8-8　日本监测结果[15]

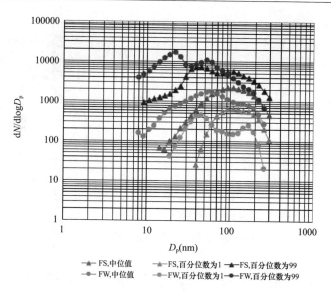

图 8-9 希腊 Finokalia 地区监测结果（S-夏季，W-冬季)[20]

50nm 的核态颗粒物主要来源一般包括汽油车尾气的直接排放[21~23]以及机动车排放气态污染物在大气环境中冷却所产生的均相成核[26]。100nm 左右的粒子则受柴油车直接排放颗粒物影响更大。一致性规律的存在则表明通过一种或几种特征试验粉尘完全可对主要气象范围内的大气颗粒污染物的有效模拟，基于该特征粉尘的空气净化设备新一代试验方法具备基本的可行性和科学性。

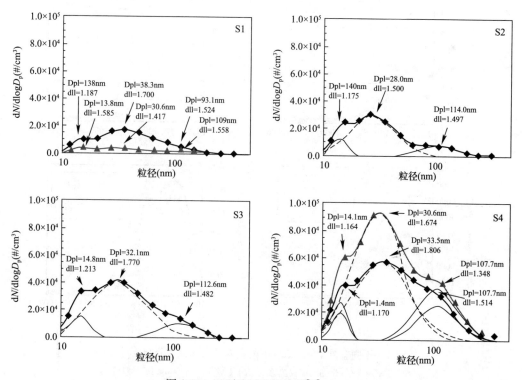

图 8-10 巴西地区监测结果[16]（一）

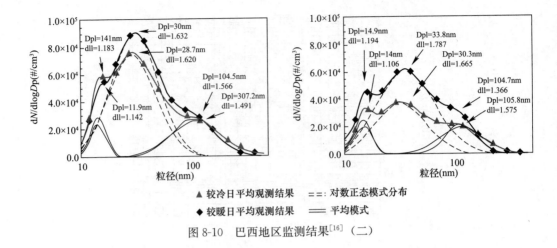

▲ 较冷日平均观测结果　　＝＝：对数正态模式分布

◆ 较暖日平均观测结果　　══ 平均模式

图 8-10　巴西地区监测结果[16]（二）

8.4　室内大气尘粒径分布特征以及室内外大气尘计径 *I/O* 比

室内大气尘粒径分布特征以及计径 *I/O* 比对于研究室外大气对室内环境的细分影响，明确室内用便携式净化设备性能评价方法具有突出的实际意义。本研究中，针对没有空气净化措施以及机械通风系统的普通办公室环境进行研究，以明确自然渗透条件下室内大气粉尘的粒径分布特征以及室外大气如何影响室内的特征规律。图 8-11 给出了不同室外 PM$_{2.5}$ 质量浓度下的室内外大气尘粒径分布比对，图 8-12 给出了基于所有监测日数据得出的计径 *I/O* 比。

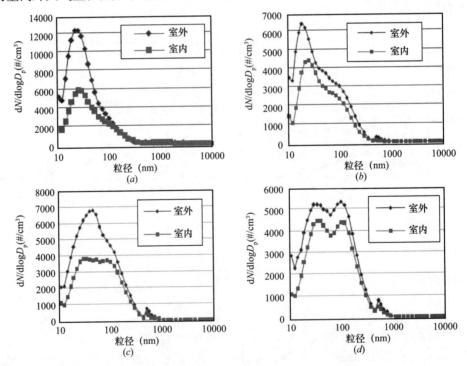

图 8-11　不同室外 PM$_{2.5}$ 浓度下的室内外大气粒径分布比对（一）

（*a*）PM$_{2.5}$：0～50μg/m^3（单峰）；（*b*）PM$_{2.5}$：0～50μg/m^3（双峰）；

（*c*）PM$_{2.5}$：50～100μg/m^3；（*d*）PM$_{2.5}$：100～150μg/m^3

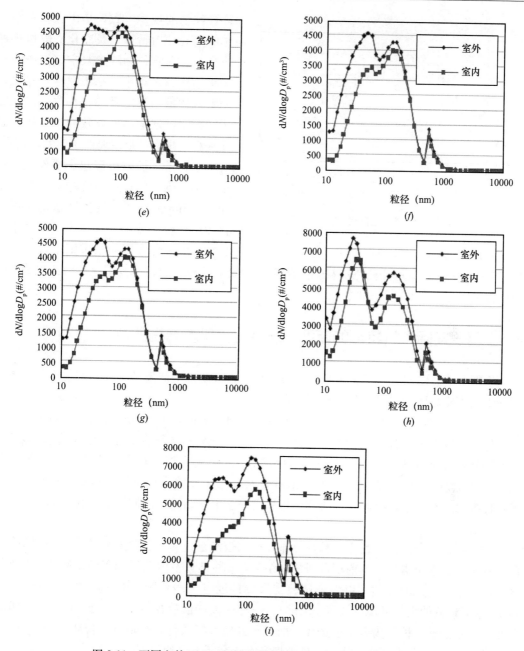

图 8-11　不同室外 PM$_{2.5}$ 浓度下的室内外大气粒径分布比对（二）

(*e*) PM$_{2.5}$：150～200μg/m³；(*f*) PM$_{2.5}$：200～250μg/m³；(*g*) PM$_{2.5}$：250～300μg/m³；

(*h*) PM$_{2.5}$：300～400μg/m³；(*i*) PM$_{2.5}$：＞400μg/m³

　　由上述监测研究结果可以看出，即使在门窗关闭的条件下，室外悬浮颗粒物中的大部分仍能随着自然渗透通风进入进而影响室内空气环境，室内大气尘粒径分布特征规律与室外大气类似，即在大多数情况下也表征为核模态和聚集模态的两个对数正态分布的叠加。但在进入室内过程中，随着颗粒物粒径的变化，其计数浓度存在不同程度的衰减，其中100～300nm 区间颗粒物的损失最小，计径 *I/O* 比约为 0.9，而无论对于尺度更小的颗粒物还是尺度更大的颗粒物，其计径 *I/O* 比都呈现衰减趋势，这一现象与纤维过滤器去除悬

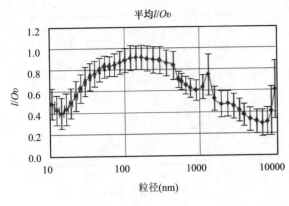

图 8-12　基于所有监测日数据得出的计径 I/O 比

浮颗粒物的规律一致，是由颗粒在空气中的空气动力特性以及净化去除机理所决定的。在颗粒物随渗入空气穿越建筑围护结构的过程中，基于惯性运动机理的颗粒物重力沉降及撞击损失，以及基于颗粒物扩散运动所导致的扩散机理是导致粒子损失的最主要两个因素。其中，对于小粒子，扩散机理起主要作用，粒子越小，则扩散运动强度越大，对于直径为 10nm 的粒子，其扩散运动速度要比 $10\mu m$ 粒子快 20000 倍[2]。而对于大粒子，惯性机理起主要作用，并且与粒径尺度正相关。其综合作用的结果则呈现出对于 100～300nm 这一中间粒径范围粒子的净化去除效果最差，而这一范围粒子因此也最容易穿透各类净化材料与建筑缝隙[25]。

8.5　基于实际大气特征的新型标准试验尘研发与性能评价

根据之前总结的大气颗粒物粒径分布特征，在其基础上研发新一代的空气净化装置试验粉尘，主要需要考虑以下几个核心因素：

（1）相态。对于大气气溶胶化学成分的相关研究表明，大气气溶胶的主要成分为水溶性无机离子以及一些有机酸[26,27]，因此，大气气溶胶会随着环境相对湿度的变化而发生相应的潮解或者结晶现象。尽管在大多数情况下大气气溶胶呈现为含有液态水的液体形态[28]，但盐溶液的液滴在粒径大小、形状以及质量浓度等方面难以保持良好的稳定性以满足标准化试验需求，因此在本研究中将采用完全干燥结晶后的固体盐颗粒作为后续研究的试验粉尘。

（2）粒径分布。试验粉尘的粒径分布是影响被测空气净化装置 PM 净化效率试验结果的关键因素。基于本研究的前期调研测试结果，2 种具有不同粒径分布的试验粉尘将被研发并应用于后续试验评估，以保证试验结果更接近空气净化装置的实际使用性能。对于 $PM_{2.5}$ 浓度较低的大气环境（$<50\mu g/m^3$），一种计数峰值粒径位于 20～50nm 区间的单峰分布试验粉尘是一种较为合适的选择。而对于其他大气条件，峰值分别位于 20～50nm 区间以及 100nm 左右的复合双峰分布粉尘将是本研究所追寻的目标。

（3）试验粉尘的质量浓度。对于空气净化装置的净化效率测试，试验粉尘质量浓度应尽可能的接近其实际应用环境的粉尘质量浓度水平，以保证试验结果更为贴近净化装置的实际使用性能表现。但对于生命周期性能测试而言，作为一种加速寿命试验，则需要尽可能提供试验粉尘质量浓度，以缩短试验时间、降低试验成本、减少因为长时间试验所可能存在的试验意外中断等因素所导致的试验误差。

（4）试验粉尘的中和。试验粉尘自身携带电荷会导致空气净化装置效率试验结果产生偏差，特别是对使用静电过滤材料或依赖静电机理保证净化过滤效果的净化装置及设备。由于实际大气粉尘基本呈电中性状态，而本研究拟使用完全干燥结晶后的固体盐颗粒作为试验粉尘，现有研究及试验结果表明，盐颗粒在干燥结晶过程中必然会产生并携带一定的电荷，因此本研究将采用中和器中和相应的电荷，使得试验气溶胶达到整体电中性水平，即 Boltzman 平衡。

基于上述考虑，本研究共研发了 2 种试验粉尘用于后续试验评估与测试。其中，1 号试验粉尘设计为单峰分布，以反映 PM$_{2.5}$ 浓度较低的大气环境。图 8-13 给出了 1 号试验粉尘的粒径分布测试结果。

为满足净化效率测试以及生命周期评价的不同浓度要求，本研究通过改变气溶胶发生器的运行参数以获得粒径分布接近但质量

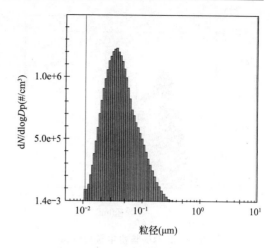

图 8-13　1 号试验粉尘粒径分布

浓度存在一定差异的两种针对性试验粉尘。表 8-3 及表 8-4 给出了上述两种试验粉尘的 4h 联系发尘稳定性测试结果。其中，用于净化效率测试的效率测试尘计数峰值粒径为 31.4nm，PM$_{2.5}$ 质量浓度 35.4$\mu g/m^3$，均与实际大气环境相对。而用于生命周期测试模拟试验尘粒径分布与之相当，计数峰值粒径为 41.1nm，相比效率测试尘增大 30.9%，但 PM$_{2.5}$ 质量浓度增大 3.8 倍，达到 135.1$\mu g/m^3$。试验结果表明两种模拟试验粉尘的连续工作稳定性均能满足实际标准化试验需求。

1 号试验粉尘（效率测试尘）连续发尘稳定性测试结果　　　　表 8-3

参数	单位	测试结果（4h 连续测试平均值±标准差）
计数峰值粒径	nm	31.4±2.4
几何平均粒径	nm	39.6±0.8
几何标准偏差 GSD	—	1.84±0.009
PM$_{2.5}$ 质量浓度	$\mu g/m^3$	35.4±1.3
发生制备方法	使用 Laskin 喷嘴发生浓度为 1% 的氯化钾水溶液，气溶胶发生器工作压力 0.2MPa	

1 号试验粉尘（LCA 测试模拟试验尘）连续发尘稳定性测试结果　　　　表 8-4

参数	单位	测试结果（4h 连续测试平均值±标准差）
计数峰值粒径	nm	41.1±3.8
几何平均粒径	nm	52.7±2.7
几何标准偏差 GSD	—	1.96±0.019
PM$_{2.5}$ 质量浓度	$\mu g/m^3$	135.1±2.1
发生制备方法	使用 Laskin 喷嘴发生浓度为 5% 的氯化钾水溶液，气溶胶发生器工作压力 0.2MPa	

对于针对 PM$_{2.5}$ 浓度较高的大气环境，本研究采用两种不同类型的气溶胶发生器联合工作，研发了一种同样呈现双峰分布的试验粉尘，图 8-14 给出了 2 号试验粉尘的粒径分布测试结果。

同样的，为满足净化效率测试以及生命周期评价的不同浓度要求，本研究通过改变气

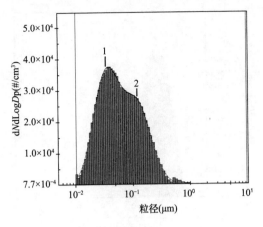

图 8-14　2 号试验粉尘粒径分布

溶胶发生器的运行参数以获得粒径分布接近但质量浓度存在一定差异的两种针对性试验粉尘。表 8-5 及表 8-6 给出了上述两种试验粉尘的 4h 联系发尘稳定性测试结果。其中，用于净化效率评价的效率测试尘，小粒径峰值粒径 39.3nm，大粒径峰值粒径 122.5nm，PM$_{2.5}$ 质量浓度 0.81mg/m³，整体而言粒径分布与实际大气粉尘相当，但 PM$_{2.5}$ 质量浓度略高于实际浓度水平。而用于生命周期模拟评价的 LCA 模拟试验尘，小粒径峰值粒径 39.7nm，大粒径峰值粒径 129.4nm，与效率测试尘相当，PM$_{2.5}$ 质量浓度相比效率测试尘

增大 2.7 倍，达到 0.81mg/m³。从 2 号试验粉尘的连续工作稳定性试验结果来看，作为大粒径气溶胶的发生装置采用高速气流与工作溶液在工作喷嘴内混合后喷雾，因气流在喷嘴处的高速流动会显著降低工作溶液温度，因此这种喷雾方式会导致工作溶液在喷嘴处的过冷，进而凝结结晶，并逐渐导致喷嘴堵塞，影响长时间连续工作稳定性，从本研究实际试验结果来看，其可保证发尘分布稳定性的连续工作时间约为 2.5h，超过该时间则需要暂停发尘，取下喷嘴进行清理处理。而本研究后续进行的多组实际生命周期模拟评价试验表明，尽管清理喷嘴需要短时间中断连续试验，但只要在此时维持试验台运行风量以及湿度控制措施不变，则不会对试验结果产生影响。

2 号试验粉尘（效率测试尘）连续发尘稳定性测试结果　　　　表 8-5

参数	单位	测试结果（2.5h 连续测试平均值±标准差）	
		模型 1	模型 2
计数峰值粒径	nm	39.3±2.4	122.5±10.8
几何平均粒径	nm	35.4±1.4	118.7.0±12.5
几何标准偏差 GSD	—	1.69±0.05	1.75±0.05
PM$_{2.5}$ 质量浓度	mg/m³	0.81±0.18	
发生制备方法	试验气溶胶使用一台 Laskin 喷嘴发生器以及一台 TSI 大粒径气溶胶发生器（TSI 8108，TSI Inc.，USA）联合工作。其中，Laskin 喷嘴工作溶液为 1% 的氯化钾水溶液，工作压力 0.2MPa。TSI 大粒径气溶胶发生器工作溶液为 10% 的氯化钾水溶液，工作压力 0.6MPa，此外在其喷嘴下方 40mm 处设 1 直径为 75mm 的圆形挡板以减少所发生大粒径气溶胶浓度		

2 号试验粉尘（LCA 测试模拟试验尘）连续发尘稳定性测试结果　　　　表 8-6

参数	单位	测试结果（2.5h 连续测试平均值±标准差）	
		模型 1	模型 2
计数峰值粒径	nm	39.7±2.6	119.4±10.0
几何平均粒径	nm	36.0±1.9	117.1±9.5
几何标准偏差 GSD	—	1.67±0.04	1.85±0.10
PM$_{2.5}$ 质量浓度	mg/m³	2.19±0.09	
发生制备方法	试验气溶胶使用一台 Laskin 喷嘴发生器以及一台 TSI 大粒径气溶胶发生器（TSI 8108，TSI Inc.，USA）联合工作。其中，Laskin 喷嘴工作溶液为 1% 的氯化钾水溶液，工作压力 0.2MPa。TSI 大粒径气溶胶发生器工作溶液为 10% 的氯化钾水溶液，工作压力 0.6MPa，去除其喷嘴下方挡板		

8.6　基于新型标准试验尘的空气净化过滤装置性能评价应用测试

8.6.1　基于新型标准试验尘的空气净化过滤装置 $PM_{2.5}$ 净化过滤性能测试结果与现行国内外标准的比对

为评估基于本研究所研发新型试验粉尘的空气净化装置 $PM_{2.5}$ 净化效率试验结果与现行的国内外标准试验结果之间的差异性，本研究共采购 24 台不同级别、不同形式的过滤器进行比对测试。用于比对测试的过滤器级别 M5～F9，初始状态下对于 $PM_{2.5}$ 过滤效率从 20%～90%，结构形式包括袋式以及密摺式过滤器，迎风面尺寸均为标准的 592mm×592mm，额定风量均为 3400m³/h，基本涵盖了民用建筑所涉及一般通风领域的过滤器应用范围。图 8-15 给出了本研究所使用的部分比对测试过滤器。

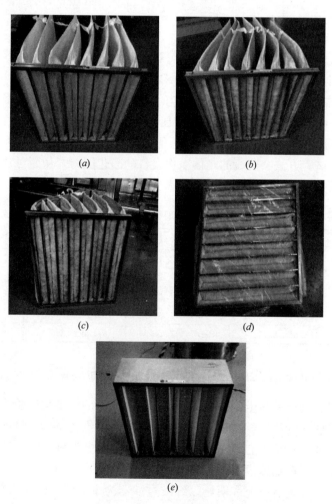

图 8-15　应用与效率比对测试的部分过滤器
(a) M5 过滤器（袋式）；(b) M6 过滤器（袋式）；(c) F7 过滤器（袋式）；
(d) F8 过滤器（袋式）；(e) F9 过滤器（密摺式）

在现行国内外标准中，2017 年颁布实施的《通风系统用空气净化装置》[29] GB/T 34012 以及 2016 年颁布的 ISO 国际标准《air filters for general ventilation》[6-9] ISO 16890 分别给出相应的空气净化装置 $PM_{2.5}$ 净化效率测试评价方法。本标准主要对基于本研究所研发新型试验粉尘的测试方法与上述 2 个标准化试验方法进行比对，表 8-7 给出了比对试验方法在试验粉尘以及测试仪器等方面的测试方法要点。

比对试验方法　　　　　　　　　　　　　　表 8-7

试验方法	试验粉尘	测试仪器
基于 1 号试验粉尘的测试	1 号试验粉尘	光散射激光粉尘仪 TSI8532
基于 2 号试验粉尘测试	2 号试验粉尘	光散射激光粉尘仪 TSI8532
GB/T 34012—2017	多分散 KCl 颗粒物	光散射激光粉尘仪 TSI8532
ISO 16890—2016	$\leqslant 1\mu m$：DEHS 油性气溶胶 $>1\mu m$：多分散 KCl 颗粒物	测试粒径范围为 $0.3{\sim}10\mu m$ 的光学粒子计数器，测试不同粒径的相应计数效率而后按给定粒径分布计算 $PM_{2.5}$ 净化效率

表 8-8 给出了对于相同的过滤器，使用本研究所研发标准试验粉尘以及不同标准化试验方法所获得的试验结果对比。从对比结果可见，对 M5～F8 级别过滤器，使用 1 号试验粉尘的净化效率测试结果相比国标 GB/T 34012 约低 15～20 个百分点，相比 ISO16890 低约 10～15 个百分点。而当使用 2 号试验粉尘时，对 M5～F8 级别过滤器，试验结果相比国标 GB/T 34012 约低 10～15 个百分点，相比 ISO 16890 低约 2～9 个百分点。尽管对于效率最高的 F9 级别过滤器，上述差异变小，但总体而言，基于新型试验粉尘的测试结果显示，现有标准化试验方法会明显的高估净化设备的净化能力，从而对建筑物室内环境空气质量的设计以及控制带来不利影响。

采用本研究所研发新型试验粉尘与现有标准化试验方法的测试结果比对　　表 8-8

过滤器级别	1 号试验粉尘试验结果	2 号试验粉尘试验结果	GB/T 34012 试验结果	ISO 16890 试验结果
M5	$(14.48\pm1.30)\%$	$(21.73\pm2.32)\%$	$(38.27\pm2.34)\%$	$(25.53\pm1.54)\%$
M6	$(26.01\pm2.69)\%$	$(36.72\pm1.57)\%$	$(53.85\pm1.15)\%$	$(38.61\pm3.34)\%$
F7	$(53.23\pm0.73)\%$	$(63.24\pm2.40)\%$	$(79.24\pm0.83)\%$	$(67.55\pm1.41)\%$
F8	$(71.12\pm0.50)\%$	$(70.00\pm1.21)\%$	$(89.44\pm0.91)\%$	$(79.10\pm0.33)\%$
F9	$(88.58\pm2.71)\%$	$(91.06\pm2.11)\%$	$(95.05\pm1.53)\%$	$(86.73\pm1.67)\%$

8.6.2　基于新型标准试验尘的空气净化过滤装置生命周期运行能耗测试

本研究所研发新型试验粉尘，因其粒径分布相比现有的标准化试验尘更为接近实际大气粉尘，因此，其明显的优点就在于既可在低浓度条件下更为科学合理的评价空气净化设备的 $PM_{2.5}$ 净化效率，也可以在高浓度条件下，作为一种更为科学的负荷尘实现实验室条件下的净化装置生命周期加速模拟试验，从而获得更为可靠的空气净化装置全生命周期综合能效预测结果。众多现有研究表明，以纤维过滤器为主的空气净化设备在使用过程中，随着设备逐渐积尘，其阻力与容尘量往往接近呈现 4 次多项式的函数关系，因此，在 2015 年欧洲通风协会（Eurovent）颁布了全球首个基于加速容尘试验的过滤器生命周期能耗评价标准（Eurovent4/11-2015）[30]，该标准中通过在采用标准负荷尘的过滤器寿命加速试验中记录过滤器阻力随容尘量的变化关系，将其回归至如式（8-1）所示的四次多项式，随后按式（8-2）通过积分获得其以容尘量为权重的实验室条件下全生命周期综合平均阻力，进而按式（8-3）估算其年平均运行能耗。

$$\Delta P = a \cdot m^4 + b \cdot m^3 + c \cdot m^2 + d \cdot m + \Delta P_0 \tag{8-1}$$

式中： ΔP——被测过滤器阻力，Pa；

a，b，c，d——被测过滤器阻力与容尘量函数关系回归为 4 次多项式时相关系数；

m——容尘量，g；

ΔP_0——被测过滤器在未容尘时的初始状态下阻力，Pa。

$$\overline{\Delta P} = \frac{1}{M_x} \int_0^{M_x} \Delta P(m) \mathrm{d}m = \frac{1}{5} a \cdot M_x^4 + \frac{1}{4} b \cdot M_x^3 + \frac{1}{3} c \cdot M_x^2 + \frac{1}{2} d \cdot M_x + \Delta P_0 \tag{8-2}$$

式中：$\overline{\Delta P}$——被测过滤器全生命周期综合阻力，Pa；

M_x——标准容尘量，g。为保证对所有空气净化设备的公平评价，规定所有净化设备均达到相同容尘量，而后进行综合阻力能耗的计算以及评价。当使用 ASHRAE 标准所规定负荷尘进行实验时，Eurovent 4/11 标准规定对于 M 组过滤器，标准容尘量为 250g，对于 F 组过滤器，标准容尘量为 100g。

$$W = \frac{q_v \cdot \Delta P \cdot t}{\eta \cdot 1000} \tag{8-3}$$

式中：W——预估年能耗，kWh/年；

q_v——过滤器运行风量，取 0.944m³/s；

ΔP——被测过滤器全生命周期综合阻力，Pa；

t——净化装置年运行时间，取 6000h；

η——估算风机效率，取 50%。

表 8-9 给出了 Eurovent 4/11 标准给出的基于上述试验及计算结果的过滤器能效分级体系。

Eurovent 4/11 所给出基于其规定试验及计算结果的过滤器能效分级体系 表 8-9

过滤器级别	G4	M5	M6	F7	F8	F9
初级状态过滤效率	—	—	—	≥35%	≥55%	≥70%
	试验容尘量 350g（ASHRAE 负荷尘）	试验容尘量 250g（ASHRAE 负荷尘）		试验容尘量 100g（ASHRAE 负荷尘）		
A	0～600kWh	0～650kWh	0～800kWh	0～1200kWh	0～1600kWh	0～2000kWh
B	000～700kWh	650～780kWh	800～950kWh	1200～1450kWh	1600～1950kWh	2000～2500kWh
C	700～800kWh	780～910kWh	950～1100kWh	1450～1700kWh	1950～2300kWh	2500～3000kWh
D	800～900kWh	910～1040kWh	1100～1250kWh	1700～1950kWh	2300～2650kWh	3000～3500kWh
E	900～1000kWh	1040～1170kWh	1250～1400kWh	1950～2200kWh	2650～3000kWh	3500～4000kWh
F	1000～1100kWh	1170～1300kWh	1400～1550kWh	2200～2450kWh	3000～3350kWh	4000～4500kWh
G	>1100kWh	>1300kWh	>1550kWh	>2450kWh	>3350kWh	>4500kWh

本研究中，试验结果表明，尽管采用了粒径分布差别巨大的新型试验粉尘进行生命周期加速试验，但被测过滤器阻力与容尘量对应关系仍呈现一致的函数关系。图 8-16 给出

了当采用 2 号 LCA 模拟试验尘时，1 台 F8 级别过滤器过滤效率以及阻力与容尘量之间的对应关系。从测试结果可以发现，容尘试验过程中，被测过滤器的阻力与容尘量仍呈现较为明显的 4 次多项式函数关系。

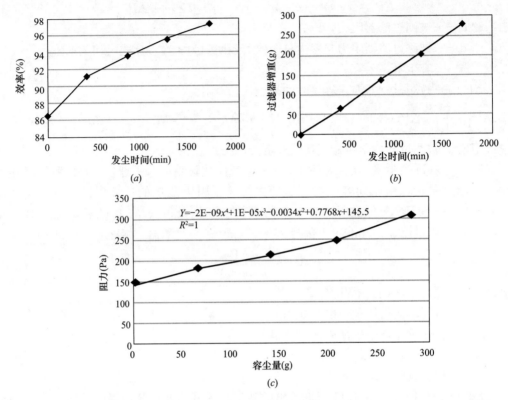

图 8-16　对 1 台 F8 级别过滤器使用 2 号试验粉尘（LCA 模拟试验尘）的生命周期模拟测试结果
（a）PM$_{2.5}$净化效率与容尘时间对应关系；（b）容尘量与试验时间对应关系；（c）过滤器阻力与容尘量间对应关系

表 8-10 给出了采用上述方法对另外 10 台不同级别过滤器使用 2 号试验粉尘并按 Eurovent 4/11 标准进行生命周期综合评价的试验结果。

对 10 台不同级别过滤器使用 2 号试验粉尘并按 Eurovent 4/11
标准进行生命周期综合评价的试验结果

表 8-10

过滤器级别	过滤器编号	滤材型式	过滤器形式	实测容尘量（g）	初始状态下阻力（Pa）	规定容尘量（g）	生命周期综合阻力（Pa）	能耗（kWh/年）	参照 Eurovent 能耗分级体系的分级
F8	20190619	玻纤	袋式	271.1	144.7	100	173.5	1965.0	C
F8	20190823	玻纤	袋式	278.1	141.9	100	168.8	1912.3	B
F8	20190625	玻纤	袋式	280.5	145.5	100	175.5	1987.7	B
F8	20190703	玻纤	袋式	262.7	146.6	100	176.7	2001.7	C
M6	20191114-F6-01	化纤	袋式	56.1	86.2	250	32861.5	372255.3	G
F7	20191031-F7-01	化纤	袋式	57.1	88.2	100	257.0	2910.9	G
F7	20191101-F7-01	化纤	袋式	57.2	87.3	100	228.3	2586.7	G
F7	20191106-F7-01	化纤	袋式	54.8	86.2	100	456.4	5170.5	G
F8	20191011-F8-01	化纤	袋式	64.9	130.5	100	336.6	3813.1	G
F8	20191027-F8-01	化纤	袋式	55.0	143.9	100	321.2	3638.1	G

从测试结果可以看出现行的欧洲标准存在的主要问题是：该标准默认过滤器在使用过程中均将达到相同的容尘量视为达到使用周期的终点，与实际的过滤器应用方式不符。在过滤器实际使用中，没有任何场合可以做到对过滤器容尘量进行监测并指导过滤器更换。实际上所有的过滤器应用场景均以过滤器的实际运行阻力作为监测过滤器是否需要更换的条件。通过规定唯一的计算容尘量，该标准试图把不同过滤器在容尘能力上的差异性反应到其运行能耗表现上，因此在该计算方式下，容尘量大的过滤器生命周期平均阻力会低估，而对于容尘量小的过滤器，其生命周期平均阻力会被极大的高估。例如对表 8-10 中编号为 20191114-F6-01 的 M6 级化纤袋式过滤器，实测容尘量仅为 56.1g，但标准规定容尘量高达 250g，因此计算得到的生命周期平均阻力达到 32861.5Pa，显然这在实际过滤器使用过程中是不可能发生的。过滤器容尘量小，只表示其更换周期短，可能带来较高的更换成本，但并不代表其运行能耗高，例如现有过滤器 A 及 B，A 的容尘量只有 B 的一半，但售价为 B 的 40%，二者在市场竞争上不会存在明显的能力差异，而如果 A 阻力为 B 的 80%，恐怕绝大多数用户会倾向于选择 A。

为使得试验评价结果能够更为科学合理的反应过滤器在实际使用环境下的能耗表现，本研究摒弃了统一的规定容尘量的做法，而采用每台过滤器的实际容尘量作为生命周期平均阻力的计算依据。表 8-11 给出了采用实际容尘量进行计算后的每台过滤器生命周期平均阻力以及预期年能耗。表中数据可以看出，采用实测容尘量进行计算后，所获得的过滤器生命周期平均阻力以及预期年能耗更为贴近实际性能表现。

采用实际容尘量进行计算后的每台过滤器生命周期平均阻力以及预期年能耗　表 8-11

过滤器级别	过滤器编号	滤材型式	过滤器形式	实测容尘量（g）	初始状态下阻力（Pa）	生命周期综合阻力（Pa）	能耗（kWh/年）	参照 Eurovent 能耗分级体系的分级
F8	20190619	玻纤	袋式	271.1	144.7	216.7	2454.6	D
F8	20190823	玻纤	袋式	278.1	141.9	236.4	2677.5	E
F8	20190625	玻纤	袋式	280.5	145.5	218.0	2469.2	D
F8	20190703	玻纤	袋式	262.7	146.6	208.4	2360.9	D
M6	20191114-F6-01	化纤	袋式	56.1	86.2	113.4	1284.1	E
F7	20191031-F7-01	化纤	袋式	57.1	88.2	148.8	1685.8	C
F7	20191101-F7-01	化纤	袋式	57.2	87.3	146.1	1655.1	C
F7	20191106-F7-01	化纤	袋式	54.8	86.2	135.7	1536.7	C
F8	20191011-F8-01	化纤	袋式	64.9	130.5	214.6	2431.5	D
F8	20191027-F8-01	化纤	袋式	55.0	143.9	231.2	2618.8	D

依据表 8-11，改进后的各过滤器预期年能耗水平计算结果基本处于 Eurovent4/11 标准所规定的能耗分级体系范围内，表明该能耗分级体系基本体现了当前过滤器能耗水平，受本课题研究的资金以及时间限制，本节从标准试验尘以及生命周期综合能效计算方法两方面对现有的标准化方法提出了改进，使之能够更为科学合理的反映以过滤器为代表的各类空气净化设备实际运行性能，而能耗分级体系表仍继续沿用该标准规定。在未来的工作中，将通过进一步的大样本测试，摸清在新的试验方法以及计算方法下，空气净化产品的能耗水平分布情况，进一步完善能耗分级体系表，最终实现标准化试验方法对于行业发展的引领作用。

8.7　小结

试验粉尘的粒径分布对于空气净化设备的性能评价至关重要，本研究对北京地区某办公室在 21 个月内共 107 个监测日的室内外大气尘粒径分布进行监测与特征规律分析，研究结果表明，即使室外大气 $PM_{2.5}$ 浓度在不足 $50\mu g/m^3$ 直至 $400\mu g/m^3$ 以上的较大范围内进行变化，大气尘的粒径分布仍具有一定普遍规律，这体现在大多数情况下，大气尘粒径分布可采用双峰对数正态分布的叠加加以描述，分布函数的峰值粒径相对固定，其中核模态范围对应峰值粒径约为 $20\sim50nm$，聚集模态对应峰值粒径约为 $100\sim140nm$，峰值粒径浓度比约 $0.74\sim2.02$，并且上述规律与国外类似监测研究结果具有可比性。这表明基于上述研究成果，研发新的空气净化装置性能试验粉尘以及相应的性能评价方法具有可能性以及普遍意义。

其次，对室内外大气尘粒径分布对比以及计径 I/O 比监测研究结果表明，在没有明显的室内污染源的条件下，即使在门窗关闭条件下，室外悬浮颗粒物仍能随自然渗透通风过程对室内空气产生影响，而对于不同粒径颗粒物而言，其穿透围护结构进而影响室内环境的能力具有差异性，$100\sim300nm$ 范围内的颗粒物在进入室内的过程中数量损失最小，也最容易影响室内环境。

本研究中，2 种粒径分布，4 种浓度水平的新型标准试验粉尘被研发并应用于一般通风用过滤器的 PM 净化效率评价以及生命周期综合能耗加速模拟评价。净化效率评估测试结果显示，对 M5～F8 级别过滤器，使用 1 号试验粉尘的净化效率测试结果相比国标 GB/T 34012 约低 15～20 个百分点，相比 ISO 16890 低约 10～15 个百分点。而当使用 2 号试验粉尘时，对 M5～F8 级别过滤器，试验结果相比国标 GB/T 34012 约低 10～15 个百分点，相比 ISO 16890 低约 2～9 个百分点。尽管对于效率最高的 F9 级别过滤器，上述差异变小，但总体而言，基于新型试验粉尘的测试结果显示，现有标准化试验方法会明显的高估净化设备的净化能力，从而对建筑物室内环境空气质量的设计以及控制带来不利影响。

对于生命周期综合能耗模拟试验尘方面，现有的各种标准负荷尘其粒径远大于实际大气粉尘[7]，导致模拟测试评价结果难以反映净化装置实际运行表现。本研究中，通过使用新研发的模拟试验尘，改进生命周期综合平均阻力的计算方法，可使得试验结果能够更为科学合理的反映净化装置实际使用中的运行能耗水平。

但受到时间限制，本研究所研发试验粉尘以及试验方法仍存在诸多不足，需要在未来研究中进一步改进提升。相比于以道路荒漠土为主要成分的传统测试粉尘，本研究所研发新型试验粉尘以纳米尺度的结晶 KCl 盐颗粒为主，虽然其粒径分布更为贴近大气环境，但在相同条件下，其质量浓度仅为传统试验粉尘质量浓度的 3%，导致试验时间大幅增加，本研究中，在连续不间断条件下，需要约 28h 方能完成 1 台 F8 级别玻纤过滤器的生命周期加速试验，这一试验周期不易为一般的实验室所接受，而在不大幅增加试验粉尘浓度的条件下，如果通过间断方式完成试验，则又面临 KCl 盐颗粒物的潮解问题。对于大多数无机盐类，其都具备吸湿潮解的特性，因此在试验暂停期间，即使仍保持试验台的运行风量以及湿度控制，仍难以避免盐颗粒吸收空气中的水分以及可凝结有机气体分子，而从固态向液态转变，而一旦其转变为液滴状态，就会具备一定的流动性，在重力作用下，液滴可能从过滤器内部纤维脱落，宏观表现为过滤器阻力的下降。图 8-17 给出了对某 1 台玻纤过滤器进行 4 天的间断发尘试验测试结果。从测试结果可见，在每工作日结束测试后，尽管试验台仍保持试验风量运行，同时始终开启干燥装置保证试验空气相对湿度始终低于30%，但在次日开始测试时仍可发现，被测过滤器阻力下降 10~20Pa 不等。

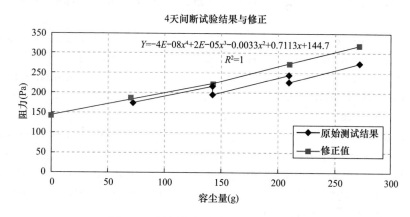

图 8-17　间断发尘试验测试结果与修正

基于已捕集盐颗粒的潮解以及纤维上的二次移动以及脱落从而导致过滤器阻力下降这一假设，研发团队采用了一种较为简单的修正方法，即把因间断试验而导致的阻力下降值作为修正值加到次日的实测结果上，见图 8-17 中修正后曲线，图 8-18 给出了修正后试验曲线与另外两台同批次过滤器连续发尘测试曲线对比，对比结果显示，此修正方法基本可保证修正后的曲线及测试结果与连续发尘测试结果相当。但其内部机理以及更多对比验证测试仍是必要的，也是未来研究工作的一个方向。

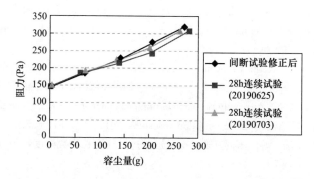

图 8-18　间断发尘试验修正曲线与连续发尘试验结果比对

参考文献

［1］ 许钟麟. 空气净化原理［M］.（第四版）. 北京：科学出版社，2013.

［2］ William C. Hinds，Aerosol Technology：Properties，Behavior，and Measurement of Airborne Particles（second edition）［M］. John Wiley& Sons Inc.，1999

［3］ International Standard Organization. ISO 15957：2015，Test dusts for evaluating air cleaning equipment［S］. ISO，2015.

［4］ International Standard Organization. ISO 12103：2016，Road vehicles-Test contaminants for filter evaluation [S], ISO, 2015.

[5]　American National Standardization Institute. ANSI/AHSRAE52.2: 2007, Method of Testing General Ventilation Air-Cleaning Devices for Removal Efficiency by Particle Size [S]. ANSI, 2007.

[6]　International Standard Organization. ISO 16890-1: 2016, Air filters for general ventilation-Part 1: Technical specifications, requirements and classification system based upon particulate matter efficiency (e_PM) [S]. ISO, 2016.

[7]　International Standard Organization. ISO 16890-2: 2016, Air filters for general ventilation-Part 2: Measurement of fractional efficiency and air flow resistance [S]. ISO, 2016.

[8]　International Standard Organization. ISO 16890-3: 2016, Air filters for general ventilation-Part 3: Determination of the gravimetric efficiency and the air flow resistance versus the mass of test dust capturde [S]. ISO, 2016.

[9]　International Standard Organization. ISO 16890-4: 2016, Air filters for general ventilation-Part 4: Conditioning method to determine the minimum fractional test efficiency [S]. ISO, 2016.

[10]　L. Bao etc. Investigation on Size Distribution of Ambient Aerosol Particles for ISO Standardization of Test Dusts for General Ventilation Air filters [C]. Research Conference in Autumn 2011 by The Society of Powder Technology, Japan.

[11]　Kenneth T W. The physical characteristics of sulfur aerosols [J]. Atmospheric Environment, 1978 (12): 135-159.

[12]　Wolfram B, Alfred W, Host H, et al. Atmospheric particle number size distriibution in Central Europe: Statistical relations to air masses and meteorology [J]. Journal of geophysical research, 2001 (106): 32005-32018.

[13]　Gomez-Moreno F J, Pujadas M, Plaza J, et al. Influence of seasonal factors on the atmospheric particle number concentration and size distribution in Madrid [J]. Atmospheric Environment, 2011 (45): 3169-3180.

[14]　Li L J, Wang Y, Li J X, et al. The characteristic of atmospheric particle size distribution and their light extinction effect in Beijing during Winter and Spring time [J]. Research of Environmental Sciences, 2008 (21): 90-94.

[15]　Yuji F, Prashant K, Kenji T, et al. Seasonal differences of the atmospheric particle size distribution in a metropolitan aren in Japan [J]. Science of the total environment, 2012 (437): 339-347.

[16]　Ismael L S, Elba C T. Atmospheric particle number concentration and size distribution in a traffic-impacted area [J]. Atmospheric pollution research, 2015 (6): 877-885.

[17]　杨柳, 吴烨, 宋少洁, 等. 不同交通状况下道路边天气颗粒物数浓度粒径分布特征 [J]. 环境科学, 2012 (33): 694-700.

[18]　You R, Hong Z X, Lu W X, et al. Variations of atmospheric aerosol concentration and size dirstribution with time and altitude in the boundary layer [J]. Advances in Atmospheric Sciences, 1958 (2): 243-250.

[19]　Benjamin Y H, Liu Francisco J etc. A wide-range particle spectrometer for aerosol measurement from $0.010\mu m$ to $10\mu m$ [J]. Aerosol and Air Quality Research, 2010 (10): 125-139.

[20]　Vladdimir Z, Jirismolik, Kostas E, et al. Dynamics of atmospheric aerosol number size distribution in eastern Mediterranean during the "SUB-AERO" project [J]. Water Air Soil Pollution, 2011 (214): 133-146.

[21]　Wehner B, Birmili W, Gnauk T, et al. Particle number size distributions in a street canyon and their transformation into the urban-air background: Measurements and a simple model study [J].

Atmospheric Environment，2002，36（13）：2215-2223.

［22］ 王嘉松，陈达良，宁治，等. 不同燃料汽车排放超细微粒特性的实验研究［J］. 环境科学，2006，27（12）：2382-2385.

［23］ 李新令，黄震，王嘉松，等. 汽油机排气颗粒粒径分布特征试验研究［J］. 环境化学，2008，27（1）：64-68.

［24］ Imhof D，Weingarther E，Ordó ez C，et al. Real-world emission factors of fine and ultrafine aerosol particles for different traffic situations in Switzerland［J］. Environmental Science & Technology，2005，39（21）：8341-8350.

［25］ William J R，Thomas E M，Alvin C K L，et al. Indoor particulate matter of outdoor origin：Importance of size-dependent removal mechanisms［J］. Environmental Science and Technology，2002（36）：200-207.

［26］ Peng C G，Chan M N，Chan C K. The hygroscopic properties of dicarboxylic and multifunctional acids：Measurements and UNIFAC predictons［J］. Environ. Sic. Technol. ，35：4495-4501.

［27］ Wang X，Jing B，Tan F，et al. Hygroscopic behavior and chemical composition evolution of internally mixed aerosols composed of oxalic acid and ammonium sulfate［J］. Atmos. Chem. Phys. ，17：12797-12812.

［28］ Seinfeld J H，Pandis S N. Atmospheric Chemistry and Physics：From Air Pollution to Climate Change（3rd edition）［M］. New Jersey：John Wiley & Sons, Inc. ，Hoboken，2016.

［29］ 中国建筑科学研究院. GB/T 34012—2017 通风系统用空气净化装置［S］. 北京：中国标准出版社，2017.

［30］ Eurovent. Energy efficiency classification of air filters for general ventilation purposes［S］. Eurovent，2011.

第9章 空气净化装置全生命周期综合评价方法

9.1 引言

产品全生命周期是产品系统中前后衔接的一系列阶段，从自然界或从自然资源中获取原材料，直至最终处置，具体涵盖了原材料获取、产品设计、生产加工、包装运输、运行使用、维护保养、报废和回收处理的整个过程。全生命周期评价（Life Cycle Assessment，LCA）是对产品系统的生命周期中输入、输出及潜在环境影响的汇编和评价。LCA方法论框架将生命周期评价的基本结构归纳为四个有机联系部分：目的和范围的确定、清单分析、影响评价和改善分析[1]。近年来，随着消费模式的转变和国家高质量发展的要求，人们对健康环保的绿色产品更加关注，产品的全生命周期评价形式也转向于绿色产品的评价和认证，政府相关部门也纷纷出台相关政策。2015年中共中央、国务院在《生态文明体制改革总体方案》中提出，要"建立统一的绿色产品体系。将目前分头设立的环保、节能、节水、循环、低碳、再生、有机等产品统一整合为绿色产品，建立统一的绿色产品标准、认证、标识等体系。完善对绿色产品研发生产、运输配送、购买使用的财税金融支持和政府采购等政策"。2015年发布的《中国制造2025》中也提出"全面推行绿色制造，强化产品全生命周期绿色管理，努力构建高效、清洁、低碳、循环的绿色制造体系，制定绿色产品、绿色工厂、绿色园区、绿色企业标准体系，开展绿色评价"。2016年工业和信息化部办公厅关于开展绿色制造体系建设的通知[工信厅节函〔2016〕586号]也指出"绿色产品是以绿色制造实现供给侧结构性改革的最终体现，侧重于产品全生命周期的绿色化。积极开展绿色设计示范试点，按照全生命周期的理念，在产品设计开发阶段系统考虑原材料选用、生产、销售、使用、回收、处理等各个环节对资源环境造成的影响，实现产品对能源资源消耗最低化、生态环境影响最小化、可再生率最大化。选择量大面广、与消费者紧密相关、条件成熟的产品，应用产品轻量化、模块化、集成化、智能化等绿色设计共性技术，采用高性能、轻量化、绿色环保的新材料，开发具有无害化、节能、环保、高可靠性、长寿命和易回收等特性的绿色产品。"

因此，在遵循传统的生命周期评价理念和方法的基础上，综合国家发展高端绿色产品制造的要求，国家十三五重点研发计划项目"建筑室内空气质量控制的基础理论和关键技术研究"中"建筑室内空气质量控制关键产品开发"课题组（课题编号：2017YFC0702705）从绿色产品全生命周期综合评价的角度，对空气净化装置（包括通风系统用空气过滤器、新风净化系统和家用空气净化器等产品）全生命周期综合评价方法进行了探索，并完成了中国工程建设标准化协会标准《绿色建材评价-新风净化系统》T/CECS 10061—2019[2]的编制。本章结合绿色产品评价的要求，以一种新的视野从产品设计阶段评价、生产过程评价、使用评价、售后服务评价和产品废弃处理评价等方面对空气净化装置全生命周期的评价进行了介绍，并对全生命周期综合评价未来工作进行了展望。

9.2 设计阶段评价

产品的传统设计（图 9-1）仅从实现产品的功能需求、控制质量和降低成本方面进行考虑，而对产品全过程的环境影响、能源和资源的有效利用考虑较少。而产品绿色设计（又称生态设计，如图 9-2 所示），是按照全生命周期的理念，在产品设计开发阶段系统考虑原材料选用、生产、使用、回收和废弃处理等各个环节对资源环境造成的影响，力求产品在全生命周期中最大限度降低资源消耗、尽可能少用或不用含有有毒有害物质的原材料，减少污染物的产生和排放[3]。空气净化装置本身作为一种净化建筑室内环境的产品，更应该摒弃传统的设计方法，遵循产品绿色设计的要求，在设计过程中就考虑原材料的设计、资源利用设计和节能设计等方面，确保不仅在使用环节能营造绿色健康的建筑环境，而且在产品生命周期的其他环节也能将环境污染降到最低。

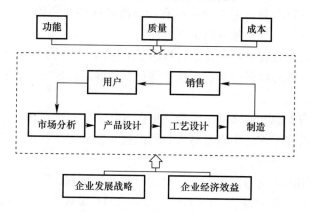

图 9-1 产品的传统设计示意图

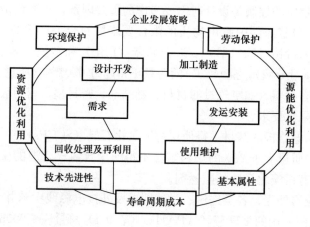

图 9-2 产品的绿色设计示意图

9.2.1 原材料的设计

空气净化装置包括阻隔式空气过滤器、静电式空气过滤器、新风净化机、新风净化热回收装置和家用空气净化器等类型产品，涉及许多方面的原材料。

对于阻隔式空气过滤器，主要原材料有：（1）过滤材料是关键的原材料，而过滤材料又分很多种类如玻璃纤维滤料、合成纤维滤料（包括无纺布聚酯（PET）化学纤维、尼龙、聚丙烯（PP）、聚酰胺、聚苯硫醚（PPS）、聚四氟乙烯（PTFE）、芳族聚酰亚胺（P84）、偏芳族聚酰胺（Nomex）、三聚氰胺（Basofil）等材质）、天然纤维（如棉、毛、丝和麻等）、复合滤料（如纺粘非织造布和熔喷非织造布复合滤料、PTFE 覆盖在机织布、非织造布或玻璃纤维滤料上制造而成的复合滤料等）和其他功能性滤料（如耐高温、耐腐蚀、抗静电、拒水、拒油、阻燃、去除有害气体、抗菌等过滤材料）。不同的过滤材料由于其原材料化学成分、制造工艺等方面的差异，其在生产、使用和废弃处理过程中可能带来的环境影响也存在差异，如何将过滤材料的二次污染降到最低是一个不容忽视的问题。（2）框体材料，包括纸框、木框、镀锌钢材框、不锈钢材框、铝合金型材框和塑料框等。（3）其他材料，如铝箔、纸分隔物、牛皮纸分隔板、黏结剂（氯丁橡胶、硅树脂等）、热熔胶。

对于静电式空气过滤器，主要原材料有：电离极材料（如钨丝、不锈钢针尖等）、集尘板材料（铝合金和塑料等）和电路板元器件。

对于新风净化热回收装置，主要原材料除了上述的空气过滤器外，还包括另外一种特殊的换热芯部件，换热芯材料通常有纸质芯体材料、聚苯乙烯芯体材料、铝芯和高分子芯体材料等。

产品设计时就应考虑如何降低全生命周期内（特别废弃物处理）原材料可能带来的环境负担，其中原材料和零部件中有毒有害物质的控制是关键。在满足使用功能要求的前提下，尽量选择环保型原材料：

（1）产品中采用的静电过滤器、空气过滤材料、黏结剂、密封胶、密封垫、防护网和边框等应符合国标 GB/T 14295[4] 和 GB/T 13554[5] 的有关规定，采用的换热芯材料应符合国标 GB/T 21087[6] 的有关规定。

（2）有毒有害物质的控制是设计时需要考虑的重要因素，主要包括以下方面：

1）产品原材料和零部件中限用物质的限量要求应符合 GB/T 26572[7] 的要求，即铅（Pb）、汞（Hg）、六价铬（Cr（Ⅵ））、多溴联苯（PBB）和多溴二苯醚（PBDE）的含量不得超过 0.1%（质量分数），镉（Cd）的含量不得超过 0.01%（质量分数）。应特别关注空气净化装置中特有材料（如空气过滤材料、黏结剂、密封垫、密封胶、热熔胶和换热芯体等）的限用物质限量要求。

2）产品外壳和电路板的基材不得使用短链氯化石蜡（SCCPs）。

3）产品外壳中质量大于 25g 的塑料零件不得使用含氯、含溴的聚合物，不得添加含有有机氯化合物、有机溴化合物的阻燃剂。

4）产品中遥控器外壳、各类按键、过滤网以及外接电源线中苯并（a）芘的含量应≤20mg/kg，18 项限制使用的多环芳烃（PAHs）（表 9-1）总量应≤200mg/kg。

限制使用的多环芳烃（PAHs）　　　　　　　　　　　　　表 9-1

中文名称	英文名称	缩写
萘	Naphthalene	Nap
苊	Acenaphthylene	Acp
苊烯	Acenaphthene	AcPy

续表

中文名称	英文名称	缩写
芴	Fluorene	Flu
菲	Phenanthrene	PA
蒽	Anthracene	Ant
荧蒽	Fluoranthene	FL
芘	Pyrene	Pyr
苯并（a）蒽	Benzo（a）anthracene	BaA
1，2-苯并菲	Chrysene	CHR
苯并（b）荧蒽	Benzo（b）fluoranthene	BbF
苯并（k）荧蒽	Benzo（k）gluoranthene	BkF
苯并（e）芘	Benzo（e）pyrene	BeP
苯并（a）芘	Benzo（a）pyrene	BaP
茚并（1，2，3-cd）芘	Indeno（1，2，3-cd）pyrene	IND
二苯并（a，h）蒽	Dibenzo（a，h）anthracene	DBA
苯并（g，h，i）苝	Benzo（g，h，i）perylene	BghiP
苯并（j）芘	Benzo（j）fluoranthene	BjF

5）产品中除电线电缆外，质量大于 25g 的塑料零件不得使用表 9-2 中列出的邻苯二甲酸酯作为增塑剂。

禁止使用的邻苯二甲酸酯　　　　　　　　　　　　　表 9-2

中文名称	英文名称	缩写
邻苯二甲酸二异壬酯	Di-iso-nonyl Phthalate	DINP
邻苯二甲酸二辛酯	Di-n-octyl Phthalate	DNOP
邻苯二甲酸二异癸酯	Diisodecyl Phthalate	DIDP
邻苯二甲酸二（2-乙基己）酯	Di-(2-ethylhexyl) Phthalate	DEHP
邻苯二甲酸二丁酯	Dibutyl Phthalate	DBP
邻苯二甲酸苯基丁酯	Benzylbutyl Phthalate	BBP

6）产品包装不得使用氢氟氯化碳（HCFCs）作为发泡剂，包装和包装材料中重金属铅、镉、汞和六价铬的总量不得超过 100mg/kg。

9.2.2 资源利用设计

（1）原材料利用率

原材料利用率是指合格产品中所包含的某种原材料量占产品生产所投入到该种原材料量的百分比[8]，其计算公式如式（9-1）所示：

$$r = \frac{M_1}{M_y} \times 100 \tag{9-1}$$

式中：r——某种原材料利用率，%；

M_1——统计期内生产合格产品所包含的该种原材料的量（质量），kg；

M_y——统计期内该种原材料的消耗量（质量），kg。

原材料成本占产品成本的比例非常高，机械制造业一般达到 60%～70%，因此提高原材料利用率对提高企业的经营利润影响很大。同时，原材料利用率也是反映产品生产企业在技术和管理各方面状况的综合性指标。原材料利用率主要受以下方面影响：1）工艺性材料损耗，如机械加工的切屑材料、加工准备中产生的料头、边角余料等，这与产品设计是否合理、生产工艺和生产设备是否先进等因素有关；2）非工艺性材料损耗，如物料中是否有丢失、损坏、变质、代用等，这反映了生产企业的管理水平。

提高材料利用率是节约成本和节约资源的有效手段。对于空气净化装置产品而言，可以从以下方面进行设计考虑产品：1）外壳或边框（如空气过滤器的铝合金外框、新风净化机、新风热回收装置的机壳、家用空气净化器的塑料外壳、静电过滤装置金属集尘板）材料的优化设计，减少制作过程中的边角料等不可利用材料；2）空气过滤器生产过程中过滤材料存在切边废料或者滤料折纸等加工过程中产生的废品，设计过程中提前做到优化设计、生产和管理，以提高产品的原材料利用率；3）换热芯体材料的有效利用。除了从结构上进行设计提高原材料利用率外，更重要的是要提前设计好生产过程中原材料消耗的统计管理工作，以切实掌握原材料利用的实际情况，为原材料利用率的不断提高提供数据支撑，这可能是目前许多生产企业所忽视的。

（2）设计时考虑材料的可回收利用和可再生利用，对于空气净化部件和换热芯部件应考虑其可清洁性和清洗性，以尽量延长使用寿命。图 9-3 所示为全热回收芯体（芯体材质为高分子聚合物）清洗 10 次前后有效换气率、制冷工况焓交换效率和制热工况焓交换效率的检测结果，可以看出清洗前后芯体的性能变化很小，表明该种芯体材料的可清洗性较好，能够延长使用寿命和减少运行代价。图 9-4 所示为静电净化装置清洗 1 次前后 $PM_{2.5}$净化效率、微生物净化效率和臭氧浓度增加量三个主要性能参数的变化情况，可以看出三个参数变化很小或几乎没有变化；静电净化装置使用过程中放电极和集尘极上粘结灰尘，容易对材料造成腐蚀，且静电净化装置经常需要清洗，清洗溶剂的种类也较多，这些因素都会对静电净化装置的长期运行效果造成影响，因此其可清洁性的好坏非常重要，但这经常容易被生产商和使用方所忽视。

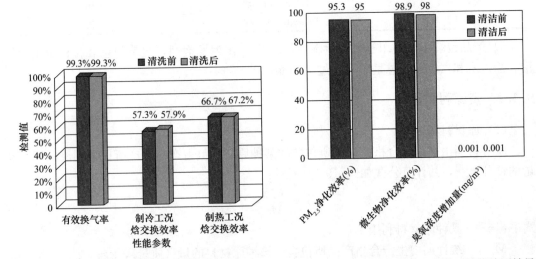

图 9-3　全热回收芯体清洗 10 次前后性能检测结果　图 9-4　静电净化装置清洗 1 次前后性能检测结果

（3）轻量化设计，减少材料的使用量。

（4）原材料的获取应考虑就近原则，以尽可能地减少运输过程中带来的资源消耗和能源消耗，这就需要综合考虑原材料运输半径和原材料的运输方式（如铁路运输、公路运输、轮船运输和空运等）等因素的影响。

（5）设计时考虑减少生产过程中的资源消耗。

9.2.3 节能设计

空气净化装置生命周期的节能设计主要涉及两部分：生产过程的节能管理设计和产品的节能设计。

（1）生产过程的节能管理设计

能源管理体系是保证企业生产过程中节能的重要措施，空气净化装置生产企业应该按照《能源管理体系要求》GB/T 23331[9]组织建立能源管理体系，持续提高能源绩效（包括能源使用、能源消耗、能源强度和能源效率等方面），以降低生产过程中的能源成本，减少温室气体排放等环境影响。能源管理过程可以采用如图 9-5 所示的基于策划-实施-检查-改进（PDCA）的持续改进模式。能源管理体系认证在我国开展较晚，目前通过该项认证的企业较少，所以生产企业可以采用提供能源管理体系认证证书、自我评价或自我声明等方式来表明其能源方针和能源管理体系的符合性。

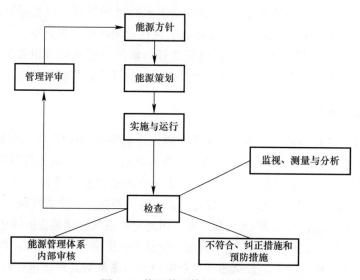

图 9-5　能源管理体系运行模式

此外，生产过程的节能管理还包括鼓励使用清洁能源（如太阳能、地热能等可再生能源）以及工业废热的回收利用。

（2）产品的节能设计

空气净化装置应用于各种类型的公共建筑和居住建筑，不断降低使用过程中的能耗是建筑节能一直努力的方向，特别是近年来"超低能耗建筑""近零能耗建筑""零能耗建筑"和"被动房建筑"等的兴起，对于建筑中所使用的产品能耗要求也越来越严格，比如我国《近零能耗建筑技术标准》GB/T 51350—2019 和德国被动房认证的相关文件中就明确要求户式新风热回收装置的单位风量风机耗功率不应高于 $0.45W/(m^3/h)$，这就需要产品设计时在考虑空气净化、热舒适的前提下，还需综合考虑产品结构设计、气流设计、部件选型等方面，以降低产品能耗。对于空气净化装置产品，结合实际应用情况，其节能设计主要包括以下内容：

1）对于不带动力（风机）的空气净化装置（如空气过滤器、静电式空气过滤器等产品），由于其应用于建筑通风系统，其阻力的大小对整个通风系统的能耗有较大影响，因此应关注其高效低阻的性能。实现方法包括采用新型高效低阻的过滤材料，优化设计过滤器结构形式和气流形式、减少结构阻力，采用新型高效低阻的净化技术（如静电增强技术、梯度滤料技术、电离＋驻极体过滤技术等）。

2）对于带动力的空气净化装置（如新风净化机、新风净化热回收装置和家用空气净化器等），其能源消耗受三部分影响较大：风机的能力、空气净化部件阻力和产品结构气流通道阻力，因此需要从这三方面进行优化设计选型。

3）对于带热回收功能的空气净化装置，换热芯体阻力的大小、换热芯体热回收效率的高低对产品能耗以及能源的回收利用有较大影响。同时，在严寒及寒冷地区，为了防止芯体结冰和结霜通常采用电加热进行新风预热，需考虑电加热功率的大小和控制逻辑对能耗的影响。近年来随着新风热回收-热泵一体机的发展，热泵部分的能效比或性能系数大小也需要进行考虑。

4）产品节能运行控制装置的设计，如自动清洁的过滤装置可以根据过滤器集尘后的阻力情况进行自动清洁或更换滤料，降低运行能耗；新风净化机根据室内二氧化碳浓度或 $PM_{2.5}$ 浓度指标自动调节风量大小，降低风机能耗；新风热回收装置设置旁通阀，可以根据最小经济温差（焓差）控制新风热回收装置旁通阀的开启，降低能耗等。

9.2.4　绿色设计评价

2015 年 11 月 23 日印发的《国务院关于积极发挥新消费引领作用　加快培育形成新供给新动力的指导意见　国发〔2015〕66 号》文件，提出了产品和服务自我声明要求，"提高国内标准与国际标准水平一致性程度，建立企业产品和服务标准自我声明公开和监督制度。"国务院针对服务消费、信息消费、绿色消费、时尚消费、品质消费和农村消费的升级，进一步提出了应开展企业产品和服务自我声明。因此对于空气净化装置的绿色设计评价，可以采用企业自我评价和自我声明的方式来实施，摆脱传统标准指标的束缚，由企业自行声明产品在设计中的亮点和创新点。公众通过企业的自我承诺来对其产品进行监督和约束。

依据《产品生态设计通则》GB/T 24256—2009，按照全生命周期的理念，在产品设计开发阶段系统考虑原材料选用、生产、销售、使用、回收、处理等各个环节对资源环境造成的影响，力求产品在全生命周期中最大限度降低资源消耗，尽可能少用或不用含有有害物质的原材料，减少污染物产生和排放。空气净化装置产品绿色设计声明自评价内容包括但不限于表 9-3 所示内容。

空气净化装置产品绿色设计声明自评价内容　　　　　　　　　　　表 9-3

设计指标	要求	判定依据	备注
产品原材料选型	产品的有害物质含量应符合 GB/T 26572 相关要求	提供关键原材料有害物质含量表，依据 GB/T 26125 或等同标准检测并提供检测报告及豁免说明文件	环境要求

续表

设计指标	要求	判定依据	备注
产品可回收利用或可再生利用考虑	产品生产、使用和回收处理等阶段减少资源消耗	提供设计说明文件	资源要求
节能	设计过程中综合考虑影响产品能耗的因素，最大限度降低产品能耗，或者使用可再生能源	提供设计说明文件	能源要求
创新设计	关键性能指标明显优于相关国家或行业标准	提供证明文件	品质要求
使用的便利性	外观设计的舒适、远程监控和智能控制	提供设计说明文件	品质要求
安装施工的便利性	—	提供标准化安装施工说明文件	品质要求
产品维护的便利性	便于拆卸、可清洁或可更换部件的维护和关键零部件的维修便利	提供设计说明文件	品质要求
服务	服务项目及收费标准化、服务速度和质量的承诺	提供说明文件	品质要求

9.3 生产过程评价

随着工业生产的发展，生产过程控制对于提高产品质量、改善环境污染问题、提升工作环境起到越来越重要的作用。特别是通过多年的探索实践，近年来绿色生产和清洁生产的理念逐渐被人们所接受，人们发现仅仅依靠末端治理无法从根本上消除污染，要想彻底解决污染问题必须从生产源头进行削减和解决。空气净化装置的生产工序包括钣金加工、折弯组装、冲压焊接，过滤器切纸、打折和胶粘，换热芯素子的注塑、熔接，喷涂和产品组装，机器外表面清洁等，生产过程会带来大气污染、水污染、固体废弃物污染和噪声污染等，因此有必要对空气净化装置的生产过程从清洁生产和安全生产两方面进行要求及评价，以不断提高产品的制造水平。

9.3.1 清洁生产

清洁生产，是指不断采取改进设计、使用清洁的能源和原料、采用先进的工艺技术与设备、改善管理、综合利用等措施，从源头削减污染，提高资源利用效率，减少或者避免生产、服务和产品使用过程中污染物的产生和排放，以减轻或者消除对人类健康和环境的危害。20世纪60年代，美国化工行业开始实施污染预防审计，1989年联合国环境规划署（UNEP）提出清洁生产概念，欧盟于1996年通过了"综合污染预防与控制（IPPC）"指令，提出企业工业生产全过程污染防治的清洁生产理念，我国于2003年颁布了《中华人民共和国清洁生产促进法》，2012年对该法进行了修订。经过多年的发展，清洁生产实践逐渐趋于成熟，并得到各国政府和企业的普遍认可。《中华人民共和国清洁生产促进法》的实施对于促进我国生产过程中的节能减排起到了非常重要的作用。清洁生产与我国生产制造业的高质量发展、绿色发展息息相关，也是我国污染防治攻坚战的重要内容和重要保障。因此，在空气净化装置生产行业也应大力推行清洁生产，对于生产企业清洁生产的评价可主要基于以下方面：

（1）产品零部件组装、连接过程中应采用无铅焊接工艺。

（2）钣金件前处理过程中不得使用含磷的脱脂剂和皮膜剂。

（3）产品生产和维护过程中不使用氢氟氯化碳（HCFCs）、1，1，1-三氯乙烷（$C_2H_3Cl_3$）、三氯乙烯（C_2HCl_3）、二氯乙烷（CH_3CHCl_2）、二氯甲烷（CH_2Cl_2）、三氯甲烷（$CHCl_3$）、四氯化碳（CCl_4）和溴丙烷（C_3H_7Br）等有害物质作为清洁溶剂。

（4）对产品的包装应当合理，包装的材质、结构和成本应当与内装产品的质量、规格和成本相适应，减少包装性废物的产生，不得进行过度包装，产品包装应符合 GB/T 1019 和 GB/T 18455 标准要求。

（5）生产企业的污染物排放应符合相关环境保护法律法规、适用的国家或地方污染物排放标准的要求，且近三年无重大环境污染事件和重大安全事故。可由生产企业提供生产厂房环评报告（环境影响报告表和批复文件）、生产厂房排污许可证或第三方检测报告（噪声、废水、废气等）、生产厂房近 3 年无重大环境污染事件证明文件或企业诚信声明。

（6）一般固体废弃物的收集、贮存、处置应符合 GB 18599 的相关规定。危险废物的贮存应符合 GB 18597 的相关规定，后续应交付持有危险废物经营许可证的单位处置。可由生产企业提供固体废弃物收集、贮存、处置受控文件和危险废弃物贮存及处理受控文件（如有危险废物产生）。

（7）生产企业应按照 GB/T 19001 和 GB/T 24001 要求分别建立并运行质量管理体系和环境管理体系。可由生产企业提供质量管理体系认证证书和环境管理体系认证证书。

（8）生产企业应采用国家鼓励的先进技术工艺，不应使用国家或有关部门发布的淘汰或禁止的技术。由生产企业提供未使用国家或有关部门发布的淘汰或禁止技术自我声明。

（9）生产企业应建立并运行节水、节材的管理体系，最大限度实现水资源和废弃物的有效利用。由生产企业提供节水、节材的管理文件。

9.3.2　安全生产

生产企业应该开展安全生产标准化工作，应遵循"安全第一、预防为主、综合治理"的方针，落实企业主体责任。以安全风险管理、隐患排查治理、职业病危害防治为基础，以安全生产责任制为核心，建立安全生产标准化管理体系，全面管控生产经营活动各环节的安全生产与职业卫生工作，实现安全健康管理系统化、岗位操作行为规范化、设备设施本质安全化，并持续改进。生产企业应建立一套安全生产规章制度，至少应包含下列内容：安全生产职责、安全生产投入、文件和档案管理、隐患排查与治理、安全教育培训、特种作业人员管理、设备设施安全管理、建设项目安全设施"三同时"管理、生产设备设施验收管理、生产设备设施报废管理、施工和检维修安全管理、危险物品及重大危险源管理、作业安全管理、相关方及外用工管理、职业健康管理、防护用品管理、应急管理、事故管理等。

对于空气净化装置生产企业安全生产的评价主要基于以下方面：

（1）生产企业安全生产标准化工作应满足 GB/T 33000（或 AQ/T 9006）二级要求[10,11]；

（2）职业健康安全。生产企业工作场所有害因素职业接触限值，应满足 GBZ 2.1 和 GBZ 2.2 要求[12,13]。生产企业应依据标准《工作场所有害因素职业接触限值　第 1 部分：

化学有害因素》GBZ 2.1 和《工作场所有害因素职业接触限值 第 2 部分：物理因素》GBZ 2.2 定期对工作场所的有害物质进行检测，检测内容根据不同工艺可能产生的有害物质进行确定，可以包括（但不限定）：电焊烟尘、砂轮磨尘、氧化铝粉、三氧化铬、铜烟、锰及无机化合物、镍及无机化合物、二氧化锡、氧化锌、一氧化碳、二氧化氮、臭氧、非甲烷总烃、苯、甲苯、二甲苯、甲醛、乙酸乙酯、乙酸丁酯、丙烯酸甲酯、紫外辐射和噪声等。对于检测不合格的项目要进行整改和预防。

（3）按照 GB/T 28001[14]建立并运行职业健康安全管理体系，提供涵盖空气净化装置生产的职业健康安全管理体系认证证书。

9.4 使用评价

9.4.1 使用寿命评价

（1）通风系统用空气净化装置使用寿命评价方法

空气净化装置的容尘量可以近似采用计算公式（9-2）表示：

$$D_h = T \times C_x \times Q \times E \times 10^{-3} \tag{9-2}$$

转换得到公式（9-3）：

$$T = \frac{D_h \times 1000}{C_x \times Q \times E} \tag{9-3}$$

式（9-2）和式（9-3）中：

D_h——空气净化装置容尘量，g；

T——空气净化装置的使用寿命（即使用时长），h；

C_x——室外大气颗粒物年平均浓度，mg/m³；对粗效过滤器、中效过滤器和高中效及以上级别过滤器，分别取项目所在地近三年室外 TSP、PM_{10} 和 $PM_{2.5}$ 颗粒物年平均浓度，部分典型城市 2016～2018 年室外大气 $PM_{2.5}$ 浓度和 PM_{10} 浓度如表 9-4 所示，如果近三年室外 TSP 年平均浓度无法获得，其值可以取《环境空气质量标准》GB 3095—2012 中所规定的二级 TSP 浓度年平均值；

Q——空气净化装置设计新风量，m³/h；

E——粗效过滤器对 TSP 的净化效率，%；中效过滤器对 PM_{10} 的净化效率，%；高中效及以上级别过滤器对 $PM_{2.5}$ 的净化效率，%。

典型城市 2016～2018 年室外大气 $PM_{2.5}$ 年平均浓度和 PM_{10} 年平均浓度　　表 9-4

典型城市	室外大气 $PM_{2.5}$ 年平均浓度（μg/m³）			室外大气 PM_{10} 年平均浓度		
	2016 年	2017 年	2018 年	2016 年	2017 年	2018 年
北京	73	57	47	97	84	73
上海	45	38	34	64	55	48
广州	36	35	33	57	56	50
深圳	27	28	24	43	45	41
杭州	49	45	38	80	72	65
天津	69	62	49	108	93	77

续表

典型城市	室外大气 PM$_{2.5}$年平均浓度（$\mu g/m^3$）			室外大气 PM$_{10}$年平均浓度		
	2016 年	2017 年	2018 年	2016 年	2017 年	2018 年
成都	63	55	45	105	87	71
南京	48	40	40	86	76	69
西安	71	72	53	137	124	96
武汉	57	52	45	96	85	67

注：数据来源于 www.aqistudy.cn。

根据国家标准《空气过滤器》GB/T 14295—2019 和《高效空气过滤器》GB/T 13554—2020，空气过滤器可分为粗效过滤器、中效过滤器、高中效过滤器、亚高效过滤器和高效过滤器。根据室外的空气状况，不同级别的空气过滤器过滤的颗粒物粒径有所偏重，粗效过滤器主要针对空气中的 TSP 总悬浮颗粒物，中效过滤器主要针对空气中的 PM$_{10}$颗粒物，而高中效、亚高效和高效过滤器主要是针对空气中的 PM$_{2.5}$颗粒物。因此，进行使用寿命评估时，可根据不同级别的空气过滤器进行设计计算。

关于使用寿命计算公式（9-3）的适用情况说明如下：

1）仅适用于阻隔式空气过滤器和带阻隔式空气过滤器部件的动力型新风净化机，不适用于静电式空气过滤器和家用空气净化器；

2）对于阻隔式空气过滤器，容尘量 D_h 为根据《空气过滤器》GB/T 14295—2019 标准要求，当空气过滤器终阻力达到规定值时的标准容尘量；对于动力型新风净化机，可以参照《单元式通风空调用空气-空气热交换机组》GB/T 31437—2015 关于容尘量的测试方法，当新风风量降低到设计值的 90％或规定百分比时，新风净化机的标准容尘量；

3）E 为阻隔式空气过滤器或动力型新风净化机根据《通风系统用空气净化装置》GB/T 34012—2017 测试得到的对应粒径颗粒的净化效率；

4）由于空气净化装置实际使用中大气颗粒物的性质与实验室测试用标准粉尘、气溶胶性质存在差异，系统运行状态也存在波动，因此，计算得到的使用寿命仅作为定量预评估，实际使用寿命会有所差异。

实际使用过程中由于无法准确得知空气净化装置的容尘量，也可通过测试过滤器的阻力变化或者系统的风量变化来确定过滤器的使用寿命，以判断是否需要进行更换。

（2）家用空气净化器使用寿命评价方法

家用空气净化器的使用寿命根据目标污染物的类型（如颗粒物、气态污染物）来进行评估，当目标污染物为多种时，以计算得到的最短使用时间作为净化寿命的评价依据。

依据《空气净化器》GB/T 18801—2015[15]附录 D 颗粒物累积净化量的试验方法或附录 E 气态污染物累积净化量的试验方法测试得到家用空气净化器的颗粒物累积净化量或气态污染物。

关于家用空气净化器净化寿命换算方法的适用情况说明如下：

通过模型建立的计算算法，只是在理想状态下推导出来的理论净化寿命值，实际使用过程中，基于各种复杂因素的影响，机器（过滤器）的实际使用寿命可能存在偏差，因此计算值仅供消费者参考。

9.4.2 使用过程中能耗评价

（1）空气过滤器的能耗评估

近年来室外 $PM_{2.5}$ 污染的加剧使得空气过滤器在集中空调通风系统及空气净化器中的应用受到了更多的关注，空气过滤器作为通风系统的主要阻力部件之一，系统风机工作时克服的阻力有很大一部分来自空气过滤器，空调机组中过滤器带来的能耗占总风机能耗的 10%～30%。国际标准化组织 ISO 于 2016 年颁布了与空气过滤器相关的 ISO 16890—2016 系列标准，2018 年欧洲工业协会（European industry Association）为了响应 ISO 16890 标准的改变，重新修订了欧洲通风协会标准 Eurovent 4/21—2018 "Energy Efficiency Evaluation of Air Filters for General Ventilation Purposes（Third Edition）"（一般通风用空气过滤器能效评价）[16]，其中对空气过滤器的能效计算和评价方法进行了规定。空气过滤器的能耗可以用运行风量、风机效率、运行过程过滤器平均阻力和运行时间的函数来表示，计算公式如式（9-4）所示：

$$W = \frac{q_v \times \overline{\Delta p} \times t}{\eta \times 1000} \tag{9-4}$$

式中：W——过滤器的能耗，kWh；

q_v——通过过滤器的额定风量，m^3/s；

$\overline{\Delta p}$——空气过滤器平均阻力，Pa；计算见公式（9-6）；

t——过滤器的使用时间，h；

η——风机效率，%。

空气过滤器平均阻力计算如下，具体测试过程依据 ISO 16890—2016 系列标准实施。

$$\overline{\Delta p_i} = 0.5 \times (\Delta p_i + \Delta p_{i-1}) \quad (i = 1, 2, 3, \cdots, n) \tag{9-5}$$

$$\overline{\Delta p} = \frac{1}{M} \times \sum_{i=1}^{n} (\overline{\Delta p_i} \times \Delta m_i) \tag{9-6}$$

式中：$\overline{\Delta p_i}$——第 i 次发尘前、后空气过滤器的阻力的平均值，Pa；

n——达到终阻力时的发尘次数，应≥8 次；

Δp_0——空气过滤器初阻力，Pa；见公式（9-5）中 $i=1$ 时；

Δp_i——第 i 次发尘结束后空气过滤器的阻力，Pa；

Δm_i——第 i 次发尘的发尘量，g；

M——发尘量，g；对于 ISO ePM_1 级别，取 200g；对于 ISO $ePM_{2.5}$ 级别，取 250g；对于 ISO ePM_{10}，取 400g。

（2）新风净化机的能耗评估

对于不带动力的静电式空气过滤器、带热回收功能的新风净化机和不带热回收功能的新风净化机，可以按照《通风系统用空气净化装置》GB/T 34012—2017[17] 的规定采用净化能效指标对产品的能耗进行评估，净化能效应按式（9-7）进行计算：

$$\eta = E \cdot Q / W \tag{9-7}$$

式中：η——净化能效，$m^3/(W \cdot h)$；

E——$PM_{2.5}$ 净化效率或气态污染物净化效率，%；

Q——风量，m^3/h；

W——额定功率，W。

对于带热回收功能的新风净化机和不带热回收功能的新风净化机，也可以按照《绿色建材评价——新风净化系统》T/CECS 10061—2019 附录 A 中所规定的单位风量耗功率来进行评估。单位风量耗功率应按式（9-8）计算：

$$W_s = N/Q \qquad (9\text{-}8)$$

式中：W_s——单位风量耗功率，$(W \cdot h)/m^3$；

N——额定功率实测值，W；

Q——风量，对于含有新风和排风的新风净化系统，系统风量为新风风量与排风风量之和，m^3/h。

对于工程上应用的新风净化系统，由于受安装条件、运行条件等多种因素的影响，实际能耗可以通过实际运行监测获得。

（3）家用空气净化器的能耗评估

家用空气净化器的能耗评估可以按照《空气净化器》GB/T 18801—2015 的规定，按式（9-9）进行计算：

$$\eta = Q/P \qquad (9\text{-}9)$$

式中：η——净化能效，$m^3/(W \cdot h)$；

Q——颗粒物或气态污染物的洁净空气量实测值，m^3/h；

P——输入功率实测值，W。

9.4.3　便利性评价

在人们追求健康、舒适和智能化家居生活的当下，空气净化装置，特别是新风净化系统和家用空气净化器，其便利性和智能化功能也是产品性能的重要指标，可以从以下方面进行评价。

（1）智能化监控

1）采用智能化远程操作系统，如遥控器、APP 等；

2）采用空气品质参数（如温度、相对湿度、CO_2 浓度和 $PM_{2.5}$ 浓度等）监测与反馈控制系统。

《绿色建材评价-新风净化系统》T/CECS 10061—2019 基于新风净化系统使用过程中的便利性、节能性和可靠性来进行考虑，选择产品常见的 8 项自动监测和控制功能：$PM_{2.5}$ 浓度监测、温湿度监测、CO_2 浓度监测、风量可调节、净化部件维护提示、新风入口和排风出口截止阀控制、无线控制和节能运行控制装置来进行评价，一星级要求至少满足 5 项，二星级要求至少满足 6 项，三星级要求至少满足 7 项。

家用空气净化器产品的智能化体现主要就是远程操控和环境空气质量远程监测。

对于通风空调系统用的阻隔式空气过滤器部件或静电过滤器部件，则应关注部件阻力的实时监测和超限报警，以及产品的运行故障报警，根据报警类型进行部件的维修和更换。

（2）施工便利性

1）具有标准化施工流程、固定的施工队伍及岗前培训记录；

2）各种设备材料（新风机、风管、风阀、风口和净化装置等）技术资料和质量证明文件齐全；

3）施工方式简单可靠。

（3）维护便利性

1）无需专用工具即可进行拆卸；

2）部件（滤网、风口、风机、风管、热交换芯等）的清洗或更换维护简单易行；

3）电路系统维护简单易行。

9.5 售后服务评价

售后服务是指向顾客售出商品或从顾客接受无形产品开始，所提供的有偿或无偿的服务[18]，通常包括但不局限于以下方面：1）随合同签订而提供的活动，例如测量、规划、咨询、策划、设计等；2）在商品售出到投入正常使用期间所涉及的活动，例如送货、安装、技术咨询与培训等；3）商品质量涉及的活动，例如退换、召回、维修、保养、检测、配件供应等；4）以获得顾客反馈或维系顾客关系而开展的活动，例如满意度调查、顾客联谊、商品使用情况跟踪等；5）以商品为基础，为顾客提供相关信息的活动，例如商品使用知识宣传、商品或服务文化宣传、网站或短信传递服务、新品推荐等；6）在有形产品或设施基础上提供文化理念或相关服务的活动，例如景区、餐饮、酒店、商场的服务。企业售后服务水平的高低直接影响甚至决定着企业品牌的创建，售后服务专业化管理能够更好的提高服务质量，增强企业的盈利能力；可使企业更好的改进产品质量，进一步满足顾客的要求，实现可持续发展。

目前空气净化装置（如新风净化系统和家用空气净化器）的售后服务存在许多的问题，比如空气净化用滤网如何更换、多长时间更换、如何购买不明确；可清洗滤网如何进行有效清洗没有相关的说明；部分品牌一旦停产或者退市，相关的配件均同时停产，导致消费者后期无法更换；服务网点少、维修费用高、没有售后回访、产品知识和使用方法普及不足；夸大产品功能、虚假认证、混淆指标、误导消费者的现象等。因此本节将从售后服务评价和维护保养评价两方面进行详细阐述，以规范和提升整个空气净化行业的售后服务质量水平。售后服务评价也是空气净化装置产品全生命周期综合评价非常重要的环节。

9.5.1 建立售后服务评价体系

对于空气净化装置企业，应评价其是否建立完善的售后服务评价体系，重点涵盖以下方面。

（1）建立覆盖空气净化装置销售区域的有效服务方式（如服务网点、售后服务网站、24h服务热线等），其中，服务网点包括：销售门店、带销售功能的展厅、配送和维修服务网点等。

（2）配置相应数量符合售后服务要求的技术人员和业务人员（比如空气净化装置日常清洗和更换维护人员等），并建立售后服务人员技术能力、业务能力和服务能力方面的培训制度，确保能够提供优质的服务。

（3）配置满足售后服务要求的硬件措施，如办公室网点、维修工具和测量仪器设备等。

（4）形成完善的售后服务手册，在手册中包括产品和服务政策（即对何种产品提供何种服务，服务的区域和范围）、组织架构图和服务相关岗位职能的描述、服务制度和规范

（如售后服务人员从业规范、产品配送服务规范、质量技术服务规范、产品退换服务规范、安装维修服务规范、投诉处理服务规范、顾客满意度测评制度、服务文化宣贯规范等）。

（5）服务承诺。服务承诺是产品提供者向外界公开传达的信息，是与顾客的一种约定，也是要求内部执行的规定，内容上包括空间上的、时间上的、经济上的和效果上的多种形式。比如：1）新风净化机整机免费保修 1 年，直流电机免费保修 8 年，液晶控制器免费保修 3 年；2）2h 响应服务承诺，出现问题全国范围内 24h 到达故障现场，48h 解决问题。服务承诺不能与《中华人民共和国产品质量法》《中华人民共和国消费者权益保护法》《国家新"三包"规定》等国家相关法律法规抵触，可高于国家法律法规的要求。服务承诺应在保修卡、销售合同等文件中明确规定。

9.5.2　绿色安装

提供绿色安装，即产品安装调试过程中尽量减少能源、资源的消耗和对环境的影响。以新风净化系统为例，绿色安装宜包括以下方面：

（1）安装前确定明确的安装施工方案、准备安装施工设备设施清单；

（2）安装程序应采取标准化作业方式，严格按照《通风与空调工程施工规范》GB 50738 的要求对风管、风阀和风口等部件进行安装，降低施工耗材和人力成本；

（3）安装过程中风管安装和电线线路应减少对建筑结构和建筑室内装饰的影响；

（4）安装过程中应减少带来的室内空气污染和噪声污染，并采取有效的预防措施和后处理措施；

（5）室内空气质量监控系统的安装应合理设置传感器位置，以确保数据采集的科学有效性，同时传感器以及信号传输线路的安装应牢固、美观；

（6）安装完成后应进行调试和检测验收（如新风量、噪声、送风口和室内 $PM_{2.5}$ 浓度等），以确保产品满足合同和设计的要求。

9.5.3　维护保养

（1）建立维护保养制度。维护保养制度应包括维护保养内容和维护保养方法。维护保养内容应明确维护保养具体事项（如滤网的清洗和更换、高压静电模块的清洗、机器面板的清洁、风机电机的清洁与润滑、换热芯体的清洁、温湿度传感器和 $PM_{2.5}$ 传感器的清洁等）和维护保养周期（如明确高效过滤网 1 年更换一次或过滤网阻力超限报警时进行更换等）。维护保养方法应明确告诉客户如何一步步进行维护保养，比如过滤网的清洁方法中应详细说明采用什么清洁剂进行清洗、如何拆下滤网、清洗方式（水洗、吸尘器等）、清洗完后如何重新安装等，以保证客户在没有专业人士的指导下仍能自行进行维护保养。但目前很多空气净化设备的维护保养内容和维护保养方法描述得过于简单，指导性和操作性较弱，这样会导致达不到理想的维护保养效果，降低了机器的使用寿命，同时也影响了良好的室内环境品质的营造。

（2）维护保养后效果评价。维护保养后效果关系到产品的后期运行能耗、监测控制和空气净化效果，因此空气净化装置企业应能为客户提供维护保养后效果评价检测的增值服务。

（3）维护保养收费明示。对于保修期满后的有偿清洗、部件更换、保养和检测等服务，收费项目和价格，应在商品销售和服务提供前即进行明示，以保障客户的权益。

9.6　产品废弃处理评价

9.6.1　可回收利用率

可回收利用率是指新产品中能够被回收利用部分（包括再使用部分、再生利用部分和能量回收部分）的质量之和占新产品质量的百分比，其计算公式如式（9-10）所示：

$$R_{\mathrm{cov}} = \frac{\sum_{i=1}^{n} m_i}{M} \times 100 \tag{9-10}$$

式中：R_{cov}——可回收利用率，%；

　　　m_i——第 i 种可回收利用的零部件和（或）材料的质量，kg；

　　　n——可回收利用的零部件和（或）材料的类别总数；

　　　M——产品总质量，kg。

空气净化产品在设计时应考虑选用零部件或材料的可回收利用性。

9.6.2　可再生利用率

可再生利用率是指产品中预期能够被再使用部分和再生利用部分的质量之和（不包括能量回收部分）与产品总质量的百分比，其计算公式如式（9-11）所示：

$$R_{\mathrm{cyc}} = \frac{\sum_{i=1}^{n} m_{\mathrm{cyci}}}{m_{\mathrm{v}}} \times 100 \tag{9-11}$$

式中：R_{cyc}——可再生利用率，%；

　　　m_{cyci}——第 i 种预期能够被再使用部分和再生利用部分的质量，kg；

　　　n——预期能够被再使用部分和再生利用部分的类别总数；

　　　m_{v}——产品总质量，kg。

以下情况其质量不计算在分子内：（1）润滑油质量；（2）电池质量；（3）含多氯联苯的电容器、含汞的组件、含多溴联苯和多溴二苯醚等零部件、含氯氟烃的聚氨酯发泡材料、含低密度发泡聚乙烯 PE-E 材料、含发泡聚苯乙烯 PS-E 材料的零部件质量；（4）含玻璃纤维等不可拆分的零部件；（5）非金属类胶带的质量；（6）使用填充性橡胶的零部件质量；（7）珍珠棉、海绵质量；（8）用于除菌等功能不能明确标注出具体成分的材料质量。

9.7　全生命周期综合评价未来工作

空气净化装置是保障绿色健康的室内工作、生活环境的关键产品，按照国家绿色发展的总体要求，从绿色、低碳、循环和可持续的发展目标出发，其全生命周期综合评价未来的工作应该关注绿色产品评价。按照《绿色产品评价通则》GB/T 33761 的总体要求[19]，绿色产品评价需要从资源属性、能源属性、环境属性和品质属性四个方面进行评价，这四个属性则通过生产企业和产品两个层次来体现（图 9-6），同时这四个属性还应包括绿色设计创新和服务承诺。

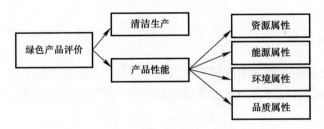

图 9-6　绿色产品评价层次和属性示意图

　　资源为当代也为后代人服务；能源依托可再生能源、清洁能源和节能行动；环境确保健康和可持续发展；品质则体现绿色不降低产品任何使用功能和质量基础。生产企业强调清洁生产、循环经济，从摇篮到摇篮，设计、生产、使用、废弃、再循环的产品全生命周期体现绿色的四个属性；产品层次则突出公众使用过程中获得的绿色享受，用优于同类产品的各项使用功能指标。设计创新是在质量、安全、健康、环保、舒适指标融为一体的指标体系中实现创新，无论是可持续设计还是绿色设计，都把满足后代人发展的需求、实现社会可持续发展作为基本特征，绿色设计和工业 4.0 都在以人为本上下功夫，力求通过柔性自适应系统全方位的满足客户需求，同时实现环境影响最小化。公众期望设计创新，一方面在于创新产品，可以带来更好的质量、安全、健康、环保和舒适；另一方面，创新服务可以"创造人类社会健康、合理、共享、公平的生存方式"。服务承诺，对于绿色有特殊意义，因为公众买绿色体现在服务中，各类节约降耗、再生循环指标必须把服务和产品特性结合起来才能实现。

　　国家十三五重点研发计划项目"建筑室内空气质量控制的基础理论和关键技术研究"中"建筑室内空气质量控制关键产品开发"课题组（课题编号：2017YFC0702705）编制的中国工程建设标准化协会标准《绿色建材评价-新风净化系统》T/CECS 10061—2019，按照绿色产品评价标准的要求，提出了对新风净化热回收产品的全面评价方法，是对空气净化装置全生命周期综合评价的有效探索，其他类型空气净化装置产品（如空气过滤器等）的评价可以进行参考。

9.8　小结

　　本章从产品设计阶段（涉及原材料、资源利用、节能和绿色）、生产过程（涉及清洁生产和安全生产）、使用过程（涉及寿命、能耗和便利性）、售后服务（涉及售后服务评价体系、绿色安装和维护保养）和废弃处理（涉及可回收利用率和可再生利用率）五个方面对空气净化装置全生命周期综合评价方法和内容进行了详细介绍，并对空气净化装置全生命周期综合评价未来工作进行了设想。超低能耗建筑、绿色建筑和健康建筑是未来建筑的发展方向，空气净化装置作为建筑"呼吸"的关键部件，其绿色性以及全生命周期性能也必将是未来建筑建造者和使用者所关注的重点。

参考文献

[1] 中华人民共和国国家质量监督检验检疫总局，中国国家标准化管理委员会. 环境管理 生命周期评价 原则与框架：GB/T 24040—2008 [S]. 北京：中国标准出版社，2008.

[2] 汪永超，张根保，向东，等. 绿色设计原则初探 [J]. 机械设计与研究，1999（2）：24-26.

[3] 中国工程建设标准化协会. 绿色建材评价-新风净化系统：T/CECS 10061—2019 [S]. 北京：2019.

[4] 国家市场监督管理总局，国家标准化管理委员会. 空气过滤器：GB/T 14295—2019 [S]. 北京：中国标准出版社，2019.

[5] 国家市场监督管理总局，中国国家标准化管理委员. 高效空气过滤器：GB/T 13554—2020 [S]. 北京：中国标准出版社，2020.

[6] 中华人民共和国国家质量监督检验检疫总局，中国国家标准化管理委员会. 空气-空气能量回收装置：GB/T 21087—2007 [S]. 北京：中国标准出版社，2008.

[7] 中华人民共和国国家质量监督检验检疫总局，中国国家标准化管理委员会. 电子电气产品中限用物质的限量要求：GB/T 26572—2011 [S]. 北京：中国标准出版社，2011.

[8] 中华人民共和国国家质量监督检验检疫总局，中国国家标准化管理委员会. 工业企业原材料消耗计算通则：GB/T 29116—2012 [S]. 北京：中国标准出版社，2013.

[9] 中华人民共和国国家质量监督检验检疫总局，中国国家标准化管理委员会. 能源管理体系 要求：GB/T 23331—2012 [S]. 北京：中国标准出版社，2013.

[10] 中华人民共和国国家质量监督检验检疫总局，中国国家标准化管理委员会. 企业安全生产标准化基本规范：GB/T 33000—2016 [S]. 北京：中国标准出版社，2016.

[11] 国家安全生产监督管理总局，企业安全生产标准化基本规范：AQ/T 9006—2010 [S]. 北京：煤炭工业出版社，2010.

[12] 国家卫生健康委员会. 工作场所有害因素职业接触限值第1部分：化学有害因素：GBZ 2.1—2019 [S]. 北京：中国标准出版社，2019.

[13] 中华人民共和国卫生部. 工作场所有害因素职业接触限值第2部分：物理因素：GBZ 2.1—2007 [S]. 北京：人民卫生出版社，2007.

[14] 中华人民共和国国家质量监督检验检疫总局，中国国家标准化管理委员会. 职业健康安全管理体系要求：GB/T 28001—2011 [S]. 北京：中国标准出版社，2012.

[15] 中华人民共和国国家质量监督检验检疫总局，中国国家标准化管理委员会. 空气净化器：GB/T 18801—2015 [S]. 北京：中国标准出版社，2016.

[16] Euroven. Energy Efficiency Evaluation of Air Filters For General Ventilation Purposes（Third Ecition）：Eurovent 4/11-2018 [S]. Paris：2018.

[17] 中华人民共和国国家质量监督检验检疫总局，中国国家标准化管理委员会. 通风系统用空气净化装置：GB/T 34012—2017 [S]. 北京：中国标准出版社，2017.

[18] 中华人民共和国国家质量监督检验检疫总局，中国国家标准化管理委员会. 商品售后服务评价体系：GB/T 27922—2011 [S]. 北京：中国标准出版社，2012.

[19] 中华人民共和国国家质量监督检验检疫总局，中国国家标准化管理委员会. 绿色产品评价通则：GB/T 33761—2017 [S]. 北京：中国标准出版社，2017.

第10章　室内空气质量及空气净化设备性能监测和评价

10.1　引言

10.1.1　室内空气质量和空气净化设备监测的意义

　　室内空气质量（IAQ）是发展中国家和发达国家日益关注的课题之一。世界卫生组织通报2012年死于煤炭、木材和生物质烹饪的死亡人数达到430万人，相比之下，最近的评估将室内空气污染排在全球疾病风险负担第9位[1]。影响室内空气品质的污染物包括挥发性有机化合物（VOCs）、各种粒径范围的颗粒物和微生物（细菌、病毒和真菌）等，这些污染物会使室内空气质量恶化，对人类健康产生后续影响。另一个影响人体健康的重要因素是室内热舒适环境，温度和室内空气污染往往是相互关联、相互制约的，并且受通风的控制。越来越多的证据表明室内空气质量和热舒适性有关联，并使人类生产效率降低，造成成年人的烦躁情绪，对学龄儿童学习能力产生不利影响[2]。室外空气渗入室内是影响室内空气质量的另一个重要因素，这种渗透取决于建筑物通风系统的类型及运作方式，因此，室内气态污染物和颗粒物浓度，在无特别指明室内污染源的情况下往往显示出与室外环境类似的趋势。

　　提升空气质量的基本方法是控制室内污染源和建筑物的通风，通过稀释带走室内产生的污染物。评估和控制室内空气质量的标准要求使用常规仪器测量污染物浓度，虽然传统的分析仪器可以用来精确地分析测量污染物的浓度，但是有些时候这种方法并不实用。首先，常规测试方法会对建筑内人员工作生活带来干扰，或多或少会引起室内人员行为的改变，且行为本身具有一定的随机性与偶然性，采用短周期的测试方式所获得的数据常常难以反映出人员行为与室内环境的关联性；其次，常规检测会带来巨大的人力和经济成本，使之难以大范围实行，只能小范围抽查，且仪器相对复杂，需要有经验的技术人员操作；另外，这些测量的结果通常是反映平均的综合时间段的结果，往往在污染暴露已经发生之后使用。为了获取室内不同时间和不同空间的测试数据，得出污染物释放的最大峰值浓度，需要大量的仪器，但是这类仪器往往比较昂贵，无法提供足够的数据。在这种情况下，需要采用监测，使用传感器来评估室内空气质量，并获得改善室内空气质量的最佳方法。

　　近年来随着雾霾的频发，空气净化行业在我国发展迅速，空气净化器、空气过滤器、新风机行业每年的产值在几十亿元以上，国家也出台相关的国家、行业或者团体标准对产品质量进行规范，但是检测往往侧重于对新设备的实验室评测，对于运行过程中的净化效果很少关注。即使是对运行过程中的空气净化设备测试，由于时间、仪器、经费的限制等，仅能对少数设备某个时间段测试，无法实现全流程监控，因此，有必要开展监测，采用传感器对相关参数进行持续监测，实现全流程的监控。

综上所述，针对目前室内环境容易存在的问题和用户需求，室内环境监测系统的综合化、网络化、远程化是发展的必然趋势，开发成本低、功耗低、功能全面、使用方便、实时动态的室内空气质量和空气净化设备监测系统意义深远。

10.1.2 国内室内环境监测行业发展现状

我国的室内空气质量监测行业起步较晚，20 世纪 80 年代，国内的室内环境监测系统开始发展，但监测方法落后，智能化程度不高，浪费大量人力物力，随着互联网技术和计算机技术不断发展，逐渐出现无线或移动式空气监测系统，近几年，一些新兴高科技企业开始涉足这一领域，通过整合空气监测、Wi-Fi 无线技术、微信联动、大屏显示、客户端、云服务和大数据分析，为室内环境监测和优化提供有效完善的解决方案。

10.2 室内空气质量及空气净化设备性能监测系统的建构

10.2.1 室内空气质量及空气净化设备性能监测总体方案

1. 平台架构

监测平台是以监控数据为支撑，开展室内空气质量及空气净化设备长效运行监测服务软件平台，监测平台技术架构见图 10-1。

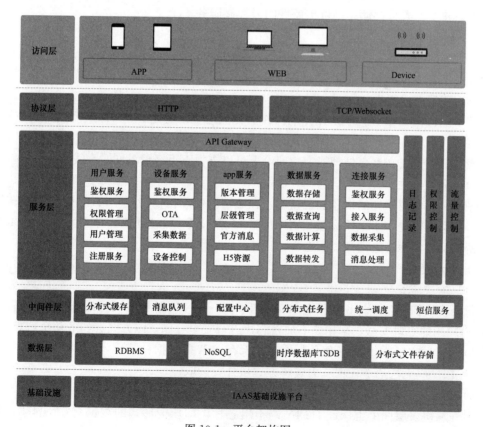

图 10-1 平台架构图

(1) IAAS 基础设施平台主要由国内领先的云服务商提供相关服务,稳定、可靠、安全,并具备快速部署、动态扩容、自动容灾、运维监控等功能。业务可用性(业务可用性指给定的时间段内,能够使用业务功能的时间所占百分比)不低于 99.95%,数据可靠性(即数据准确性)不低于 99.99999%。

(2) PAAS 主要包括数据层、中间件、安全认证服务、连接服务、数据服务、用户服务、设备服务等构成,并具备流量控制、权限控制、日志记录等功能。

(3) 应用访问层包括 web 网站、手机 app、微信公众号等。用户可以在不同环境下选择不同的方式访问平台的数据。

(4) 所有对内和对外的服务均使用集群方式,避免出现单点故障,同时具有良好的可扩展性,可以动态调整平台的吞吐能力。

(5) 使用长连接(SOCKET)与短连接(API)的方式提供服务,对于非实时性功能提供 HTTP 接口,对于实时性要求比较高的功能使用 TCP 方式实现。

(6) 使用异步消息存储数据,避免直接存储导致消息阻塞,相应过慢等问题。当设备上报数据后首先转发该消息至相关用户,然后发送异步消息给消息队列服务器进行数据存储。

(7) 使用完善的加密方案保证通信的安全,每一条经过平台的消息都会进行加密解密处理。

2. 平台性能指标

(1) 高并发性能

与国内知名云服务商合作,能够为百万级设备在线提供稳定服务。采用分布式处理框架搭建高并发、海量存储、高可扩展性的云存储服务。

(2) 高可靠性

提供不间断服务,方便用户在任何时间控制设备和查看设备在线状态,经过良好的架构设计,结合大量的服务器容灾方面的测试,可以保证服务的稳定性和持续性。

(3) 快速响应能力

基本能够在 500ms 内响应用户的操作。在网络正常情况下,可以实现用户快速操作设备的需求;当业务量上升时,可以随时通过增加云主机来横向扩展处理能力,支持平滑的增加服务器的方式来提高处理能力,理论上可以支撑百万级设备同时在线。

(4) 高安全性

平台采用业内领先的信息加密技术,在通信层使用传输层安全协议(TLS)来保证安全性。消息内容进一步采用高级加密标准(AES)128 算法进加密,且使用 RSA2048 算法进行密钥交换,保证通信数据安全性。

3. 平台安全性

(1) 模块端安全

每个模块拥有唯一标识的设备 ID 和 PIN 码,PIN 码是设备同云端连接的密码,为了保证 PIN 码的绝对安全,采用如下加密芯片进行安全存储,该方案有如下几个特点:

1) 采用与银行同安全等级的加密芯片保存 PIN 码数据;

2) PIN 码无法通过任何暴力破解方式从外界读取;

3) PIN 码数据仅能通过 MCU 进行读取并解密后使用。

另外从协议层面上也保证了 PIN 码不出芯片,即任何形式的数据交互不涉及 PIN 码本身的传输。且同服务器通信的关键数据均采用加密芯片进行硬件加密,既提升了加密速度，又保证了模块端数据的安全。

（2）设备端安全

设备端的安全主要是从协议层进行保证，在协议层对设备进行限制，针对设备的敏感功能，对安全进行登记划分。具体可分如下几个层级：

1）设备可通过网络访问；

2）仅内网访问，不允许远程访问；

3）设备不允许网络访问。

通过这三个层次的限制，基本可以保证用户设备的安全性。

（3）传输层安全

从模块到云端的数据传输过程主要通过以下几点进行保证：

1）通过设备的安全 PIN 码与服务器进行一次安全密钥协商，协商出一个临时会话密钥；

2）设备与服务器的所有交互数据均采用会话密钥进行对称加密（比如 AES128CBC），保证数据传输的安全性；

3）每次设备与服务器都会重新协商会话密钥，进一步保证数据的安全性；

4）在协议层也对传输数据做了数据校验，防止在传输过程中数据被窜改，配合传输过程中的数据加密，基本可以保证数据传输的安全性；

5）HTTP 的安全连接采用基于 SSL/TLS 的安全传输协议 HTTPS，保证传输过程中的数据安全。

（4）数据层安全

数据分为两种数据类型，关系型数据和非关系型数据。为保障数据的安全有以下几种策略：

1）关键数据加密处理如密码、设备 PIN 码等；

2）外网不能直接访问，需要通过 vpn 进行访问；

3）数据实时热备和跨 idc 定期完全备份。

（5）服务器安全

服务器的安全是非常重要的环节，只有服务器本身安全，才能保证用户信息的安全，才能给用户和设备提供稳定可靠的不间断服务。在服务器的安全方面采用如下措施来进行保证：

1）和国内知名云服务商合作，确保服务器的稳定、可靠、安全；

2）在有外网出口的服务器上，只开启对外公开的端口，其他端口默认全部关闭，不给非法分子可乘之机；

3）服务器按照不同业务进行子网隔离，并进行定期漏洞检测；

4）联合第三方安全机构，对服务器整体安全性进行评估，及时发现问题，并及时进行修复。

（6）数据管理

1）混合存储

设备数据采用混合存储方式，将用户或设备的基本档案信息存储在关系型数据库中，将设备产生的海量数据存储在 NoSQL 中，方便容量扩展和进行大数据分析。

2）异步存储

使用异步消息存储数据，避免直接存储导致操作时间过长，当设备上报数据后，首先转发该消息至相关用户，然后发送异步消息给消息队列服务器进行异步数据存储。

3）数据备份

为保证设备数据安全性，设备历史数据采用全量＋增量的方式进行备份，确保设备数据不丢失。

4）数据过滤

平台可以按照型号对不同的属性设定不同的数据阈值，云端接收到设备发送的消息后，根据阈值进行过滤，在阈值范围之内的数据进行持久化及相应的业务处理，阈值范围之外的数据则直接丢弃。

5）历史数据

历史数据展示界面见图 10-2。

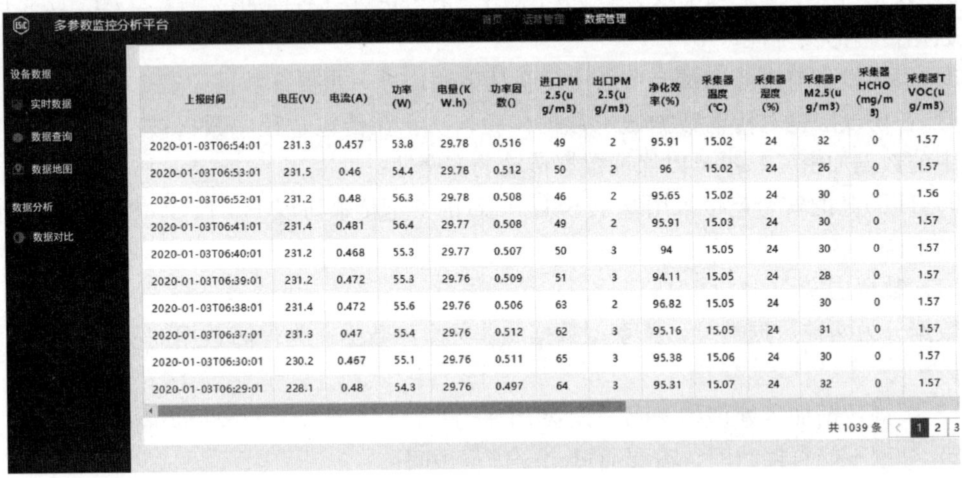

上报时间	电压(V)	电流(A)	功率(W)	电量(KW.h)	功率因数()	进口PM2.5(ug/m3)	出口PM2.5(ug/m3)	净化效率(%)	采集器温度(℃)	采集器湿度(%)	采集器PM2.5(ug/m3)	采集器HCHO(mg/m3)	采集器TVOC(ug/m3)
2020-01-03T06:54:01	231.3	0.457	53.8	29.78	0.516	49	2	95.91	15.02	24	32	0	1.57
2020-01-03T06:53:01	231.5	0.46	54.4	29.78	0.512	50	2	96	15.02	24	26	0	1.57
2020-01-03T06:52:01	231.2	0.48	56.3	29.78	0.508	46	2	95.65	15.02	24	30	0	1.56
2020-01-03T06:41:01	231.4	0.481	56.4	29.77	0.508	49	2	95.91	15.03	24	30	0	1.57
2020-01-03T06:40:01	231.2	0.468	55.3	29.77	0.507	50	3	94	15.05	24	30	0	1.57
2020-01-03T06:39:01	231.2	0.472	55.3	29.76	0.509	51	3	94.11	15.05	24	28	0	1.57
2020-01-03T06:38:01	231.4	0.472	55.6	29.76	0.506	63	2	96.82	15.05	24	30	0	1.57
2020-01-03T06:37:01	231.3	0.47	55.4	29.76	0.512	62	3	95.16	15.05	24	31	0	1.57
2020-01-03T06:30:01	230.2	0.467	55.1	29.76	0.511	65	3	95.38	15.06	24	30	0	1.57
2020-01-03T06:29:01	228.1	0.48	54.3	29.76	0.497	64	3	95.31	15.07	24	32	0	1.57

图 10-2　历史数据

设备历史数据采用混合存储方式，对于用户或设备的基本档案信息存储在关系型数据库中，对于设备产生的海量数据存储在 NoSQL 中，方便容量扩展和进行大数据分析。

使用异步消息存储数据，避免直接存储导致操作时间过长，当设备上报数据后，首先转发该消息至相关用户，然后发送异步消息给消息队列进行异步数据存储。

为保证设备数据安全性，设备历史数据采用全量＋增量的方式进行备份，确保设备数据不丢失。

列表分页查询功能。系统默认查询当天的历史数据，数据项目可选。支持当天、近三天、自定义时间范围查询。自定义时间查询最多支持查询七天的历史数据。

支持数据导出功能。可选择时间范围进行数据导出，导出数据项目可选。最多支持导出 30 天的历史数据。导出格式为 excel。

支持折线图形展示。折线图可同时展示多个监测数据项，也可展示单个监测数据项。

6）实时数据

实时数据为设备最近上传至云端的数据。设备和平台建立 TCP 长连接通道，设备可以实时向云端发送数据。云端接收到设备数据后进行相应的业务处理并转发给在线用户。用户可以在生产企业 app 及网站上实时查看设备数据，了解设备当前的运行状态。

10.2.2 传感器介绍

1. 气体传感器

气体传感器通过传感材料与目标气体之间的反应，得到电脉冲或电信号，从而测量气体的浓度。固态气体传感器的工作原理是由半导体材料制成新型的薄膜，根据薄膜的电性能的变化，测试气体的浓度[3]。这类传感器通常是一种 n 型半导体，其电导率对其最上层纳米结构的"表面损耗"层非常敏感，灵敏度高，一旦目标气体吸附在半导体表面上，或从半导体表面解吸，它就会捕获或释放电子，从而改变它的电导率[4]。此外，有些传感器原理是依赖金属薄膜的光学特性变化，即氢分子在穿透金属薄膜时引起的光学特性变化[5]。

典型气体污染物（如 NO_2、O_3、CO）的浓度，可以使用所述的固态气体传感器阵列进行测量，但是对室内 VOC 的检测需要更高的选择性，这是因为：1）大部分 VOC 都存在于室内环境中；2）其中一些物质（如苯等）是剧毒物质。这方面已经取得了进展，Zampolli 等[6]开发了一种微型气相色谱系统，用于监测室内空气中的单一挥发性化合物，该系统装配有一根小型的 GC 柱，用来区分 VOCs，并通过金属氧化物气体传感器用来检测，使用这套气相色谱可以测试剧毒物质，浓度可以低至 5ppb，然而，这类可以检测和量化更低浓度的污染物传感器正在研发过程中，目前还没有成熟产品。

这类气体传感器存在局限性，一般寿命较短，商业领域非消耗性用于测量氧气的无铅传感器特点是使用寿命特别长，可达到 5 年，它们也可以监控公共和私人室内环境[7]，这种传感器可以安装在室内的固定或移动设备上，可使用正常电源供电，在紧急情况下可使用碱性电池或可充电镍电池。

2. 颗粒物传感器

总体而言，测量颗粒物更有挑战性，因为除了获得浓度信号外，颗粒物的粒径和理化性质对人类的健康影响也很重要。颗粒物浓度测量一般通过离线称重法或近实时衰减技术。衰减技术是通过压电晶体传感器测试颗粒物，沉积在压电晶体上的粒子会使其按比例振动[8]。

颗粒物传感器普遍采用光散射法，当光照射在空气中悬浮的颗粒物上时，产生散射光，在颗粒物性质一定的条件下，颗粒物的散射光强度与其质量浓度成正比，通过测量散射光强度，应用质量浓度转换系数，求得颗粒物质量浓度。光学粒子计数器是测试颗粒物浓度的一种有效的方法。利用光学技术可以更有效地实现粒子监测，这些仪器通过测试光散射强度，从而确定粒子数量浓度，假设确定粒子密度，则可换算成质量浓度。鉴于对室内空气质量测试需求日益增加，新的被动式（不需要泵和流量系统来采样空气）、便携式、经济性更好的粒子计数器已经获得进展[9]。

3. 组合传感器

因为选择性方面限制，大多数组合的传感器都不能提供可靠的信息[10]。但是，在室内环境测试方面，已取得技术突破，例如，Zampolli 等[11]开发了一种电子鼻（基于半导体金属氧化物气体传感器）能够识别并定量分析 CO 和 NO_2 的浓度。目前，采用电化学传感器可以同时检测 1～4 种可燃气体（如甲烷、丙烷）和污染物蒸气（如氨、苯、O_2、CO、NO_2、SO_2 和 H_2S）。国内的一些企业生产的传感器可以同时监测 $PM_{2.5}$、PM_{10}、甲醛、TVOC、温度和相对湿度等多个指标。

10.2.3　数据传输

该监测系统由数据采集终端、网关和监测平台组成，数据采集终端由各种传感器组成，完成对室内空气质量、设备功率和功耗、风量（速）、交换效率等信息采集，各传感器与网关之间通过 Wi-Fi、433 或 lora 通信协议通信，网关被称作网间连接器，在传输层以上实现网络互连，网关和监测平台之间通过移动 2G 网络通信，通过平台可以进行监控分析和远程警告。

10.3　协会标准《建筑室内空气质量监测与评价标准》T／CECS 615—2019[12]内容介绍

10.3.1　标准编制背景

近年来，随着人民生活水平的不断提高，居住条件也有了明显的改善，人们对于环境与健康的关注度也日益提升，室内空气质量得到了前所未有的重视。随着各种装饰装修材料的使用，以及更多的家具和日用化学品进入室内，使得室内污染物的来源和种类增多。同时，为了节约能源，现代建筑物的密闭性增加，新风量不足，使得室内污染物不能及时排出到室外，在室内存留、蓄积，造成室内空气质量进一步恶化。

在这种背景下，室内空气净化以及室内空气污染治理等行业快速发展，但是我国现有标准化体系中仍缺乏一个基于现有技术现状与需求特点，涵盖建筑物室内空气质量现场监测方法、仪器要求以及指标评价与分级体系的统一标准。

目前我国建筑、环保、卫生等部门都在开展室内空气质量监测，各部门均制订了国家标准或行业标准，包括《民用建筑工程室内环境污染控制规范》GB 50325—2010（2013 年版）[13]、《室内空气质量标准》GB/T 18883—2002[14]以及《室内环境空气质量监测技术规范》HJ/T 167—2004[15]等。《室内空气质量标准》GB/T 18883—2002 中规定了温度、相对湿度、新风量和风速 4 种常规物理参数和二氧化硫等 13 种化学污染物指标的浓度限值要求以及相应的测试方法，但缺乏当前人们普遍关注的细颗粒物浓度限值要求；《民用建筑工程室内环境污染控制规范》GB 50325—2010 中根据建筑用途将建筑区分为 I 类和 II 类建筑，涉及的污染物有五种，包括氡、甲醛、苯、氨和 TVOC；行业标准《建筑通风效果测试与评价标准》JGJ/T 309—2013[16]中主要规定了甲醛、氨、苯、TVOC、氡、$PM_{2.5}$ 和 PM_{10} 浓度限值要求以及相应的测试方法。

目前，绝大多数实验室均采用现场采样和实验室分析结合的方式进行环境参数监测，既难以满足于近年来空气质量快速在线监测技术的迅猛发展，也无法满足当前迅速增长的室内空气质量监测需求。由于领域不同，所涉及的检测方法要求也不尽一致，导致监测数据的代表性、准确性和可比性比较差。

因此，制定一个统一的切实可行的室内空气质量监测评价技术标准，规范当前的监测行业、满足民众对于建筑物内空气质量的评价需求是非常必要的，新标准的制定必将极大的促进我国空气净化行业规范发展，更好的为人们的健康提供保障。

中国工程建设标准化协会《关于印发〈2016 年第二批工程建设协会标准制订、修订计划〉的通知》（建标协字［2016］084 号）文件正式将《建筑室内空气质量监测与评价标准》列入编制计划，由中国建筑科学研究院作为主编单位，会同清华大学、上海建筑科学研究院（集团）有限公司、重庆大学等单位一起编制该标准，该标准编号为 T/CECS 615-2019，于 2020 年 2 月 1 日起正式实施。

10.3.2 监测指标确定

《建筑室内空气质量监测和评价标准》监测指标确定参照《室内空气质量标准》GB/T 18883—2002 等相关标准要求，监测指标由物理指标、化学指标、颗粒物指标和微生物指标组成，这些监测指标均为人们比较关注的项目，并与人们的身体健康密切相关，且可以实现实时监测。根据上述原则确定如下监测指标：物理指标包括新风量、温度和相对湿度；化学指标包括二氧化碳、一氧化碳、总挥发性有机物、甲醛和臭氧；颗粒物指标包括 PM_{10} 和 $PM_{2.5}$；微生物指标包括菌落总数。其中新风量和微生物既可通过监测，也可通过人工测试。若监测仪表准确度、灵敏度和响应时间达到标准要求，监测系统可根据监测目的自主选择其他监测参数。

10.3.3 仪器仪表要求

检测结果主要受检测仪器性能和检测人员操作经验影响，而监测结果主要受监测仪表（传感器）的性能影响，最近几年传感器行业技术水平不断提升，使很多项目监测成为可能，《建筑室内空气质量监测和评价标准》对监测仪表的分辨率、量程、示值误差、响应时间和校准方法提出要求，详见表 10-1。监测仪表测量的量程要求参考室内环境参数范围设定，比如室内温度一般在 10～40℃ 范围内，则温度传感器测量范围设定在 0～50℃，室内 $PM_{2.5}$ 或者 PM_{10} 浓度一般小于 $300\mu g/m^3$，粉尘传感器测量量程设定在 $0～500\mu g/m^3$，均可满足测试要求。响应时间和校准方法则参考各种仪器的校准规程，比如温湿度传感器校准依据《湿度传感器校准技术规范》JJF 1076 等标准。参照相关检测标准规定，并结合监测仪表实际技术水平和传感器价格，综合性能要求和初投资等多方面因素，最终确定本标准的技术要求。

对于监测仪表，需要经过严格的出厂检验。对于一些大型公建，室内空气监测需要监测仪表数量较多，全部送计量院校准，费用高，周期长，难以执行。本标准建议通过比对方法对产品进行检验，确保出厂产品质量合格。对于已使用的监测仪表，为了确保准确性，也建议定期进行比对，校准周期由用户决定，但是仪表出现故障，维修后必须进行校准。

监测仪表性能要求　　　　表 10-1

参数	分辨率	量程	示值误差		响应时间	校准方法
温度	0.1℃	(0~50)℃	±1℃		≤30s	《湿度传感器校准技术规范》JJF 1076
相对湿度	1%	(0~100)%	(0~10)%@25℃	±10%	≤30s	《湿度传感器校准技术规范》JJF 1076
			(10~90)%@25℃	±5%		
			(90~100)%@25℃	±10%		
PM_{10}	1μg/m³	(0~500)μg/m³	(0<R≤100)μg/m³	±10μg/m³	≤30s	《粉尘浓度测量仪》JJG 846
			(100<R≤500)μg/m³	±20%		
$PM_{2.5}$	1μg/m³	(0~500)μg/m³	(0<R≤100)μg/m³	±10μg/m³	≤30s	《粉尘浓度测量仪》JJG 846
			(100<R≤500)μg/m³	±20%		
二氧化碳 (CO_2)	10μmol/mol	(400~5000)μmol/mol	(400<R≤2000)μmol/mol	±100μmol/mol	≤60s	《一氧化碳、二氧化碳红外气体分析器》JJG 635
			(2000<R≤5000)μmol/mol	±150μmol/mol		
一氧化碳 (CO)	0.2μmol/mol	(0~50)μmol/mol	(0<R≤10)μmol/mol	±0.5μmol/mol	≤90s	《一氧化碳、二氧化碳红外气体分析器》JJG 635
			(10<R≤50)μmol/mol	±1.5μmol/mol		
	0.25mg/m³	(0~62.5)mg/m³	(0<R≤12.5)mg/m³	±0.625mg/m³		
			(12.5<R≤62.5)mg/m³	±0.875mg/m³		
总挥发性有机物 (TVOC)	0.01μmol/mol	(0~10)μmol/mol	(0<R≤0.5)μmol/mol	±0.015μmol/mol	≤60s	《挥发性有机化合物 光离子化检测仪校准规范》JJF 1172
			(0.5<R≤10)μmol/mol	±20%		
	0.04mg/m³	(0~41.07)mg/m³	(2.05<R≤41.07)mg/m³	±0.02mg/m³		
				±20%		
甲醛 (HCHO)	0.01μmol/mol	(0~1.5)μmol/mol	(0<R≤0.5)μmol/mol	±0.015μmol/mol	≤180s	《甲醛气体检测仪》JJG 1022
			(0.5<R≤1.5)μmol/mol	±20%		
	0.013mg/m³	(0~2.01)mg/m³	(0<R≤0.67)mg/m³	±0.02mg/m³		
			(0.67<R≤2.01)mg/m³	±20%		
臭氧 (O_3)	0.01μmol/mol	(0~10)μmol/mol	(1.00<R≤10)μmol/mol	±0.14μmol/mol	≤180s	《臭氧气体分析仪》JJG 1077
				±20%		
	0.02mg/m³	(0~21.43)mg/m³	(0<R≤2.14)mg/m³	±0.30mg/m³		
			(2.14<R≤21.43)mg/m³	±20%		

注：R 为示值。

10.3.4 评价和分级

室内温度、相对湿度应符合现行国家标准《室内空气质量标准》GB/T 18883 的有关规定，新风量应符合现行行业标准《建筑通风效果测试与评价标准》JGJ/T 309 的有关规定。针对温度和相对湿度特性，不做 1h 均值、8h 均值或日均值统计计算，不做分级评价。

根据污染物对人体健康的影响，化学污染物浓度限值应符合表 10-2 的规定，仪器测试结果为体积浓度的项目，应转化成质量浓度进行评价，颗粒物浓度限值应符合表 10-3 的规定，菌落总数限值应符合表 10-4 的规定。在国内，室内空气质量测试主要依据现行国家标准《室内空气质量标准》GB/T 18883 和《民用建筑工程室内环境污染控制规范》GB 50325，而《民用建筑工程室内环境污染控制规范》GB 50325 标准主要针对新建、改建或者扩建民用建筑工程验收，人员未入住，并不适用于本标准。《室内空气质量标准》GB/T 18883 检测指标包括 4 个方面，19 项参数，其中物理指标 4 项，化学指标 13 项，放射性指标 1 项，微生物指标一项，包含了本标准提及的 9 项参数。

化学污染物浓度限值 表 10-2

参数	单位	浓度限值		备注
		I 级	II 级	
二氧化碳（CO_2）	%	≤（室外 CO_2 浓度+0.055）	≤（室外 CO_2 浓度+0.080）	日均值
一氧化碳（CO）	mg/m^3	≤10		1h 均值
总挥发性有机物（TVOC）	mg/m^3	≤0.5	≤0.6	8h 均值
甲醛（HCHO）	mg/m^3	≤0.08	≤0.10	1h 均值
臭氧（O_3）	mg/m^3	≤0.12	≤0.16	1h 均值

颗粒物浓度限值 表 10-3

参数	单位	浓度限值		备注
		I 级	II 级	
$PM_{2.5}$	$\mu g/m^3$	≤35	≤75	日均值
PM_{10}	$\mu g/m^3$	≤50	≤150	日均值

菌落总数限值 表 10-4

参数	单位	浓度限值		备注
		I 级	II 级	
菌落总数	CFU/m^3	≤1500	≤2500	撞击法/微生物实时监测方法
菌落总数	CFU/皿	≤10	≤30	沉降法

美国、日本、加拿大、新加坡、WHO 等国家和组织针对室内污染也制定了相关标准，加以规范约束。《建筑能效-室内环境质量 第 1 部分：建筑能效设计与评价的室内环境参数》ISO 17772-1[17] 对 CO_2 的浓度要求见表 10-5，相比于《室内空气质量标准》GB/T 18883 要求 CO_2 日均值限量为 0.1%，《建筑能效-室内环境质量 第 1 部分：建筑能效设计与评价的室内环境参数》ISO 17772-1 标准要求 CO_2 浓度限值为室外大气中 CO_2 浓度与一个具体数值之和，比如 II 级 CO_2 浓度限值为室外大气 CO_2 浓度加上 $800\mu mol/mol$（PPM）。GB/T 18883—2002 颁布于 2002 年，如今大气环境和 2002 年大气环境已经发生了很大的变化，伴随温室效应，CO_2 浓度比 2002 年有所增长，因此 CO_2 浓度限值（日均值不大于

0.1%）已经不太符合实际情况，相比而言，《建筑能效-室内环境质量　第 1 部分：建筑能效设计与评价的室内环境参数》ISO 17772-1 对 CO_2 浓度要求则更为科学，故本标准 CO_2 浓度限值参照《建筑能效-室内环境质量　第 1 部分：建筑能效设计与评价的室内环境参数》ISO 17772-1 要求。

CO_2 浓度要求限值　　　　　　　　表 10-5

等级	高于室外的 CO_2 浓度（单位为 PPM）
I	550（10）
II	800（7）
III	1350（4）

注：1. 假设每人 CO_2 的释放量为 20L/h；
　　2. 4、7 和 10 指用于稀释居住人员所产生污染物的通风量，单位为 L/(s·人)。

一氧化碳浓度限值参照《室内空气质量标准》GB/T 18883 要求，1h 均值为 $10mg/m^3$；TVOC、甲醛和臭氧II级浓度限值参照《室内空气质量标准》GB/T 18883 要求，TVOC 浓度 8h 均值为 $0.60mg/m^3$，甲醛浓度 1h 均值为 $0.1mg/m^3$，臭氧浓度 1h 均值为 $0.16mg/m^3$，TVOC、甲醛和臭氧 I 级浓度限值则在 II 级浓度限值的基础上进一步提高要求，TVOC 浓度 8h 均值为 $0.50mg/m^3$，甲醛浓度 1h 均值为 $0.08mg/m^3$，臭氧浓度 1h 均值为 $0.12mg/m^3$。本标准对 $PM_{2.5}$ 和 PM_{10} 提出的浓度限值，主要参照现行国家标准《室内空气质量标准》GB/T 18883、《环境空气质量标准》GB 3095[18] 和现行行业标准《建筑通风效果测试与评价标准》JGJ/T 309，不同国家 $PM_{2.5}$ 浓度限量要求见表 10-6。《建筑通风效果测试与评价标准》JGJ/T 309 和《室内空气质量标准》GB/T18883 标准要求：PM_{10} 日均浓度不大于 $0.15mg/m^3$，《建筑通风效果测试与评价标准》JG/T 309 要求 $PM_{2.5}$ 日均浓度不大于 $0.075mg/m^3$，PM_{10} 日均浓度不大于 $0.15mg/m^3$。本标准中 II 级要求与《室内空气质量标准》GB/T 18883 和《建筑通风效果测试与评价标准》JGJ/T 309 保持一致，I 级要求则参考《环境空气质量标准》GB 3095 和国外相关标准，最终确定 $PM_{2.5}$ 和 PM_{10} 日均浓度限量。

国内外不同的空气质量标准对 $PM_{2.5}$ 的要求　　　　　　　表 10-6

主体或者标准	日均值（$\mu g/m^3$）	时间
WHO 准则值①	25	2010 年发布
美国②	35	2006 年发布
澳大利亚③	25	2003 年发布
日本④	35	2009 年发布
GB 3095	二级为 75，一级为 35	2012 年发布
JGJ/T 309	75	2013

注：① 世界卫生组织发出的 "Guidelines for Air Quality"（2005 年）；
② ASHRAE Guideline 24-2015 Ventilation and Indoor Air Quality in Low-Rise Residential Buildings；
③ Australian Government，Department of Sustainability，Environment，Water，Population and Communities. Air quality standards［EB/OL］Canberra：Department of Sustainability Environment，Water，Population and Communities，2012［2013-4-16］http：//www. environment. gov. au/atmosphere/air quality/standards. html；
④ Ministry of the Environment Government of Japan. Environmental quality standards in Japan-air quality［EB/OL］Tokyo：Ministry of the Environment Government of Japan，2009［2013-4-16］http：//www. env. go. jp/en/air/aq/aq. html.

本标准中Ⅰ级和Ⅱ级菌落总数要求主要参照现行国家标准《旅店业卫生标准》GB 9663[19]中1星级、2星级饭店宾馆和普通旅店招待所微生物要求,《旅店业卫生标准》GB 9663 标准要求见表 10-7。绝大部分建筑室内卫生情况达不到 3 星级以上饭店和宾馆水平,所以只采用了普通旅店和 1 星级、2 星级饭店、宾馆和非星级带空调的饭店和宾馆的规定。

旅店客房卫生标准 表 10-7

项目		3～5 星级饭店、宾馆	1 星级、2 星级饭店、宾馆和非星级带空调的饭店、宾馆	普通旅馆招待所
温度(℃)	冬季	＞20	＞20	≥16(供暖地区)
	夏季	＜26	＜26	—
相对湿度(%)		40～65	—	—
风速(m/s)		≤0.3	≤0.3	—
二氧化碳(%)		≤0.07	≤0.10	≤0.10
一氧化碳(%)		≤5	≤5	≤10
甲醛(mg/m³)		≤0.12	≤0.12	≤0.12
可吸收颗粒物(mg/m³)		≤0.15	≤0.15	≤0.20
空气细菌总数	a. 撞击法(cfu/m³)	≤1000	≤1500	≤2500
	b. 沉降法(个/皿)	≤10	≤10	≤30
台面照度(lx)		≥100	≥100	≥100
噪声[dB(A)]		≤45	≤55	—
新风量[m³/(h·人)]		≥30	≥20	—
床位占地面积[m²/人]		≥7	≥7	≥4

10.3.5 监测方法

1. 监测方式

为了了解室内空气质量状况,宜建立长期监测系统。由于受到仪器精度或测试方法限制,新风量应采用现场检测,菌落总数可以在线监测,也可以现场检测,其他指标宜优先选择在线监测,总之,建筑室内空气质量测试是以监测为主,检测为辅。

对于不具备监测条件的工程,定期检测也能达到长期监测的目的。有些项目可以通过人工定期检测实现长期监测,检测方法、检测时间及频次可参照现行国家标准《室内空气质量标准》GB/T 18883、现行行业标准《室内环境空气质量监测技术规范》HJ/T167 等标准的有关规定,比如测试 1h 均值需要至少采样 45min,8h 均值需要至少采样 6h,日均值需要至少采样 18h。对于一些不具备安装监测条件的建筑,可以通过人工定期检测达到长期监测的目的。

2. 安装

每个单体建筑应根据监测目的选择典型房间进行监测,用户可根据监测目的、预算、建筑类型选择一定量房间进行监测,比如教室内人员较多,CO_2 浓度容易超标,特别是冬季,由于关闭门窗,造成 CO_2 浓度高,引起头晕、头痛、学习效率低等现象,因此学校建筑应该把 CO_2 作为主要考核指标;高档宾馆和酒店由于装修豪华,容易引起甲醛、苯、TVOC 等化学污染物超标,因此甲醛和 TVOC 是宾馆和酒店主要考核指标。预算有限的项目,可选择有代表性房间,减少监测数量。

　　房间内监测点的数量应根据建筑区域用途、空间、污染物类别确定,应能正确反映建筑室内空气质量情况。用户可根据房间的面积、房间用途及人员活动状况、污染物类型和经济承受能力,合理布置监测点,但是房间内监测点设置应至少满足表 10-8 的要求。

房间监测点设置数量要求　　　　　　　　　　　　　　　　表 10-8

房间使用面积（m²）	监测点数（个）
<50	1
≥50，<100	2
≥100，<500	不少于 3
≥500，<1000	不少于 5
≥1000	≥1000m² 的部分，每增加 1000m² 增设 1，增加面积不足 1000m² 时按增加 1000m² 计算

　　监测点距离地面高度在 0.5～1.5m 之间。若安装位置与上述要求不相符,应根据附录 C 进行数据修正;因为受安装条件的限制,监测仪表只能安装在墙壁或者屋顶,这和《室内空气质量标准》GB/T 18883 不一致,《室内空气质量标准》GB/T 18883 要求检测点处于房间中心位置,离外墙一定距离,这也会造成监测数据和检测数据不一致。附录 C 提供了对监测数据修正的方法,使其结果更加科学可靠。

　　因某些参数的监测仪表响应周期最小为 180s,所以采集周期和上传周期最小值定为 3min,满足《室内空气质量标准》GB/T 18883 标准中对大多数化学污染物测试 1h 均值,所以,把监测系统采集周期和上传周期最大值设置为 1h,用户也可根据安装传感器的特性进行规定,比如 $PM_{2.5}$ 传感器采样周期为 30s,则采样周期和上传周期设置为 30s,监测系统采样周期和上传周期大于或等于传感器采样频率即可。

　　3. 调试和验收

　　验收前监测系统试运行不少于 10 天。因故障造成的运行中断,在监测系统恢复正常后,应重新开始试运行,重新计算天数。

　　监测系统验收应保证:1) 数据获取率不应小于 90%,数据采集和传输设备与数据终端之间的通信应保持稳定;2) 随机抽取运行期间 7 天监测数据,数据传输正确率应大于等于 95%,监测平台接收的数据和现场监测设备存储的数据应该保持一致。

10.3.6　数据修正

　　工作原理:在相同房间和相同的时间段内,进行检测和监测比对试验时,应将检测方法得到的结果与监测系统得到的结果进行拟合,得出相应关系,并在监测系统中依据上述关系对监测数据进行修正。

　　针对同一污染物的检测仪器与监测仪表宜采用相同的技术原理。检测方法及仪器要求应符合现行国家标准《室内空气质量标准》GB/T 18883、《公共场所卫生检验方法　第 1 部分:物理因素》GB/T 18204.1[20]、《公共场所卫生检验方法　第 2 部分:化学污染物》GB/T 18204.2[21]、《公共场所卫生检验方法　第 3 部分:空气微生物》GB/T 18204.3[23] 和现行行业标准《室内环境空气质量监测技术规范》HJ/T 167 等标准,且检测仪器需要经过计量校准。

比对方法：1）选择典型房间，关闭门窗，按照标准方法检测采样点，进行采样，同时进行监测；2）检测和监测应同时进行采样，采样次数不应少于 5 次，每次采样时间不应少于 20min。监测结果应通过监测平台获得，检测结果应由检测仪器测试得出；3）比对测试应在不少于 3 组不同污染物浓度下进行。

案例分析：

通过上述方法，在某房间内，分别用国外某知名品牌的粉尘测试仪和某粉尘传感器进行数据对比，PM$_{2.5}$浓度比对结果见表 10-9。数据拟合得到关系式 $y=0.9511x+11.033$，$R^2=0.9791$，其中 x 为监测结果，y 为检测结果，可以通过该关系式对监测数据进行修正。

PM$_{2.5}$浓度测试结果（单位：$\mu g/m^3$）　　　　　　　表 10-9

测试仪器	粉尘测试仪	粉尘传感器
1	213	214
2	211	211
3	209	210
4	208	209
5	205	206

10.4 室内空气质量及空气净化设备监测案例

10.4.1 室内空气质量监测

1. 室内空气质量监测系统介绍

本课题组研发了一套室内空气质量监测系统，可以将环境温度、相对湿度、CO$_2$浓度、PM$_{2.5}$、TVOC 等参数实时上传至云平台，可以实现多点传感器采样，主要用于室内热环境和空气质量等多参数的采集和发送，能够长期、稳定、远距离的进行监测。

2. 系统主要技术参数

（1）工作电压：采集器供电为 5V/3A，无线温湿度采集器供电为 5 号电池；

（2）工作环境：温度范围为 $-20\sim85℃$，湿度范围为 $5\%\sim90\%$RH；

（3）通信网络：无线温湿度传感器通过 433MHz 协议与网关通信，网关通过 2G 网络与平台通信；

（4）电源接口：1 个，采用 DC005 标准接口；

（5）TF 卡槽：1 个，可实现数据本地存储；

（6）指示灯：4 个，电源灯、网络灯、通信灯和报警灯。

3. 传感器

监测传感器由 1 个采集器和 2 个可移动式无线温湿度传感器组成，采集器内含 1 个温湿度传感器模块、1 个激光 PM$_{2.5}$粉尘模块和 1 个红外二氧化碳模块，无线温湿度传感器含有 1 个温湿度传感器模块，传感器性能满足表 10-10 的要求。

监测传感器　　　　　　　　表 10-10

参数	厂家	型号	分辨率	量程	示值误差		响应时间
温度	SENSIRION	SHT20	0.1℃	−20～50℃	±0.5℃		≤30s
相对湿度			1%	(0～100)%	±5%		≤30s
$PM_{2.5}$	攀腾	PMS5003T	$1\mu g/m^3$	$0～500\mu g/m^3$	$(0<R\leqslant 100)\mu g/m^3$	$±10\mu g/m^3$	≤30s
					$(100<R\leqslant 500)\mu g/m^3$	±10%	
二氧化碳	炜盛	MH-Z19	$10\mu mol/mol$	$0～5000\mu mol/mol$	±(50ppm±5%读数值)		≤60s

4. 监测方法

（1）选择监测点：房间内监测点设置数量应满足《建筑室内空气质量监测和评价标准》T/CECS 615—2019 的规定；监测点距离地面高度在 0.5～1.5m 之间，无线温湿度传感器放置位置应避免阳光照射，远离窗户、通风口等。

（2）数据采集和上传周期设置为 1min。

5. 监测案例

监测地点：福建省厦门市某公司办公室；

办公室尺寸：10.5m×8m×3m（长×宽×高）；

室内人数：16 人；

监测数据：截取时间段 2019 年 9 月 27 号 0：00～2019 年 9 月 30 日 23：59 的数据，详见表 10-11，$PM_{2.5}$ 和 CO_2 监测数据见图 10-3、图 10-4，办公室室内照片见图 10-5，温湿度监测布置两个监测点（采集器和 1 个无线温湿度传感器），其位置见图 10-6、图 10-7。监测数据按照 T/CECS 615—2019 附录 C 进行修正，修正过程不做详述。

厦门市某公司室内环境测试数据　　　　　　　　表 10-11

	$PM_{2.5}(\mu g/m^3)$	CO_2(ppm)	温度（℃）		湿度（%）	
			T_1	T_2	RH_1	RH_2
最大值	44	949	31.2	28.9	61	68
最小值	1	466	27.5	26.0	45	52
平均值	21	567	29.2	27.6	54	61

注：$T1$ 和 $RH1$ 代表采集器监测数据，$T2$ 和 $RH2$ 代表无线温湿度传感器数据。

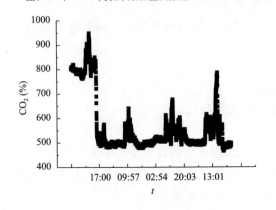

图 10-3　CO_2 测试数据

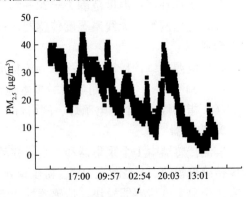

图 10-4　$PM_{2.5}$ 测试数据

图 10-5 办公室整体照片

图 10-6 采集器照片

图 10-7 无线温湿度传感器位置照片

分别采用采集器和无线温湿度传感器测试室内两个位置的温湿度，两个位置温度测试结果分别为 29.2℃和 27.6℃，偏差 1.6℃，相对湿度测试结果分别为 54%和 61%，偏差 7%，测试期间室内未开启空调，室内温度略高于标准要求。室内 $PM_{2.5}$ 浓度平均值为 $21\mu g/m^3$，最小值为 $4\mu g/m^3$，最大值为 $44\mu g/m^3$，室内的二氧化碳浓度平均值为 567ppm，最小值为 466ppm，最大值为 949ppm，测试期间测试点处室外二氧化碳浓度约为 400ppm，根据最新颁布的《建筑室内空气质量监测和评价标准》T/CECS 615—2019 标准，$PM_{2.5}$ 浓度达到 Ⅰ 级，二氧化碳浓度达到 Ⅰ 级（标准要求 Ⅰ 级浓度限值约为 950ppm）。

2019 年 9 月 27 日 15 点左右，室内人员开窗通风，CO_2 浓度出现急剧下降，由 820ppm 左右下降至 520ppm 左右，2019 年 9 月 28 日和 29 日，虽然每天中午会出现小幅上涨，其他时间段浓度均在 500ppm 左右，2019 年 9 月 30 日 15 点 30 分左右出现二氧化碳浓度最高值，达到 780ppm 左右，随着员工不断下班，二氧化碳浓度开始下降，随后稳定在 500ppm 左右，从监测数据可以清晰看出室内污染物变化趋势，间接印证室内人员的活动规律。

10.4.2 新风机性能监测与评价

1. 监测系统介绍

工作原理：通过气泵将空气净化装置前后的空气抽入两个独立密封的气室中，气室中安装有$PM_{2.5}$传感器，测试两个气室中$PM_{2.5}$浓度，从而求得净化装置的$PM_{2.5}$净化效率，通过电表监测新风机的功率和耗电量，通过风速仪监测新风机新风和排风风速，根据公式计算得出新风风量和排风风量，通过安装在新风入口和出口、排风入口三个位置的温湿度传感器，测试三个位置的温湿度，通过大气压变送器测试当地的大气压，根据公式求得焓交换效率和温度交换效率，同时通过室内空气质量监测仪监测温湿度、$PM_{2.5}$、CO_2和TVOC等参数，用于评价新风机使用效果。传感器与网关之间通过485通信，网关通过2G网络将采集数据传输至平台。双向流新风机监测系统见图10-8和图10-9，监测平台见图10-10和图10-11，该平台已获得国家计算机软件著作权。

图 10-8 双向流新风机监测系统

图 10-9 双向流新风机监测系统室内空气质量监测仪

图 10-10 监测平台进入界面

上报时间	电压 (V)	电流 (A)	功率 (W)	电量 (kWh)	功率因数 0	进口 $PM_{2.5}$ (μg/m³)	出口 $PM_{2.5}$ (μg/m³)	净化效率 (%)	采集器温度 (℃)	采集器湿度 (%)	采集器 $PM_{2.5}$ (μg/m³)	采集器 HCHO (mg/m³)	采集器 TVOC (μg/m³)	温度交换效率 (%)	大气压强 (hPa)	焓交换效率 (%)	风速1 (m/s)	风量1 (m³/h)	风速2 (m/s)	风量2 (m³/h)
2019-12-03T23:19:21	225.9	0.342	34.6	5.11	0.458	27	6	77.77	21.48	20	4	0	1.39	100	1024	88.43	1.8	153.8	2.5	210.6
2019-12-03T23:18:21	226.2	0.342	35.1	5.11	0.447	28	4	85.71	21.48	20	4	0	1.39	100	1024	87.74	1.7	145.8	2.7	218.6
2019-12-03T23:17:21	225.5	0.341	35.1	5.11	0.449	28	5	82.14	21.48	20	4	0	1.39	101.3	1024	97.6	1.7	145.8	2.5	210.6
2019-12-03T23:16:21	225.6	0.338	34.1	5.11	0.459	26	5	80.76	21.48	20	4	0	1.39	98	1024	78.56	1.6	129.6	2.5	210.6
2019-12-03T23:15:21	225.1	0.334	34.6	5.11	0.466	28	7	75	21.48	20	4	0	1.39	98	1024	78.77	1.7	137.6	2.5	210.6
2019-12-03T23:14:21	225	0.329	34.4	5.11	0.463	30	4	86.66	21.48	20	4	0	1.39	98	1024	78.77	1.7	137.6	2.5	210.6
2019-12-03T23:13:21	224.9	0.33	34.7	5.11	0.463	29	5	82.75	21.48	20	4	0	1.39	100	1024	87.75	1.6	129.6	2.5	210.6

图 10-11 某品牌新风机运行效果监测数据

监测项目：1）电压、电流、功率因数、功率和耗电量；2）新风入口和出口处$PM_{2.5}$浓度、$PM_{2.5}$净化效率；3）大气压；4）新风入口和出口、排风入口处温湿度；5）温度交换效率和焓交换效率；6）新风和排风风速、新风和排风风量等参数。

管侧设备组成：由气泵、气管、$PM_{2.5}$传感器、大气压变送器、温湿度传感器、管道式风速仪、电量表、网关等组成，传感器、风速仪和电量表等信息详见表10-12。

主要配件表　　　　　　　　　　　　　　　　　表 10-12

序号	名称	厂家	规格型号	量程	精度
1	$PM_{2.5}$传感器	攀腾	PMS5003T	$0\sim500\mu g/m^3$	$\pm10\%@$（$100\sim500$）$\mu g/m^3$ $\pm10\mu g/m^3@$（$0\sim100$）$\mu g/m^3$
2	甲醛传感器	攀腾	DS-HCHO	$0\sim1mg/m^3$	$\pm5\%$
3	TVOC传感器	SGX	MiCS-VZ-89TE	$0\sim1000ppb$	—
4	大气压变送器	建大仁科	RS-QY-N01	$0\sim120kPa$	2.5 级
5	温湿度传感器	建大仁科	RS-WS-N01-9L	温度：$-20\sim50℃$； 湿度：$0\sim100\%$	温度：$+0.3℃$； 湿度：$\pm3\%RH$
6	风速仪	E+E	EE650	$0\sim10m/s$	$\pm(0.2m/s+3\%$读数$)$
7	电量表	正泰	DDSU666 5（60）A	电流：$0\sim60A$	1 级

2. 监测案例

监测对象：某品牌双向流新风净化机 1 台；

监测地点：北京市通州区某单位办公室；

房间尺寸：$8.6m\times5.6m\times2.8m$（长×宽×高）；

室内人数：$2\sim5$ 人。

监测数据 1（冬季工况）：

截取时间段 2019 年 12 月 4 号 00：00～2019 年 12 月 6 日 00：00 的数据，详见表10-13。在该时间段内，新风机新风以 3 挡运行、排风以 1 挡运行，未开启空调，白天室内有人员上班，夜间无人，室外天气晴，测试期间室外温度平均值为 3.1℃，最大值为 12.3℃，最小值为 $-3.2℃$，相对湿度平均值为 44.8%，最大值 74.2%，最小值 16.0%。

双向流新风机及室内空气质量监测结果　　　　　　　　　　　表 10-13

	T_{xj}(℃)	RH_{xj}(%)	T_{xc}(℃)	RH_{xc}(%)	T_{pj}(℃)	RH_{pj}(%)	T_{in}(℃)	RH_{in}(%)
最大值	12.3	74.2	22.5	25.3	22.6	26.8	23.5	24.0
最小值	-3.2	16.0	16.2	15.7	16.7	18.0	17.7	17.0
平均值	3.1	44.8	19.1	20.4	19.3	21.6	20.8	20.6
	$PM_{2.5}$($\mu g/m^3$)	CO_2(ppm)	Q_x(m^3/h)	Q_p(m^3/h)	$\eta_{PM_{2.5}}$(%)	$\eta_{温度}$(%)	$\eta_{焓}$(%)	P(W)
最大值	33	626	178	227	90.0	99.4	96.0	36.9
最小值	2	400	105	203	60.0	95.2	72.6	33.5
平均值	13	430	140	212	77.3	97.6	84.0	35.0

注：T_{xj}为新风进口温度（室外）；RH_{xj}为新风进口相对湿度（室外）；T_{xc}为新风出口温度；RH_{xc}为新风出口相对湿度；T_{pj}为排风进口温度；RH_{pj}为排风进口相对湿度；T_{in}为室内温度；RH_{in}为室内相对湿度；Q_x为新风风量；Q_p为排风风量；$\eta_{PM_{2.5}}$为$PM_{2.5}$净化效率；$\eta_{温度}$为温度交换效率；$\eta_{焓}$为焓交换效率；P为功率。

从表10-13中数据可知，测试期间室内温度平均值为 20.8℃，满足 GB/T 18883 标准要求（冬季：$16\sim24℃$），室内相对湿度平均值为 20.6%，不满足 GB/T 18883 标准要求（冬季：$30\%\sim60\%$）。$PM_{2.5}$浓度平均值仅为 $13\mu g/m^3$，根据 T/CECS 615-2019 标准要求，$PM_{2.5}$浓度可达到I级，测试期间室外二氧化碳浓度平均值约为 480ppm，T/CECS 615-2019 标准要求I级浓度限值约为 1030ppm（0.103%），故该房间室内二氧化碳浓度达到I级。

新风净化机运行功率平均值为 35W，最大值为 36.9W，最小值为 33.5W；新风风量平均值为 140m³/h，最大值为 178m³/h，最小值为 105m³/h；排风风量平均值为 212m³/h，最大值为 227m³/h，最小值为 203m³/h；PM₂.₅净化效率平均值为 77.3%，则洁净空气量为 108 m³/h，净化能效为 3.09；温度交换效率平均值为 97.6%，最大值为 99.4%，最小值为 95.2%，焓交换效率平均值为 84.0%，最大值为 96.0%，最小值为 72.6%。

监测数据 2（多种工况比较）：

同一台新风机、相同运行工况下（新风 3 档、排风 1 档），在不同气候条件下，温度交换效率随着室内外温差 ΔT 的变化情况见图 10-12，从图 10-12（a）可知，测试阶段 ΔT 均为正值，即室内温度高于室外温度，随着温差增大，温度交换效率趋于稳定，ΔT 在 ±1℃范围之内波动时，从图 10-12（b）和图 10-12（c）可以看出，温度交换效率波动较大，这是因为当室内外温度接近时，新风进口和出口、排风进口三点温度接近，温湿度传感器由于灵敏度原因，难以区分，故造成温度交换效率远大于 100% 的假象，从原理上分析，室内外温差很小时，温度交换效率应较小。另外，从测试数据可知，当 $\Delta T=2.6℃$ 时（制热工况），$\eta_{温度}$ 约为 80%，而 $\Delta T=-2.6℃$（制冷工况），$\eta_{温度}$ 约为 64%，可见同一台新风

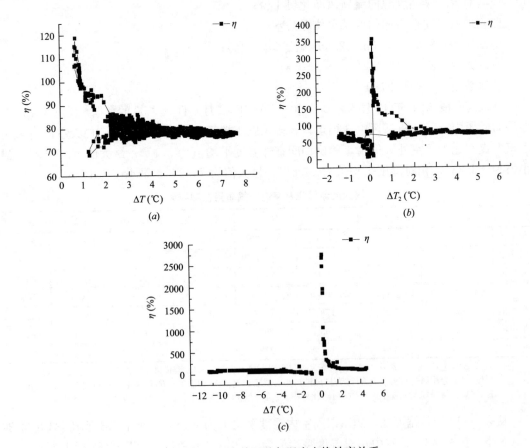

图 10-12　室内外温差与温度交换效率关系

（a）图数据来自于时间段 2019 年 10 月 9 日 16：00～2019 年 10 月 11 日 16：00；（b）图数据来自于时间段 2019 年 8 月 15 日 16：00～2019 年 8 月 16 日 9：00；（c）图数据来自于时间段 2019 年 6 月 26 日 10：00～2019 年 6 月 28 日 18：00。

机，在两种气候条件下，$\eta_{温度}$值相差 20％左右，即制热工况温度交换效率远高于制冷工况温度交换效率。

参考文献

[1] Forouzanfar M H, Alexander L, Anderson H R, et al. 2015. Global, regional, and national comparative risk assessment of 79 behavioural, environmental and occupational, and metabolic risks or clusters of risks in 188 countries, 1990-2013: A systematic analysis for the Global Burden of Disease Study 2013 [J]. Lancet 386, 2287-2323.

[2] Wargocki P, Wyon D P. Providing better thermal and air quality conditions in school classrooms would be cost-effective [J]. Build. Environ, 2013, 59: 581-589.

[3] Ho G W. Gas sensor with nanostructured oxide semiconductor materials [J]. Sci. Adv. Mater. 2011, 3: 150-168.

[4] Guidi V, Malagu C, Vendemiati B, et al. In: Prudenziati, Maria, Hormadaly, Jacob (Eds.), Printed semiconducting gas sensors in printed films, materials science and applications in sensors, electronics and photonics [M]. Woodhead Publishing, 2012.

[5] Isaac N A, Ngene P, Westerwaal R J, et al. Optical hydrogen sensing with nanoparticulate Pd-Au films produced by spark ablation [J]. Sensors Actuators B Chem, 2015, 221: 290-296.

[6] Zampolli S, Elmi I, Stürmann J, et al. Selectivity enhancement of metal oxide gas sensors using a icromachined gas chromatographic column [J]. Sensors Actuators B Chem., 2005, 105: 400-406.

[7] Honeywell. White Paper: Best Practices for Gas Monitoring in the Commercial Kitchen, pp. 6. Available from: www. honeywellanalytics. com/~/media/honeywellanalytics/products/e3point/documents/wp1161_commercial-kitchen-gasmonitoring_web_12-2-14. pdf? la＝en.

[8] Snyder E G, Watkins T, Solomon P, et al. The changing paradigm of air pollution monitoring [J]. environ. Sci. Technol., 2013, 47: 11369-11377.

[9] Northcross A L, Edwards R J, Johnson M A, et al. A low-cost particle counter as a realtime fine-particle mass monitor [J]. Environ. Sci.: Processes Impacts, 2013, 15: 433-439.

[10] Castell N, Viana M, Minguillón M C, et al. Real-world application of new sensor technologies for air quality monitoring. ETC/ACM Technical Paper 2013/16 http://acm. eionet. europa. eu/reports/ETCACM_TP_2013_16_new_AQ_SensorTechn (accessed 09 Oct 2015).

[11] Zampolli S, Elmi I, Ahmed F, et al. An electronic nose based on solid state sensor arrays for low-cost indoor air quality monitoring applications [J]. Sensors Actuators B Chem. 2004, 101: 39-46.

[12] 中国建筑科学研究院有限公司. T/CECS 615—2019 建筑室内空气质量监测和评价标准 [S]. 北京：中国标准出版社，2019.

[13] 河南省建筑科学研究院有限公司，泰宏建设发展有限公司. GB 50325—2010 民用建筑工程室内环境污染控制规范 [S]. 北京：中国标准出版社，2010.

[14] 国家质量监督检验总局，卫生部，国家环境保护总局. GB/T 18883—2002 室内空气质量标准 [S]. 北京：中国标准出版社，2002.

[14] 中国建筑科学研究院. JGJ//T 309—2012 建筑通风效果测试与评价标准 [S]. 北京：中国标准出版社，2019.

[15] 中国环境监测总站，河北省环境监测中心. HJ/T 167—2004 室内环境控制质量监测技术规范 [S]. 北京：中国标准出版社，2004.

[16] 中国建筑科学研究院. JGJ/T 309—2013 建筑通风效果测试与评价 [S]. 北京：中国建筑工业出

版社，2013.

[17]　ISO 17772.1 建筑能效-室内环境质量　第 1 部分：建筑能效设计与评价的室内环境参数 [S].
　　　ISO，2017.

[18]　中国环境科学研究院，中国环境监测总站. GB 3095—2012 环境空气质量标准 [S]. 北京：中国
　　　标准出版社，2012.

[19]　中国预防医学科学院环境卫生监测所. GB 9663—1996 旅店业卫生标准. [S]. 北京：中国标准出
　　　版社，1996.

[20]　中国疾病预防控制中心环境与健康相关产品安全所. GB/T 18204.1—2013 公共场所卫生检验方法
　　　第 1 部分：物理因素 [S]. 北京：中国标准出版社，2013.

[21]　中国疾病预防控制中心环境与健康相关产品安全所. GB/T 18204.2—2014 公共场所卫生检验方法
　　　第 2 部分：化学污染物 [S]. 北京：中国标准出版社，2014.

[22]　中国疾病预防控制中心环境与健康相关产品安全所. GB/T 18204.3—2013 公共场所卫生检验方法
　　　第 3 部分：空气微生物物 [S]. 北京：中国标准出版社，2013.

第 11 章　环境空气中致病微生物净化处理技术与评价

11.1　引言

　　人们所居住生活的室内外环境中充斥着肉眼无法识别的大量微生物,绝大多数微生物是维持我们所处生态环境顺利运转的关键,而其中最为重要的作用包括:

　　(1) 有机物的主要分解者:微生物中的异养微生物承担着将生物圈内动植物残体等复杂有机物质分解成最简单的无机物,供初级生产者合成有机物,从而实现生物圈的完整循环和生态系统的平衡。从这个角度来看,微生物的分解功能也是其在生态环境体系中的最大价值。

　　(2) 物质循环的重要成员:微生物几乎可以参与所有的物质循环,微生物的分解作用实际上是自然界物质循环的最关键过程。在一些元素的循环过程中,微生物是主要成员,起主要作用。而在一些过程中,只有微生物才能进行,其作用独特。

　　人们对于环境空气中微生物的认识与研究可以追溯到 19 世纪中期,微生物领域研究重要开创者之一,法国科学家巴斯德(Louis Pastear)用著名的曲颈瓶试验证实了空气微生物的存在。一般来说,空气中微生物主要包括细菌、病毒、真菌、孢子及花粉等植物微生物几个主要门类,其来源主要为土壤、灰尘、江河湖海、动物、植物以及人类本身。

　　首先,土壤、江河湖海等水体环境中蕴含有大量的有机腐烂物以及微生物,这些微生物在风力、水力、人以及动物运动、生产活动等条件下逸散到空气中形成悬浮微生物气溶胶,例如,水体表面的浪花泡沫破裂过程就会产生大量的微生物气溶胶。其次,植物也能够向空气中释放大量的细菌,空气中的花粉、孢子以及部分细菌、真菌均来源于植物。曾有报道在围场小麦上方的空气细菌浓度达 $6500CFU/m^3$,而植物表层病毒也可借由风力或其他外力进入空气。第三,动物也是重要的环境微生物气溶胶发生源,例如,牛和羊可从胃排出大量微生物气溶胶,牛棚内烟曲霉(Aspergillus fumigatus)孢子的浓度可比室外本底浓度高几个数量级。而大量人畜共患病,如禽流感、鼠疫以及布鲁氏菌病等均可由其动物宿主向空气中散播微生物气溶胶而形成人员潜在感染风险。第四,人体自身在很多环境下是重要的微生物气溶胶产生源。一个正常人在静止条件下每分钟可向空气排放 500～1500 个菌粒,而人在肢体活动、咳嗽以及打喷嚏时向空气中排放的菌粒高达每分钟数千乃至数十万。此外,工业生产过程如发酵、制药、食品加工、制革以及毛纺生产都可造成空气微生物污染。20 世纪 80 年代就曾有报道[1],美国一屠宰场通过空气传播造成 387 例布病感染,而一些毛纺厂中由于处理收到炭疽感染的羊毛制品,导致工厂工人每人每 8h 就吸入 600～2150 个炭疽芽孢粒子。

　　就环境空气本身而言,相对干燥的空气湿度,缺乏养分供应以及水分储备条件,并不适合大多数微生物存活,因此大多数环境空气中的微生物需要依附于其他介质,如灰尘、人及动物皮屑等,这些介质一方面会提供细菌等微生物生存所必须的养分,另一方面,这些介质利用其自身的多孔介质特性，可以蓄存水分以满足微生物需求。而在微生物中，病毒类微生物由于不具有完整的细胞结构，无法独立存在于大气环境下，只能存在于特定细菌或动植物细胞中。就物理尺度而言，微生物的大小从几纳米到几十微米不等，图 11-1 给出了国内学者所总结的微生物与典型气溶胶的物理尺度比对。

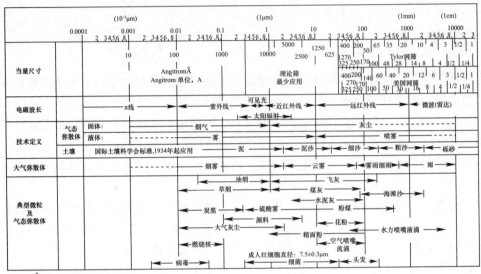

注：1Å=1mm

图 11-1　微生物与典型气溶胶的物理尺度[1]

　　健康负担方面，目前已知多种人类以及动物疾病可通过致病微生物气溶胶方式引发人与人之间、动物与动物之间以及人与动物之间的传播与相互感染，例如动物疾病中的口蹄疫、非洲猪瘟等，人类疾病中的流感、结核、SARS、MERS 以及当前肆虐全球的新型冠状病毒 COVID-19 等，人类和动物均可感染的炭疽以及某些压型禽流感等。除此以外，近年来的多项研究表明，哮喘、白喉、军团病以及众多过敏性疾病的发生均与空气中的微生物气溶胶相关。同时生物气溶胶也可导致建筑相关疾病（Building Related Illness，BRI）和病态建筑综合症（Sick Building Syndrome，SBS），产生头痛，恶心和粘膜刺激症状。在建筑空调系统中，若设计工程安装不当、维护不力，其冷水盘管、空调机组内的高湿度区域等均能导致微生物的孳生以及房间空气内的微生物浓度上升。

　　本章将重点对空气中微生物的净化处理技术、环境中微生物浓度水平的评价技术以及针对空气净化与消毒装置的微生物净化效果评价方法进行介绍，希望可以对读者应对在前疫情期间以及对未来类似空气传播疾病的未雨绸缪有所帮助。

11.2　国内外室内微生物浓度限值标准

　　各国浓度限值标准由政府组织颁布或者学者研究得出结论，Rao 等[2] 于 1996 年对此进行了介绍和对比，但只涉及真菌的浓度限制标准，且缺少我国的数据。再者 1996 年后，有些国家已经对标准进行了修改更新。Mandal 等[3] 简单地罗列了一些国家的浓度限值标准，但并未进行详述和对比。目前主要国家的室内空气微生物浓度限值指标主要包括：

（1）美国

美国政府工业卫生委员会（ACGIH）表示，由于缺乏描述暴露-反应关系的数据，且室内空气微生物种类不一，以及采集和分析室内空气微生物的方法多种，每个研究团队之间所得的结论没有可比性，因此很难科学地去规定一个具体的限值[4]。美国职业安全与健康管理局（OSHA）在 2008 年发布了技术指南[5]，引用了 Richard 等[6] 的结论，给出了空气真菌的污染指标，即应在 1000 CFU/m³ 以下。但超过该水平并不一定意味着不安全，需要考虑空气微生物的种类和浓度两个因素的共同影响。美国纽约市卫生部是第一个公布评估霉菌感染建筑指南的地方政府机构。其最初于 1993 年发布有关指南，并分别在 2002 年和 2008 年进行了更新。该指南最初针对特定的生物，如葡萄状穗霉属，它被认为是一种病原体。指南对空气真菌样本的分析思路是：室内外的真菌浓度和种类应该相近，具有差异则说明室内环境可能存在污染源。

（2）加拿大

加拿大卫生部基于对联邦建筑物的 3 年调查，在 1987 年发布了《住宅室内空气质量暴露指南》[7]，并在 1995 年作出修订。同年发布的《办公建筑室内空气质量技术指南》[8] 引用了前者关于微生物标准的内容。当单一物种（枝孢（Cladosporium）或链格孢（Alternaria）除外）大于 50 CFU/m³ 时可能需要进一步调查；如果真菌为混合种类并和室外种类组成一样，夏季可接受浓度为<150CFU/m³，超过该值表明室内较脏、过滤器低效或者其他问题；如果种类主要为枝孢菌或其他树木叶片真菌，夏季可接受浓度为<500CFU/m³，超过该值表明过滤器失效或建筑物受污染。WHO 在 1988 年发布的报告《室内空气质量：生物污染》[9] 也引用了加拿大的报告。

（3）欧洲国家

1996 年，欧盟同样是根据实际的调查情况，发布了关于室内微生物浓度范围的报告[10]，见表 11-1。报告中表示，目前还不能设定非工业室内环境真菌的浓度阈值，仅列出了不同污染程度的浓度范围。这些范围分类与采样仪器相关，也与实际环境参数有关，结果还需要考虑室外采样数据。报告中规定了 5 个等级，非工业室内环境的浓度范围规定得比住宅严格。欧洲国家中，德国也在两份文件[11,12] 中提到 10⁴CFU/m³ 以下为低浓度，以上为高浓度。

欧洲住宅和非工业室内环境的微生物（多种类）浓度限值建议　　　　表 11-1

分类	住宅（CFU/m³）		非工业室内环境（CFU/m³）	
	细菌	真菌	细菌	真菌
极低	<100	<50	<50	<25
低	<500	<200	<100	<100
中等	<2500	<1000	<500	<500
高	<10000	<10000	<2000	<2000
极高	>10000	>10000	>2000	>2000

1989 年，Nevälainen A[13] 在芬兰地区的住宅进行了空气细菌气溶胶的调研，其结果显示，住宅室内的细菌浓度正常水平最高为 4500CFU/m³。调研使用了 6 级撞击器，TGY 琼脂培养基，并在室温下培养。

葡萄牙 2006 年颁布了法令[14]（Decree-Law No. 79/2006, April 4th），该法令规定室

内细菌、真菌浓度可接受的最大值（AMV）为 500CFU/m³。

（4）俄罗斯

俄罗斯联邦是唯一对微生物采用官方职业暴露限值（official occupational exposure limits，OELs）的国家。该国根据实验动物的过敏原性，对不同种类的真菌和放线菌进行了浓度限值[15]，并根据危害程度和过敏原性进行了分类，限值范围 $10^3 \sim 10^4$ CFU/m³，见表 11-2，但没有提供如何对危害程度进行分类的信息。

俄罗斯联邦真菌和放线菌的最大允许浓度　　　　　　　　　　　　　　　表 11-2

微生物	最大允许浓度（CFU/m³）	危害等级	过敏原性
真菌			
顶头孢霉	5×10^3	Ⅲ	+
白粉寄生孢	10^4	Ⅲ	
三孢布拉霉	10^4	Ⅲ	+
念珠菌属	10^3	Ⅱ	
假丝酵母	10^3	Ⅱ	
产朊假丝酵母	10^3	Ⅱ	
粗状假丝酵母	10^3	Ⅱ	
劳氏隐球菌	0.5mg/m³	Ⅱ	+
梭链孢酸脂球菌	5×10^3	Ⅲ	
变灰青霉菌	2×10^3	Ⅲ	
啤酒酵母	0.5mg/m³	Ⅱ	+
放线菌			
蔷薇放线菌	10^3	Ⅱ	
金霉素链霉菌	5×10^3	Ⅲ	+
红霉素链霉菌	3×10^3	Ⅲ	+
链球菌乳杆菌	10^4	Ⅲ	
乳酸链霉菌	5×10^3	Ⅲ	+
龟裂链霉菌	3×10^3	Ⅲ	+

（5）我国室内空气微生物浓度限值标准

1996 年前，我国参考使用着苏联标准，或日本的相关调查资料评价标准，没有基于我国实际的室内空气细菌总数卫生标准[16]。1996 年，我国针对不同的公共场所发布了公共卫生系列标准（GB 9663—GB 9673、GB 16153）。系列标准中关于微生物的部分对不同的采样方法规定了不同的标准值，撞击法细菌标准值范围在 1000～7000CFU/m³ 之间，沉降法细菌标准值范围在 10～75 个/皿之间，但没有给出真菌的标准浓度限值。3～5 星饭店、宾馆的要求最高，为 1000CFU/m³，而对于展览馆、书店和商场这种人员流动性比较大的场所要求则最低，为 7000CFU/m³，而 2500CFU/m³ 和 4000CFU/m³ 这两个值为以后两个标准作为一般场所（不分类）的取值。张铭建和曹国庆总结了上述标准对于不同公共场所的微生物气溶胶标准限值要求[17]，见表 11-3。

我国公共场所细菌和真菌生物气溶胶的标准值 表 11-3

场所		细菌数		真菌数	标准
		撞击法（cfu/m³）	沉降法（个/皿）	撞击法（cfu/m³）	
旅店客房	普通旅店、招待所	2500	30	—	GB 9663—1996
	1 星级、2 星级饭店、宾馆和非星级带空调的饭店、宾馆	1500	10	—	
	3～5 星级饭店、宾馆	1000	10	—	
文化娱乐场所	影剧院、音乐厅录像厅（室）	4000	40	—	GB 9664—1996
	游艺厅、舞厅	4000	40	—	
	酒吧、茶座、咖啡厅	2500	30	—	
公共浴室	更衣、浴室（淋、池、盆浴）、桑拿浴室	—	—	—	GB 9665—1996
理发店、美容店		4000	40	—	GB 9666—1996
游泳馆		4000	40	—	GB 9667—1996
体育馆		4000	40	—	GB 9668—1996
图书馆、博物馆、美术馆		2500	30	—	GB 9669—1996
展览馆		7000	75	—	
商场（店）、书店		7000	75	—	GB 9670—1996
医院候诊室		4000	40	—	GB 9671—1996
公共交通等候室	候车室和候船室	7000	75	—	GB 9672—1996
	候机室	4000	40	—	
公共交通工具	旅客列车车厢	4000	40	—	GB 9673—1996
	轮船客舱	4000	40	—	
	飞机客舱	2500	30	—	
饭馆（餐厅）		4000	40	—	GB 16153—1996
公共场所集中空调通风系统	送风	500		500	WS 394—2012

1998 年我国颁布了《室内空气细菌总数卫生标准》GB/T 17093—1997[18]，对室内空气中细菌总数规定分为撞击法和沉降法，前者≤4000CFU/m³，后者要≤45CFU/皿。张进等将室内空气细菌总数的洁净程度划分成四级水平。其划分依据基于部队调查数据结果，并参考了国内外资料。2002 年，国家卫生部发布了《室内空气质量标准》GB/T 1883—2002[19]，生物性部分规定室内空气总菌落数标准值为 2500CFU/m³，采样方法为撞击法，没有区分细菌和真菌。其适用于住宅和办公建筑物，其他室内环境标准可以参考该标准。2012 年，卫生部发布了《公共场所集中空调通风系统卫生规范》WS 394—2012[20]。其规定了以撞击法为采样方法的情况下，送风中细菌和真菌的标准值均为 500CFU/m³；风管内表面卫生指标为积尘量≤20g/m²，细菌和真菌总数均≤100CFU/cm²。

我国香港特区的《办公室及公众场所室内空气质量管理指引》[21]，于 2019 年 7 月 1

日实行修改后的版本，对于室内微生物的规定，只是增加了霉菌的内容。前者关于微生物的部分，只对细菌进行了限定，8h 平均细菌浓度小于 500CFU/m³ 为卓越级，小于 1000CFU/m³ 为良好级；后者又指出会将空气中真菌的参数（"良好级"或"卓越级"的建议指标水平为 500CFU/m³）纳入到下一次对检定计划的检讨。2018 年 6 月 25 日，对检定计划作出了更新建议，参考 WHO 在 2009 年发布的《WHO Guidelines for Indoor Air Quality：Dampness and Mould》以及本地实际情况，增加关于室内霉菌的参数。

11.3　环境空气中致病微生物净化处理技术

针对环境空气中的微生物净化处理技术，主要有物理过滤拦截、生物法以及化学法等，其中，物理过滤拦截主要依靠纤维过滤材料按尺度大小拦截空气中悬浮气溶胶的特性，现有研究表明，不同效率级别的深层过滤材料对于颗粒物的拦截过滤效率主要取决于气溶胶的大小尺寸，大多数过滤材料对于 100～250nm 颗粒物净化过滤效率最低，而不管颗粒物尺寸小于该范围还是大于该范围，其净化过滤效率都会随着颗粒物粒径远离该粒径范围而逐渐升高。物理法技术包括高温热力消毒以及紫外照射杀菌技术，当高温作用于微生物时，使细胞膜的结构变化，酶钝化，蛋白质凝固，从而使细胞死亡。紫外照射杀菌（ultraviolet germicidal irradiation，UVGI）主要通过特定波长的紫外线的照射，促使病原微生物 DNA/RNA 链断裂，消除活性或传染性。化学法包括过氧化氢熏蒸、臭氧熏蒸等，主要利用特定化学物质的强氧化性破坏组成微生物的蛋白质从而消除其活性。本节将主要介绍上述各项处理技术的基本原理、净化效果以及使用过程中需要注意的问题。

11.3.1　基于物理拦截以及过滤机理的净化处理技术（技术原理、滤除效果）

利用物理拦截以及纤维过滤技术进行空气中悬浮微生物的净化去除，是最为传统和可靠的技术选择，这项技术的发端可一直追溯至 19 世纪末口罩的诞生。如本书前面章节所述，基于物理拦截以及过滤机理的净化设备针对颗粒物的大小尺寸而非生物特性发挥净化功能，对于纤维过滤材料，而图 11-1 中所列出的微生物尺寸尤其是病毒的尺度又很小，是否很难被过滤器所清除呢？从微生物自身特性来看，除部分霉菌孢子外，一般细菌及病毒等都是生长在有营养、有水分的环境中，目前还没有一种方法能把微生物从它生长的环境中提取出来并单独悬浮于空气中形成气溶胶。实际上病毒都是连同包被它的营养物质，通过各种人为或机械作用力释放到空气中，导致我们目前所观测到的空气中微生物绝大多数都是附着在尘粒或其他大尺寸颗粒物上。根据伦敦公共卫生实验室 Noble 的测试结果[1]：1）空气中与疾病有关的带菌粒子直径一般为 4～20μm；2）来自人体的微生物大都附着在 12～15μm 尘粒上；3）许多真菌孢子以单个形式存在于空气中。我国的研究学者许钟麟等也曾提出细菌等价直径的概念，因为大多数微生物并不能在空气中独立存在，常常附着在比其大数倍的灰尘颗粒表面，一方面灰尘中所蕴涵的有机碳可为微生物的存活提供养分，另一方面，灰尘颗粒可以吸附并保存一定水分，而这对微生物的生存以及繁殖至关重要。国内曾有研究表明，空气中的细菌浓度与 3.5μm 尘粒浓度间存在一定相关关系，测试结果也表明几种纤维过滤材料对大气杂菌的过滤效率与 $4\sim5\mu m$ 颗粒物过滤效率相当[22]。天津大学涂光备也通过比对试验得出纤维过滤装置对大气菌的过滤效率与其对 $\geqslant 5\mu m$ 的大气尘计数效率有较好的线性关系[23]。表 11-4 给出了研究学者所总结的一些相关研究中不同过滤等级过滤器对微生物的过滤效率试验结果。

不同等级过滤器对微生物的过滤效率试验结果[24]　　　　　表 11-4

过滤器	试验微生物		透过率	参考文献
	名称	尺寸		
一般通风过滤器	豚草花粉	$20\mu m$	48%～98%	Annis 1965
低效率过滤器	豚草花粉	$15\sim25\mu m$	25%～76%	Sutton et al. 1965
高效过滤器（DOP 透过率 0.02%）	大肠杆菌 T1 噬菌体	$0.1\mu m$	0.004%	Harstad et al. 1967
高效过滤器（DOP 透过率 0.006%）			0.00085%	
高效过滤器（DOP 透过率 0.011%）			0.0044%	
静电除尘器	印度沙雷氏菌	$0.5\times1\mu m$	3%～8%	Decker et al. 1951
	大肠杆菌 T3 菌体	$0.1\mu m$	0%～20%	
静电除尘器	球芽孢杆菌	$2.5\mu m$	3%	Margard and Logsdon 1965
静电除尘器（风速 0.68～1.88m/s）	球芽孢杆菌	$0.5\sim0.9\mu m$	0.2%～25.5%	Rickman 1992
	烟曲霉菌芽孢	$2.0\sim3.5\mu m$	0.3%～6.9%	

从表 11-4 中可以看出，对于给定颗粒物过滤效率的高效过滤器（DOP 透过率 0.006%～0.02%），其对于裸体尺寸为 $0.1\mu m$ 的大肠杆菌 T1 噬菌体透过率基本比 DOP 过滤效率约低 1 个数量级。考虑到 DOP 测试中的颗粒物中值粒径为 $0.18\sim0.22\mu m$，与大肠杆菌 T1 噬菌体尺寸相差不大，比对结果显示即使在实验气溶胶发生条件下，也很难得到单个悬浮的微生物气溶胶。图 11-2 给出了作者团队对额定风量均为 1000m³/h 的 F5 级别中效、H10 级别亚高效以及 H13 级别高效过滤器不同风量下的滤菌效率试验结果，试验菌种采用白色葡萄球菌，见图 11-3。从试验结果可以看出，与前引论文结论类似，过滤器对白色葡萄球菌的过滤效率会明显高于其标称的颗粒物效率，例如，对于标称效率不低于 85%（0.1～0.2 μm）的亚高效过滤器，其额定风量下的滤菌效率达到 98%；对于标称效率不低于 99.95%（0.1～0.2 μm）的高效过滤器，其额定风量下的滤菌效率达到 99.997%。此外，与颗粒物的过滤效率随风量变化规律类似，随着风量的提高，各级别过滤器都会呈现不同程度的滤菌效率下降现象，中效和亚高效过滤器在风量由额定的 1000m³/h 提高到 1500m³/h 时，滤菌效率下降约 10 个百分点，提示我们在过滤器使用过程中，必须严格控制其运行风量，不得超风量运行。

而对于病毒来说，虽然其自身物理尺寸仅约为 $0.01\sim0.1\mu m$ 左右，相比细菌要小很多，但同样的，病毒在环境空气中的存在方式同样是附着在尘粒及其他颗粒物上，病毒进入空气中时所最终形成的粒子大小取决于导致其脱离生存环境进入空气的机械或生物作用力大小，而与病毒自身大小无关。Sellers 等[25]曾报道，自身尺寸仅为 25～30nm 的口蹄疫病毒被感染的猪散布到空气中后，使用多级液体装机采样器进行采样，结果表明，65%～

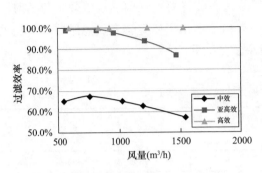

图 11-2　中效、亚高效以及高效过滤器不同
风量下的滤菌效率试验结果

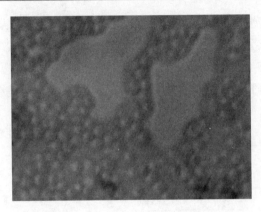

图 11-3　试验所使用白色葡萄球菌

71%的携带病毒气溶胶粒子直径大于 $6\mu m$，19%～24%的携带病毒粒子直径为 $3～6\mu m$ 区间，而只有 10%～11%直径小于 $3\mu m$。黄子才等[1]在全国六大味精厂测量空气中 L-谷氨酸有害噬菌体病毒的采样结果表明，该病毒气溶胶的空气动力学中值直径在 $2.1～4.7\mu m$ 之间，大约 80%的携带病毒粒子尺寸为 $1.6～4.6\mu m$，大约 20%在 $1.4～1.5\mu m$ 之间，而在 $0.65～1.1\mu m$ 之间的噬菌体粒子仅占 0.9%。表 11-5 给出了作者团队对某型号航天用高效空气过滤器所做的细菌（枯草芽孢杆菌黑色变种，约 $1.0\mu m$）以及病毒（大肠杆菌 T3 噬菌体，约 $0.1\mu m$）过滤效果比对测试，测试结果显示二者过滤效率基本相当，显示其各自携带微生物粒子尺寸基本相当，均与微生物单体尺寸关系不大。

同一台高效过滤器的滤菌及滤病毒比对试验结果　　　　表 11-5

试验菌种	枯草芽孢杆菌黑色变种	大肠杆菌 T3 噬菌体
试验风量（m^3/h）	100	100
上游微生物浓度均值（CFU/m^3）	6.86×10^4	7.45×10^4
下游微生物浓度均值（CFU/m^3）	2.36	4.7
微生物滤除效率（%）	99.9966	99.9937

11.3.2　紫外杀菌技术（原理、效果等）

紫外线指波长在 $100～400nm$ 区间的光线，按生物学作用差异一般分为 UVA（波长介于 $320～420nm$）、UVB（波长介于 $280～320nm$）、UVC（波长介于 $200～280nm$）以及真空紫外线（$100～200nm$）。从其发展历程来看，紫外线照射消毒是一种古老而又简单的物理消毒方法，它在近代历史上人类与疾病的抗争中发挥了重要作用。紫外线的消毒功能最早由英国科学家 Downes 和 Blunt 发现，他们首次发现经太阳照射后，某些菌类停止了繁殖活动，随后这一现象被证实为太阳光中紫外线所发挥的作用，在此基础上，1909 年，世界上诞生了第一个紫外线水消毒装置。1929 年，紫外线杀菌机理被发现：UVC 波段紫外线直接被 DNA 吸收，并造成以下主要损伤[26]：

（1）相邻嘧啶形成环丁烷嘧啶二聚体；

（2）形成嘧啶-酮光产物；

（3）氨基酸吸收紫外线使蛋白质变性失能；

（4）导致酶的钝化，破坏酶活性中心的氢键；

（5）波长小于 230nm 的紫外线可导致 DNA 链断裂，从而造成细胞死亡。

图 11-4 和图 11-5 分别给出了 DNA 对不同波长紫外线的吸收比例，以及不同波长紫外线的相应杀菌效果[27]。

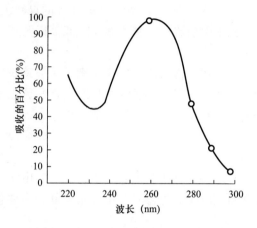

图 11-4　DNA 对不同波长紫外线的吸收

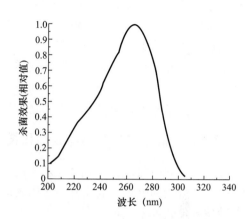

图 11-5　不同波长紫外线杀菌效果

紫外线杀菌之所以能够在过去 100 多年的时间得到充分的应用，主要原因在于其所具备的以下主要特点：

（1）杀菌的广泛性：紫外线的消毒杀菌功能通过 DNA 或 RNA 核酸直接吸收实现，因此细菌、病毒、真菌甚至高等动植物的细胞都可获得消毒杀灭效果。

（2）杀菌的快速性：当近距离使用高强度紫外灯时，可在 1s 或更短的时间杀灭细菌，这种快速性是其他许多生物、物理以及化学消毒方法所无法比拟的。

（3）使用经济性：传统的紫外杀菌消毒设备只有紫外灯管和相应电源，其用电功率与日常照明用灯具基本相当，运行能耗远低于绝大多数的消毒灭菌设备。

在实际灭菌效果方面，表 11-6 给出了紫外线辐照强度等级和典型微生物的杀灭率。

紫外线辐照强度等级和典型微生物的杀灭率[28]　表 11-6

紫外线剂量等级	剂量 $[(\mu W \cdot s)/cm^2]$	杀灭率（%）			
		炭疽杆菌	流感病毒	天花病毒	结核菌
1	1	0	0	0	0
5	50	1	6	7	10
10	500	8	45	53	66
15	4000	49	99	100	100
20	20000	96	100	100	100

中国人民解放军微生物装备研究所曾对英国和加拿大生产的紫外消毒灭菌装置进行了一次通过杀菌效率检测，测试结果表明，英国的杀菌装置具有 99.99% 以上的杀菌效率，加拿大的杀菌装置的杀菌效率在 94% 以上。英国国防部对在商业飞机上安装的 UVGI 杀菌装置进行了检测，其杀菌效率为 99.924%。国际紫外线学会给出的紫外线杀菌效率为 96%[28]。在我国，居喜娟等曾使用包含有 4 支高强度低臭氧紫外线灯（1m 处强度大于

$200\mu W/cm^2$)、负离子发生器（$>2\times10^6 n/cm^3$）、过滤器以及风机的箱式紫外消毒器消毒效果测试。气雾室染菌试验结果表明，在剔除浮游菌自然衰亡率影响后，消毒器开启15min 后可消除空气中99.97%的人工发生金黄色葡萄球菌，30min 后可全部消除；开机30min 后，可消除空气99.91%的人工发生枯草杆菌黑色变种芽孢，1h 后全部消除。在容积为 40m³ 的实际医院诊室中所进行的试验结果表明，在门诊室有人条件下，消毒器开启30min 后，可消除空气中86.0%的自然菌，开启60min 后可消除空气中92.0%的自然菌，但在该实验研究中，研究者并没有区分在整体消毒杀菌效果中，紫外线、过滤器以及负离子发生设备各自的贡献。

基于大量的现有研究表明，紫外线照射杀菌技术在消毒效果上完全可满足一般建筑使用环境对于物体表面以及小型封闭空间空气的消毒要求。但必须关注紫外线消毒装置在实际使用中所带来的各种安全性问题，这一部分内容将在本章后面进行详细论述。

11.3.3　基于静电的空气微生物净化技术

静电是实现净化设备空气净化功能的重要手段之一，其主要通过带电纤维、带电集尘装置等人工营造的电场，利用静电吸附功能实现对空气中悬浮颗粒物的捕集功能，主要包括 2 种技术形式：

（1）给纤维过滤器所使用过滤材料纤维上增加静电荷以提高过滤效率并降低材料过滤阻力。从基本过滤机理看，提升过滤材料纤维过滤效率的主要方式是把纤维做细、做长，但带来的问题一是大多数材料在做细、做长的过程中无法保证足够的强度与挺度，这也是为什么过滤材料发展至今，在效率高于99.95%以上的高效过滤领域基本只有玻璃纤维和聚四氟乙烯（PTFE）这两种材料；第二个问题则是，纤维变细变长后其阻力会大幅上升。因此，过滤行业通过给过滤纤维附加电荷，增强其静电吸附效率，减少对于纤维自身机械过滤效率的依赖，目前各类口罩用过滤材料均采用静电过滤材料来降低过滤阻力，保证使用舒适性需求。Tian Enze 等[29] 报告一种利用极化电场增强粗效静电过滤材料过滤效率的装置，通过使用静电增强技术，可使得过滤装置运行阻力与容尘量与粗效过滤装置类似，PM 颗粒物净化效率能达到高中效过滤器水平。

（2）利用高压放电措施电离空气，在空气中形成大量的游离正离子和电子，这些游离离子通过与空气中颗粒物碰撞接触使之带电，并在集尘极所形成的定向电场中加速运动，最终被集尘板捕获。静电过滤装置相比于传统的纤维过滤器，最主要的优点是在保持相同水平的过滤效率的同时，其阻力会低很多。上海同济大学的毛华雄等[30] 对比测试了静电除尘器和中效过滤器对不同粒径的过滤效果，其测试结果见表 11-7，不同风量下，其阻力的关系见图 11-6 所示。对比测试结果，看出该静电除尘器的过滤效果约相当于中效过滤器，且过滤效率略高于 M6 级过滤器。但其阻力很小，在额定风量下阻力小于 50Pa，远低于 M6 级过滤器。

静电除尘器和中效过滤器对不同粒径的过滤效果　　　表 11-7

分组粒径	型号	$\geqslant0.5\mu m$	$\geqslant0.7\mu m$	$\geqslant1.0\mu m$	$\geqslant2.0\mu m$	$\geqslant5.0\mu m$
计数效率（%）	M5 级过滤器	14.7	25.0	60.5	72.2	78.7
	M6 级过滤器	68.0	81.1	93.7	96.3	97.6
	静电除尘器	76.6	86.6	94.7	97.5	100.0

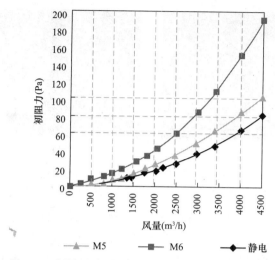

图 11-6 纤维过滤器以及静电除尘器不同风量下的阻力

中国建筑科学研究院的王志勇等[31]测试了静电净化器对PM$_{2.5}$的净化效果，测试得出了不同风速下净化器的阻力和过滤效果，具体结果见表11-8，测试结果表明该静电净化器阻力水平远低于同等效率等级的纤维过滤器。

不同风速下净化器的阻力和过滤效果　　　　　　　　　　表 11-8

风速（m/s）	阻力（Pa）	净化效率（%）
1.5	12.8	89.0
2.0	15.4	85.0
2.5	17.5	80.0
3.0	20.2	77.0

在微生物气溶胶净化处理效果方面，一种传统观点认为，以液滴形态存在的微生物气溶胶既难以荷电，也不易受到静电场吸引，因此对于微生物气溶胶净化处理功能有限。但郭佳佳[32]通过比对测试发现，滤料静电消除前后对粘质沙雷氏菌的过滤效率存在明显差异，其所测试的一种F8级别及一种F7级别化纤过滤材料在消静电处理前对粘质沙雷氏菌的过滤效率均接近100%，但在消静电处理后，F8滤料对粘质沙雷氏菌的过滤效率降为约20%，F7滤料对粘质沙雷氏菌的过滤效率降为约10%，显示静电吸附对于以液滴形态存在的微生物仍可发挥较大作用。

除利用人工营造电场驱动、捕获携带微生物的颗粒物外，静电净化设备的另一消毒灭菌机理与低温等离子原理类似：静电净化器的电晕极在放电条件下，放电区域索性的高能电子可轰击气体分子生成大量强氧化性粒子，破坏微生物细胞结构，从而实现杀菌消毒效果。刘新等[33]曾对一种上述原理装置的消毒灭菌效果进行了实验研究，研究结果表明，在排除了电晕所导致的高温灭活、紫外辐射以及臭氧影响的基础上，在电晕极间电压为2.0kV/cm，处理时间为35s的操作条件下，该装置对城市污水处理厂活性污泥所提取培育微生物气溶胶杀灭效率大于97.9%。同时，研究者通过显微镜观测到了微生物细胞形态被放电所产生自由基（·OH）处理前后的形态变化（图11-7），观测结果显示，强氧化性自由基可氧化分解微生物的细胞壁和细胞膜，从而使得微生物细胞结构破坏，内容物流出，从而导致细胞死亡。

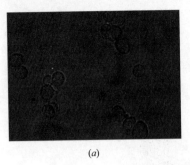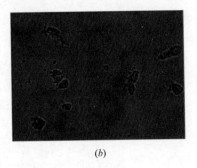

(a)　　　　　　　　　　　　　　　　　(b)

图 11-7　自由基处理前后灰霉菌孢子形态变化[32]

(a) 自由基处理前细胞形态；(b) 自由基处理后细胞形态

董非等[34]也曾对一种常见的利用静电吸附并配合过滤器的室内空气净化机进行实验室及现场净化消毒测试，测试结果显示，在对颗粒物净化效率仅为 75％条件下，该净化机在 20m³ 气雾室内开机作用 30min，对空气中人工发生的白色葡萄球菌杀灭率为 99.98％；在 90m³ 房间中开机作用 60min，对室内空气中自然菌的杀灭率达到 90％以上。

11.3.4　选择及使用微生物净化处理技术需关注的主要问题

1. 过滤器

过滤器只拦截微生物，但对所拦截的微生物并没有杀灭功能，相反的，过滤器自身特性以及使用过程中的积尘往往能够为其所拦截微生物提供一定的水分及有机碳养分，从而使得过滤器在处理不当时反而易成为建筑屋内微生物污染的一个潜在来源。因此，在使用过滤器作为环境空气微生物净化处理措施时需要注意以下问题：

（1）仅依靠过滤器自身无法解决微生物在过滤材料上的孳生问题。天津大学刘俊杰研究团队曾通过实验研究证明在适宜的温度、湿度以及过滤材料上负载有营养物质时，微生物可在过滤材料上生长，并可观测到涵盖延滞期、指数期、稳定期和衰亡期 4 个阶段的完整生存周期[35,36]。Kemp 等[37]将新的纤维过滤材料和多层化纤过滤材料在大气环境中连续使用 8 周，发现从第 2 周起，两种过滤材料上微生物数量迅速增加，虽然化纤过滤材料上微生物总量略低，但 4 周后两种过滤材料上微生物总量接近一致。Martikainen 等[38]曾调查 11 栋公共建筑所使用的通风过滤器，发现每克过滤材料上的细菌及霉菌含量分别约为 $3 \times 10^3 \sim 1.9 \times 10^5$ CFU 及 $7 \times 10^2 \sim 2.5 \times 10^5$ CFU，而在营养物质充足的情况下即使温度低至 4℃，仍可观测到过滤材料上微生物的活动。Neumeister 等[39]通过对柏林市中心一座大型会议中心通风系统用过滤器进行调查发现，尽管仅粗效预过滤器就可提供约 84％的微生物净化过滤效率，但在过滤材料通过荧光显微镜也观测到了约 800 处霉菌生长。为解决过滤材料所拦截微生物的孳生问题，一个通常容易被想到的解决方案就是为过滤纤维表面复合添加抗菌剂，Verdenelli 的研究表明[40]，经抗菌剂处理的过滤材料在头 7 天培养期内基本不会有细菌和真菌繁殖，但在长达 100 天的培养期期间，抗菌剂效果随时间逐渐衰竭。美国 ASHRAE 针对这一问题曾资助研究项目 "Determine the efficacy of antimicrobial treatments of fibrous air filters"，研究结果表明[24]：

1）过滤材料上复合添加抗菌剂并不能提高过滤对于细菌微生物的一次通过效率，表 11-9 给出了该研究对经季铵盐类抗菌剂处理后的过滤器以及未经抗菌处理过滤器的滤菌效率比对结果。

对应于季铵盐类抗菌剂，经过抗菌处理和未经抗菌处理的平行组过滤器初始效率
及容尘效率测试结果（平均值±标准偏差）[24]   表 11-9

微生物	2 号抗菌剂			
	初始效率（%）		容尘效率（%）	
	经抗菌处理	未经抗菌处理	经抗菌处理	未经抗菌处理
球孢板孢 Cladosporium sphaerospermum	33±4	34±13	75±6	80±5
杂色曲霉菌 Aspergillus versicolor	42±2	35±4	79±3	74±5
户黄青霉菌 Penicillium chrysogenum	41±2	35±6	75±2	76±7
荧光假单胞菌 Pseudomonas fluorescens	20±3	28±6	54±3	47±0
枯草芽孢杆菌 Bacillus subtilis	16±8	18±0	39±8	51±3

2）对于清洁过滤器，如果滤料本身是微生物生长的有益环境，则使用抗菌剂可有效抵制微生物生长，但如果滤料本身对于微生物生长来说就是有害环境的话，则不必使用抗菌剂处理。本章之前也论述过静电荷的存在作为一种强氧化剂具有一定的杀菌消毒效果，Kemp 等的实际调研测试也表明在过滤器起始使用阶段，静电化纤过滤器上的菌落总数低于玻纤过滤器，Wang 等[41]的研究则表明即使在最佳培养条件下，枯草芽孢杆菌和荧光假单胞菌都未能在 N95 口罩上进行繁殖（口罩过滤材料均为静电化纤材料）。这些不同研究人员的研究结果也得到了充分的相互验证。

3）对于因使用而导致积尘的过滤器，即使经过复合添加抗菌剂处理，也无法避免微生物孳生。该研究将经过抗菌处理和未经抗菌处理的过滤器安装于同一通风空调机组内，连续使用 4 个月后进行菌落计数分析，试验结果表明，经过抗菌处理的过滤器的细菌测试结果为 14900±5100CFU，而未经抗菌处理的过滤器细菌测试结果为 12700±3900CFU，二者之间基本没有差别。这是因为当过滤器积尘后，其所捕获的携带微生物颗粒多附着在之前捕获的灰尘颗粒上，难以直接接触到滤料表面的抗菌剂，因此抗菌剂也就无法发挥相应作用。

因此，控制过滤器上的微生物孳生问题关键还需要从微生物生长繁殖的必要环境条件入手，水分以及必要的营养物质是微生物生长繁殖的两大必要条件，作为拦截一切灰尘颗粒的过滤器，显然无法避免富含有机碳、可为微生物生存提供养分的灰尘存在，必须合理控制过滤器所处环境的湿度条件，避免过滤器长期在潮湿环境下工作。但在现实应用条件下，大多数一般通风系统中，过滤器与表冷器、加湿器等一同安装于组合式空调机组中，难以保证有利的湿度控制条件，针对这一问题，许钟麟等[42]曾提出一种为组合式空调机组增加辅助干燥灭菌的技术，该技术为组合式空调机组增设一个包含干燥用风机、电加热器以及循环管路的电热干燥系统，在系统停止运行期间，将空调机组内迅速升温至约 60℃并维持至少 30min。原理上，大多数细菌病毒等微生物可在此条件下达到灭活条件，例如新型冠状病毒的灭活条件为 56℃下 30min，因此该技术可在很大程度上解决过滤器的微生物孳生问题。

（2）当过滤器存在残存活性微生物风险时，必须关注过滤器的安全更换以及后续无害

化处理问题，避免工作人员与过滤器上存活微生物产生接触从而导致感染事件的发生。在使用风险较高的高级别生物安全实验室应用领域，对于高风险的高效排风过滤器如何进行在线消毒灭菌、安全更换已经有了较为成熟的技术基础，复旦大学韩文东等[43]就曾报道通过对生物安全三级实验室的核心区排风高效过滤器进行甲醛熏蒸消毒，对所放置的 4 种生物指示剂均可实现完全灭菌。但在医院等相对低风险建筑环境，对于过滤器的安全更换以及消毒、无害化处理的关注则不够。针对这一问题，作者建议在存在潜在感染风险的室内环境中，当使用过滤器作为净化处理措施时，应避免过滤器在被充分消毒灭菌前被暴露在清洁区域空气中，并应避免工作人员与未消毒过滤器产生直接皮肤接触。可通过熏蒸或喷洒消毒剂等方式在过滤器被卸下前进行消毒灭菌，消毒后被卸下的过滤器应存放于密封袋内，并按医疗废弃物标准进行后续的无害化处理，同时也必须注意工作人员在消毒、拆卸、包装以及运输过程中的个人防护。

2. 紫外照射杀菌技术

如本章 11.2.2 小节所介绍的，紫外照射杀菌技术消毒效率高、作用快速、经济性好，但目前其主要应用领域仍局限于污水处理（据报道，目前约有 25％的西方国家工业和生活污水处理厂使用紫外杀菌技术[27]）、物体表面消毒以及小型封闭空间空气消毒。这主要是由于紫外线目前自身存在的一些基础技术障碍：

（1）紫外线的杀菌消毒效果受多种环境因素影响，居喜娟等[44]通过实验研究证明，在 10～30℃常规室温范围内，随温度降低，紫外线消毒效果下降；房间相对湿度达到90％时、房间中喷有机物（浓度为 10％小牛血清菌悬液）也同样导致紫外线消毒效果下降。此外，紫外线杀菌技术的本质仍是依赖于紫外线的辐射传播机理，因此当使用过程中紫外灯管积尘，或者空气中颗粒物的散射功能都会对紫外线的实际杀菌效果产生不利影响。

（2）紫外线对人体健康有一定危害。常见的健康影响包括红斑病、白内障、电光性眼炎、皮肤红斑反应等。波长小于 250nm 的紫外线作用于空气还可产生光化学烟雾以及臭氧等有害气体。张银娟和朱军[45]曾报道 2 例因紫外线空气消毒产生臭氧所导致的呼吸道过敏反应的病例，2 例病例在进入术前使用紫外线消毒 30min 的手术室后，均出现不同程度的咳嗽、胸闷、呼吸困难、脉搏与呼吸加快等临床反应，经脱离环境和抗过敏等治疗后症状缓解。张润莉和李凤英[46]也曾报道过在病房中有病患时进行紫外线空气消毒，导致病人呼吸抑制，经及时抢救方恢复正常的临床病例。

（3）紫外杀菌具有可逆性[47～49]。与传统的热力及化学杀菌不同，紫外线照射杀菌有时是可逆的，这是由于 DNA 损伤后，细胞有四种修复作用酶系统：光复活、切除修复、重组修复和诱导修复。其主要作用机理如下：

1）光复活：通过可见光激活细胞的光复活酶，分解紫外线照射形成的嘧啶二聚体，使得 DNA 复制可以顺利进行。光复活作用是一种高度专一的修复方式，它只作用于紫外线引起的嘧啶二聚体。光复活酶在生物界分布广泛，不仅低等的单细胞生物有，鸟类也有，但高等哺乳动物却没有。

2）切除修复：这是在一系列生物酶的共同作用下，将 DNA 链中的受损伤部位切除，并以完整的那一条链为模板，合成出被切除的部分，然后使得 DNA 恢复正常结构。这是较为普遍的一种修复机制，对多种损伤均能起修复作用，但有些变异的菌种却丧失了这种功能，所以表现为紫外线耐受性很差。

3）重组修复：通过 DNA 聚合酶和连接酶的作用，使得 DNA 的损伤可通过 DNA 分子间的多次重组来逐渐得到修复。

4）诱导修复或 SOS 修复：RecA 蛋白质所参与的可诱导修复作用，称为 SOS 修复，也称应急反应。当 DNA 损伤太大导致合成停止，DNA 链上留下许多大缺口时，RecA 能与这些缺口结合并发生 DNA 链之间的重组交换，加快复制和修复。该系统可以快速修复由紫外线引发的大面积损伤。应急反应主要包括 DNA 修复和变异两方面，其中变异是诱导微生物产生更有利于其生存的变化。现有研究表明，细菌的修复能力很强，0℃条件下 2min 即可完成快修复，而慢修复在 37℃条件下 40～60min 也可完成。

（4）紫外杀菌所导致的细菌耐药性变异问题。微生物经紫外线照射后呈现多向性结果，有些被彻底灭活，有些则保持存活，有些死而复活，而有些则发生了不同程度的变异，而变异的方向同样多种多样，有的具备了更强的紫外线抵抗力，有的可耐化学杀菌剂，有的生化性能变了，而目前研究较为关注的则是部分细菌对抗生素产生了耐药性变异。Weckes 等[50]发现，经 45mJ/cm² 的紫外线消毒后，水中大肠杆菌对四环素和氯霉素的耐药率高于消毒前，并且多重耐药大肠菌群的比例也显著升高。陈艳华等[51]曾报道医院空气中微生物的耐药性高达 72%～76.9%，远高于社区，有学者认为这可能与基层医院大量使用紫外线进行空气消毒有关。王燕等[52]曾报道短时间的紫外线照射并传代培养后，细菌发生较为明显的耐药性变异，其中，第四代褐色沙雷菌对阿莫西林/克拉维酸的敏感性由中介变为耐药，第八代褐色沙雷菌对氨曲南由敏感变为中介，第十二代褐色沙雷菌对头孢呋辛由中介变为耐药。孙荣同等[53]发现，将阴沟杆菌和表皮葡萄球菌经紫外线照射诱导后，阴沟杆菌第 8 代对 5 种抗生素呈现耐药性，而且其存活时间也更长了（抗紫外），其中，对氨苄西林和亚胺培南由敏感转为耐药，对阿莫西林/棒酸由中介转为耐药，对氨曲南、哌拉西林/他唑巴坦以及替卡西林/棒酸由敏感转为中介；而表皮葡萄球菌第 8 代对红霉素由敏感转为耐药，对四环素则由耐药转为敏感。

综上所述，紫外线照射技术的消毒杀菌效率可基本满足空气消毒需求，但其主要问题是安全性，就目前已有国内外研究成果已初步证明紫外线照射设备可诱导微生物发生耐药性变异，但处理后的微生物变异率、产生耐药菌株的频率、变异方向、非致病菌是否会变异成致病菌以及致病菌是否会变异成为高致病性菌株等等问题，均严重缺乏相应基础研究。所以，就该技术而言，用于物体表面消毒以及小型封闭空间的空气消毒问题不大，但用于大型空调通风机组，或替代主流应用的过滤净化技术尚不具备技术基础。

11.4 环境中微生物的检测与评价方法

微生物现场采样与检测的需求来自于人们对自身健康的关注[54]，以及食品、制药、医疗卫生等行业的质量控制需求。对于空气悬浮微生物的检测包含两方面主要内容：首先，需要捕集空气中可能含有活性生物因子的颗粒物，继而对所捕集颗粒物所携带的生物因子进行识别与计数[55]。就后者而言，传统的方法是在一定条件下增殖所捕集的生物因子，使其成长为肉眼可以观测到的菌落，这往往需要较长的时间（一般 1～7 天）方能得到测试结果。但无论对于生产制造领域的产品质量控制，还是突发流行病的疫情控制，都需要更加快速甚至实时的对空气中的悬浮微生物进行识别与监测。

近年来，基于基因扩增方法的实时 PCR 技术的应用，大大缩短[56,57]了获得测试结果的时间，但 PCR 技术的应用前提是必须获得完整准确的目标病原微生物基因组序列，确定其特征基因片段，并利用专有的快速诊断试剂盒进行测试。这就决定了 PCR 技术在实际环境微生物检测中主要存在以下局限性：第一，PCR 技术只能用于侦测采样样品中是否存在特定病原微生物，而无法做到对空气中所有病原微生物的同时识别与监测；第二，PCR 技术只能甄别测试样品中是否含有目标病原微生物的特定核酸片段，无法识别样品中是否存在具有活性或感染性的病原微生物。

11.4.1　传统微生物气溶胶采样技术简介

传统的微生物采样技术依靠惯性捕集空气中微生物粒子，再采用恒温培养的方式扩增所捕集的微生物，使本不可见的微小微生物粒子成长为肉眼可以识别、计数统计的"菌落"。就当前而言，基于菌落培养计数的微生物气溶胶采样装置主要包括 AGI 采样器、安德森采样器、离心式采样器以及过滤器采样器等，以下分别加以介绍。

AGI 采样器（All Glass Impinger）：AGI 采样器于 20 世纪 20 年代开始被用于生物气溶胶的采样，于 20 世纪 50 年代得到了改进并应用至今[58]，AGI 采样器使用一个喷口，通过诱导所采样空气经过喷口形成速度较大的喷射气流，高速撞击在采样溶液上，从而使得空气中的悬浮微生物气溶胶在惯性作用下进入采样溶液并被捕集。现有的 AGI 采样器主要有两种型号：AGI-4 以及 AGI-30，两种采样器基本外观及原理基本一致，唯一的区别为喷口与采样瓶底部的距离，AGI-4 采样器喷口距离采样瓶底为 4mm，而 AGI-30 为 30mm。作为传统的微生物气溶胶采样装置，AGI 采样器价格较低，易于使用。并且，采用逐级稀释培养的方法时，可满足高浓度采样要求。据报道，AGI 采样器被广泛的应用于工程现场生物气溶胶采样[59]、净化器过滤效率测试[60]、过滤器以及口罩测试[61]等。此外，AGI-4 还被用于亚微米级的大肠杆菌 T1 噬菌体（约 $0.2\mu m$）采样，但需要注意的是，此时采样器采样效率较低，采样效率的损失可能高达 30%～48%[62]。AGI 采样器的局限性在于微生物粒子在高速撞击采样过程中的活性降低[63~65]以及由于采样过程中的气流搅拌、雾化等影响，溶液中的微生物粒子有可能重新生成为气溶胶从而随排风排走。同时，采样器喷口的尺寸以及喷口至采样瓶瓶底的距离对于采样器采样效率具有决定性的作用[66]，因此，采样器的制造过程必须遵循严格的精度控制，以保证所生产产品采样效率的基本一致。

安德森采样器（Cascade Andersen Sampler）：相比于 AGI 采样器只对采集到的微生物气溶胶进行计数统计，多级安德森采样器（通常为六级）可在采样的同时区分所采集微生物气溶胶的尺寸大小。每一级安德森采样器都可视为多喷孔的撞击采样器，各级采样器的工作流量一致（均为 28.3L/min），通过改变喷口的尺寸，从而改变撞击采样器的切割粒径 D_{50}，从而实现针对不同粒径尺度范围的生物粒子分别进行采样。安德森采样器直接使用培养皿进行采样，不需再额外进行稀释以及涂布操作，因此便于使用。当前，安德森采样器已成为应用最为广泛的悬浮生物气溶胶采样设备之一。但安德森采样器的缺点在于，由于不进行逐级的稀释与涂布，因此难以适应高浓度下的采样测试，据报道，对于每级有 200 个孔的安德森采样器，对于悬浮微生物浓度为 $2.8\times10^5 CFU/m^3$ 的被采样空气，仅采样 10s 就使得采样器过载[67]。对此，一个解决的办法为在采样结束后，使用中和剂溶解采样的胶状琼脂，再进行逐级的稀释与涂布后方可进行培养采样，但这一方法也存在着中和、稀释以及涂布过程中微生物粒子活性受损降低的问题。

离心式采样器（Cyclone Sampler）：离心式采样器的设计想法源自于旋风除尘器。在离心式采样器中，微生物气溶胶在离心力的作用下向墙壁运行，并最终被墙壁内表面的收集液所捕集。对于离心式采样器的相关研究主要集中于对采样效率的评价研究[68,69]以及对于采样器设计形式的改进[70~72]等。离心式采样器使用液体，如无菌水进行采样，因此可满足长时间以及高浓度采样。但离心式采样器的主要缺点在于无法识别微生物的聚集状态，即空气中多个微生物附着在同一个尘粒上，使用离心式采样器进行采样时，会将一个气溶胶上附着的多个微生物识别为多个微生物气溶胶。同时，与 AGI 采样器一样，离心式采样器也无法对所采样的微生物气溶胶的粒径尺寸大小进行识别。

过滤采样器：上述基于惯性作用的各采样方法，一个共性的问题是难以实现对亚微米尺度（如 $0.1\mu m$）的微生物气溶胶的采样。尽管在理论上，只要保证足够高的孔口出流速度就能够满足惯性采样器对于小微粒子的采集要求，但过高的撞击速度同样会对所采样的微生物粒子产生较大的负面影响，大幅度降低其活性。而对于过滤采样器来说，只要选择合适的过滤材料进行采样，就能够保证采样器具有较高的捕集效率[73]。例如，Agranovski 等[74]曾使用改进的过滤采样器进行测试，测试结果表明，该采样器对于直径为 $0.32\mu m$ 以上的粒子捕集效率可达 95% 以上，但稍后的测试结果表明，过滤采样器对于流感病毒（H3N2）进行采样后的采集效率仅约 20%，但对痘苗病毒（vaccinia virus）的采集效率为89%。由于过滤材料所捕集的微生物无法直接进行培养与评价，将所捕集微生物气溶胶从过滤材料上分离下来的过程就对测试结果可靠性及可重复性至关重要。Kenny 等[75]就曾对这一问题进行过探讨，Wang 等[76]对采样时间以及相对湿度对采集效率的影响进行了分析，Heldal 等[77]则对提高分离效率的措施进行了研究。

11.4.2 微生物气溶胶实时采样技术

如前所述，传统的微生物气溶胶采样技术依赖于长时间的恒温培养，而所带来的主要问题包括：

（1）时间：即使使用了放大镜等技术，采样结果仍需 12~72h 的培养时间方能得到，也就无法满足制药生产、医疗手术以及流行疫病控制等的实时监测与控制需求。

（2）微生物气溶胶的捕集、分离、稀释、涂布等过程均可能在不同程度上导致微生物的结构损伤，从而导致微生物无法被培养成肉眼可识别的菌落。

因此，20 世纪 90 年代末开始，基于紫外激光诱导荧光检测（ultraviolet laser-introduced fluorescence (UV-LIF) detection）的新技术被尝试性的应用于空气中微生物悬浮气溶胶的检测。UV-LIF 技术使用特定波长的紫外波段激光对生物结构中的某种生化物质进行激发，激发后的生化物质在返回基态的过程中，会产生固定波长的荧光，通过对该荧光进行监测，就可以识别所测试气溶胶中是否含有生物活性成分，该技术原理图见图 11-8。

在该技术的早期研发阶段，研究者所使用激发紫外激光波长为 270~280nm[78]，目前的研究主要针对两个波长：266nm 以及

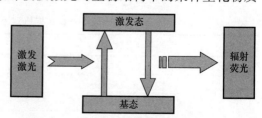

图 11-8 紫外激光诱导荧光检测
生物活性气溶胶的原理

349～355nm。均属紫外波段，但针对的，为微生物因子所含有的不同生物化学介质：266nm 波长激光所激发的为芳香族氨基酸（aromatic amino acids），酪氨酸（tyrosine），色氨酸（tryptophan），苯基丙氨酸（phenylalanine），其对应的激发荧光波长为 300～400nm；而对于 349～355nm 波长激光，其所激发的为一种新陈代谢过程中的中间产物（还原型烟酰胺腺嘌呤二核苷酸 reduced nicotinamide adenine dinucleotide（NADH））以及核黄素，激发产生的对应的荧光波长为 450～560nm。

国际上对于该项技术的研究始于 20 世纪初，为满足实时环境监控等方面的迫切需求，国外一些研究机构开展了相应研发工作[79-81]；在我国，中国建筑科学研究院在 2012 年以后也开展了相关研究以及样机开发工作。

对于国外研究机构所开发的原型样机，目前大多可以找到对于其性能进行评估测试的公开报道，例如，Agranovski 等[81]就曾以 AGI-30 生物采样器作为参比仪器，在实验室条件下，对 UVAPS 原型机的性能进行评估测试，而 Eversole 等[82]则是在普通的室外环境下对名为 SPFA 的原型机进行了连续监测评估测试。二者的测试结果表明，这两种原型机对于非有机材料均表现出预料中的"不识别"特性。Agranovski 等的测试还表明，其所评估样机对于受损细胞的敏感性不高，同时难以识别不含有 NADH 的微生物，如芽孢等。

图 11-9　中国建筑科学研究院净化空调技术中心所研发 UV-LIF 微生物实时监测设备

作者所在技术团队曾于 2014 年研发了国内首台基于 UV-LIF 技术的实时微生物气溶胶监测设备，见图 11-9。该设备采样流量为 2.83L/min，采用 1.5kHz 的 355nm 脉冲紫外光源作为激发激光源，使用响应峰值为 400～500nm 的高精度光电倍增管作为信号接收器，同时为消除微生物气溶胶以及大气颗粒物散射光影响，气溶胶散射腔体与光电倍增管之间增设滤光片，滤除波长在 400nm 以下的光波。

通过对该设备进行的实验室以及环境现场测试评价可以发现，该类型设备在实际应用中还存在以下主要问题：

（1）UV-LIF 设备监测的是微生物的新陈代谢中间产物，因此，芽孢类基本不存在新陈代谢活动的生物气溶胶而很难被识别，另外一些油性有机物质也可能导致仪器发出虚假信号，表 11-10 给出了该设备对不同物质是否存在信号反应的试验结果。试验结果表明，UV-LIF 对于无菌蒸馏水、无菌生理盐水喷雾液滴均不产生信号反应，但对肉汤培养基以及聚 α 烯烃（PAO）有较为明显的信号反应，微生物信号测试中，对白色葡萄球菌有明显信号反应，但对枯草芽孢杆菌则信号不明显。

建研院 UV-LIF 样机对不同物质的信号反应试验结果　　　　表 11-10

测试物质	UV-LIF 是否存在信号反应
无菌蒸馏水	否
无菌生理盐水	否
肉汤培养基溶液	是
聚 α 烯烃（PAO）	是
无菌生理盐水配置白色葡萄球菌菌液	是

续表

测试物质	UV-LIF 是否存在信号反应
无菌生理盐水配置枯草芽孢杆菌菌液	否
无菌蒸馏水配置白色葡萄球菌菌液	是
无菌蒸馏水配置枯草芽孢杆菌菌液	否

注：1. 试验物质于生物安全柜内采用 Collision 喷嘴形成悬浮气溶胶，采样仪器在气溶胶发生器出口进行采样；
　　2. 是否存在信号反应的依据为采样过程中仪器光电倍增管产生了可识别的、明显高于本底电压的响应电压。

（2）仪器测试结果的准确度目前缺乏技术手段进行准确的溯源标定，表 11-11 给出了建研院 UV-LIF 样机与传统的安德森采样器对试验风道中的人工发生白色葡萄球菌气溶胶比对试验结果。试验前，首先通过仪器对无菌洁净空气的采样标定适合的阈值电压，阈值电压指 UV-LIF 仪器判定当前物质所引发的仪器响应电信号应视为微生物气溶胶并进行计数统计的门槛电压值，阈值电压与仪器本底电压信号的差值必须足够大，方能理想的消除来自于电路系统的噪声影响。本次试验中，通过无菌洁净空气采样标定，阈值电压最终设为 2.4V，比仪器本底电压提高 0.4V，此时仪器连续 3 次采样，录得微生物浓度均值 0.67CFU/2.83L，据此判定仪器自身电路噪声影响可基本排除。

建研院 UV-LIF 样机与传统的安德森采样器对试验风道中的人工发生
白色葡萄球菌气溶胶比对试验结果　　　　　　　表 11-11

实验组编号	建研院 UV-LIF 样机测试结果（CFU/m³）	安德森采样结果（CFU/m³）
1（高浓度水平）	11029.3±2734.1	5761.1±2122.6
2（中浓度水平）	10090.7±1422.6	3027.2±601.5
3（低浓度水平）	6805.3±1131.5	2135.5±528.4

由比对试验结果可以看出，UV-LIF 设备对于微生物气溶胶的采样效率要高于现有的撞击式设备，这与撞击式采样设备的工作原理有关，安德森采样器等考察空气微生物浓度的方式是将撞击在培养皿上某一处位置并能培养出一个可视菌落的微生物视为一个微生物气溶胶，若多个微生物气溶胶撞击在同一处，并最终形成一个菌落，则也只能被记为采得一个微生物气溶胶，而对于这种情况，UV-LIF 设备则会统计为多个微生物气溶胶颗粒。但 UV-LIF 测量结果距离实际真实值还有多大偏差、其准确度有多高，目前还没有技术手段能够回答。

（3）UV-LIF 无法对所测试的微生物颗粒进行分类与识别，如前文所述，我们所生存的大气环境中充斥着各种各样的微生物，其中绝大多数并不引发人类及动物疾病，因此如何快速有效的识别空气中的致病菌甚至是特定菌是 UV-LIF 技术的最终发展方向。就目前已有的国内外研究成果而言，通过多个波长 UV 激发以及联合测试，可对某些已知种类细菌的活细胞、灭活细胞、芽孢以及蛋白质状态进行大致区分[83,84]，但距离可识别的最终目标仍有相当长的路要走。

11.5　空气净化设备微生物净化能力的评价方法

对于空气净化设备的微生物净化能力评价方法包括净化器对气雾室及实际封闭房间的循环消毒净化效果评价，以及净化设备对指定空气微生物的一次通过效率评价。

11.5.1　空气循环消毒效果评价

对于空气净化设备对于单个房间的空气循环消毒效果评价试验方法，一般参考我国卫生部于 2002 年颁布的《消毒技术规范》[85]中空气消毒效果鉴定试验中的模拟现场试验和现场试验，表 11-12 总结了空气消毒效果模拟现场试验和现场试验技术特点。

空气消毒效果模拟现场试验和现场试验技术特点　　　　　　　　表 11-12

试验项目	模拟现场试验	现场试验
试验室	$10\sim20m^3$ 室	$\geqslant20m^3$ 房间
采样设备	六级安德森采样器	六级安德森采样器
试验菌株	白色葡萄球菌	大气中自然菌
试验菌雾粒尺寸	$<10\mu m$	不定
试验温度	$20\sim25℃$	自然条件
试验相对湿度	$50\%\sim70\%$	自然条件
中和剂	加于采样培养基中	加于采样培养基中
对照	需有自然消亡对照	不需自然消亡对照
结果计算	杀灭率	消亡率

具体试验方法上，模拟现场试验一般选择相邻并且具有相同物理环境（温度、湿度、光照、密闭性和通风条件等应一致）的同等容积气雾室同时进行消毒效果试验和对照试验。试验前需先将两个气雾室温湿度调节至试验要求范围，放入器材后封闭房门，通过密封手套窗口或遥控器进行后续试验。试验时先同时采用喷雾方式使得两个气雾室内空气浮游菌落数达到 $5\times10^4\sim5\times10^6CFU/m^3$，而后运行空气净化器，并使用六级安德森采样器定期于室中央 1m 高度处进行细菌采样，采样后的采样平皿放置于 37℃培养箱中培养 48h，观察最后结果，计数生长菌落数，并按下式计算微生物净化效果（杀灭率）。

$$N_t = \frac{V_0 - V_t}{V_0} \times 100\% \tag{11-1}$$

$$K_t = \frac{V_0'(1-N_t) - V_t'}{V_0'(1-N_t)} \times 100\% \tag{11-2}$$

式中：N_t——空气中细菌的自然消亡率，%；

V_0 与 V_t——分别为对照组试验开始前和试验过程中不同时间的空气含菌量，CFU/m^3；

K_t——消毒处理对空气中细菌的杀灭率，%；

V_0' 与 V_t'——分别为试验组消毒处理前和消毒过程中不同时间的空气含菌量，CFU/m^3。

需要注意的是，使用该方法进行空气微生物净化消毒试验时需进行阳性以及阴性对照试验作为试验质量控制措施，其中，阳性对照在气雾室染菌后进行，目标是确认气雾室内具备足够浓度的初始菌浓以保证消杀效率评价结果具备必要的统计意义；阴性对照在试验结束后进行，使用剩余的培养皿以及中和剂等进行细菌培养与计数，目的是确认试验试剂均处于正常无菌条件，不会对试验结果产生影响。

而现场试验一般在实际建筑房间内采用大气自然菌进行试验，由于现场试验环境条件变化较多，难以统一，无法测定准确的自然沉降率，因此只按所得消亡率（自然衰亡和消毒处理中杀菌的综合效果）做出验证结论，消亡率的计算按下式进行：

$$消亡率 = \frac{消毒前样本平均菌数 - 消毒后样本平均菌数}{消毒前样本平均菌数} \times 100\% \qquad (11\text{-}3)$$

丁年平等[86]利用 30m³ 环境舱对空气净化装置微生物净化消毒效果评价试验的影响因素进行研究，研究结果表明试验微生物气溶胶的稳定性是影响试验结果的关键因素，试验舱环境温度为 (23±2)℃，相对湿度为 (55±5)% 时，白色葡萄球菌气溶胶具有较好的稳定性；净化装置效率越高，自然衰减率对于试验结果的影响越小；在自然衰减率相对稳定的条件下，初始菌浓越高则测的净化效率越高，但若初始浓度超过 $5.0 \times 10^5 CFU/m^3$，则初始菌浓的计数多不可计。

11.5.2 空气净化装置对微生物气溶胶的一次通过效率评价

空气净化装置对房间的循环消毒效果不仅受到自身净化效率高低的制约，也受房间体积大小、形状、层高等实际条件限制，带来的问题一是环境舱试验结果不等于净化装置在实际应用环境的净化效果，二是同一台净化装置在不同房间、不同环境下的实际净化效率不一致，甚至可能存在较大差异。因此，通过空气循环消毒效果评价的方式往往难以对不同的空气净化设备实际净化效果进行高一致性的科学评价。对空气净化装置或空气净化装置中的有效功能部件进行微生物气溶胶的一次通过效率试验与评价就成为比较不同设备优劣的简单有效方法。

目前在国际上尚没有针对空气净化装置的微生物气溶胶一次通过效率试验标准，但在我国，由中国建筑科学研究院主编的《通风系统用空气净化装置》GB/T 34012—2017[87]规定了用于通风空调系统的空气净化装置微生物气溶胶一次通过效率试验方法以及效率分级标准。在试验方法方面，该标准采用与《消毒技术规范》一致的试验菌株——白色葡萄球菌作为标准试验菌株，以避免不同试验因采用不同耐受性微生物导致的试验结果差异。标准也容许试验采用其他菌株进行试验，以满足不同用户对于净化装置对特定微生物或真菌以及病毒等其他类别微生物的净化效率评价需求，但规定必须标明试验菌株的名称以及菌种编号，以保证试验结果的可追溯性。

在具体试验流程方面，鉴于本章前述的试验发生微生物气溶胶尺寸偏大，必须考虑试验微生物气溶胶在试验风道内沉降损失对试验结果的不利影响，对此，GB/T 34012 标准与《消毒技术规范》一样，规定必须进行对照组检测以定量评价微生物气溶胶在试验风道内的沉降损失，并在净化效率计算中剔除沉降损失的影响。对照组的试验条件、试验流程与实验组基本一致，区别在于对照组试验中测试段并不安装任何待测净化装置，其目的只是定量评价在同等试验条件下，试验风道上下游采样口间的微生物气溶胶沉降损失。试验组以及对照组试验均应至少重复 3 组，取平均值并按下式计算被测空气净化装置的微生物净化效率。

$$E_w = \frac{\overline{C_u}(1-N) - \overline{C_d}}{\overline{C_u}(1-N)} \times 100\% \qquad (11\text{-}4)$$

式中：E_w——空气净化装置微生物净化效率，%；

$\overline{C_u}$——试验组上游采样处平均试验菌浓度，CFU/m³；

$\overline{C_d}$——试验组下游采样处平均试验菌浓度，CFU/m³；

N——试验台自然消亡率，应按式（11-5）进行计算：

$$N = \frac{\overline{C_u'} - \overline{C_d'}}{\overline{C_u'}} \times 100\% \tag{11-5}$$

式中：$\overline{C_u'}$——对照组上游采样处平均试验菌浓度，CFU/m^3；

　　　$\overline{C_d'}$——对照组下游采样处平均试验菌浓度，CFU/m^3。

依据试验结果，GB/T 34012 将空气净化装置按微生物气溶胶净化效率等级分为 A、B、C、D 四个等级，对应净化效率分别为＞90%、70%～90%、50%～70% 以及 20%～50%。路宾等[88]曾按标准方法对 52 台空气净化设备的微生物一次通过效率，检测结果分布比例见表 11-13。从检测结果汇总可知，效率低于 10% 的产品占样品比例的 10% 以下，效率不低于 70% 的样品比例占 70% 以上，且效率不低于 90% 的样品比例在 30% 以上。测试数据的统计结果标明，GB/T 34012 对净化效率的指标分级要求分布规律大体满足正态分布，市场上绝大多数的产品净化效率评定结果能满足标准所要求的效率分级要求。

52 台空气净化设备的微生物一次通过效率检测结果汇总　　表 11-13

效率（%）	样品数目	比例（%）
$\eta \geqslant 90$	17	32.7
$70 \leqslant \eta < 90$	21	40.4
$50 \leqslant \eta < 70$	10	19.2
$20 \leqslant \eta < 50$	4	7.7
$\eta < 20$	0	0

11.6　小结

本章对环境空气中微生物的净化处理技术、空气悬浮微生物的评价技术以及空气净化装置微生物净化处理效果的评价技术进行了介绍。总体而言，对于处理空气悬浮微生物，尤其是致病微生物，应在保证效果的基础上尤其关注所应用技术的安全性问题，就目前的国内外研究基础来看，通过控制过滤器使用环境的温湿度条件可至少在很大程度上解决过滤器上微生物孳生问题，但同时需要关注医院、隔离病房、科研实验室以及疫苗生产研发设施等高危环境中的过滤器安全更换问题。而对于紫外线照射消毒技术，其在杀菌高效、快速、经济性等方面的优点已得到充分的验证与认可，但对于消毒可逆性、诱导微生物变异的方向、频率等方面虽得到一些研究关注，但仍缺乏充分的基础科学研究，将紫外线照射消毒技术应用于物品表面消毒以及小型密闭空间空气消毒的有效性充分得到了实际工程验证，但应用于大型空调通风系统等其他工程领域，还需进行大量的基础医学以及工程应用研究，以提高安全可靠性。

环境空气微生物评价目前正经历着从传统采样培养计数，向更快速实时监测技术迈进的快速变革阶段，基于 UV-LIF 的实时荧光监测技术虽然已有商业化设备面试，但从技术成熟度角度仍处于较为初级的阶段，存在着无法识别微生物种类、对芽孢等微生物难以识别以及部分非生物性物质可导致假信号等问题，这些都是未来研究工作的主要方向。

参考文献

［1］ 于玺华. 现代空气微生物学［M］. 北京：人民军医出版社，2002.

［2］ Rao C Y，Burge H A，Chang J C S. Review of quantitative standards and guidelines for fungi in indoor air［J］. Journal of the Air & Waste Management Association，1996，46（9）：899-908.

［3］ Mandal J，Brandl H. Bioaerosols in indoor environment - a review with special reference to residential and occupational locations［J］. Open Environmental & Biological Monitoring Journal，2011，4（1）：83-96.

［4］ ACGIH. Threshold limit values（TLVs）for chemical substances and physical agents and biological exposure indices（BEIs）［R］. USA，2009：223-226.

［5］ OSHA Technical Manual（OTM）Section Ⅲ：Chapter 2，Occupational Safety and Health Administration（OSHA），https://www.osha.gov/dts/osta/otm/otm_iii/otm_iii_2.html

［6］ Brief R S，Bernath T. Indoor pollution：Guidelines for prevention and control of microbiological respiratory hazards associated with air conditioning and ventilation systems［J］. Appl Indoor Hygienes，1988，3（3）：5-10.

［7］ Canada H. Exposure guidelines for residential indoor air quality［R］. Qualidade Do Ar，1995：13.

［8］ Canada H. Indoor air quality in office buildings：A technical guide［R］. Qualidade Do Ar，1995：45.

［9］ WHO. Indoor air quality：Biological contaminants［J］. Who Regional Publications European，1990，31：1-67.

［10］ Wanner H U，Gravesen S. Biological Particles in Indoor Environments：European Collaborative Action［M］. Luxembourg：Commission of the European Communities，1993.

［11］ Institutfür Arbeitsschutz der Deutschen Gesetzlichen Unfallversicherung（IFA）. Verfahren zur bestimmung der schimmelpilzkonzentration in der luft am arbeitsplatz（＃9420）［S］. Berlin，Germany：Erich Schmidt Verlag，2001：8.

［12］ Institut für Arbeitsschutz der Deutschen Gesetzlichen Unfallversicherung（IFA）. Verfahren zur bestimmung der bakterien konzentration in der luft am arbeitsplatz（＃9430）［S］. Berlin，Germany：Erich Schmidt Verlag，2004：2.

［13］ Nevalainen A. Bacterial aerosols in indoor air［M］. National Public Health Institute，Canada，1989.

［14］ Pegas P N，Evtyugina M G，Alves C A，et al. Outdoor/indoor air quality in primary schools in Lisbon：A preliminary study［J］. Química Nova，2010，33（5）：1145-1149.

［15］ State Committee for Hygiene and Epidemiological Surveillance. Maximum allowable concentrations of harmful substances in workplace air［S］. In Toksikologiceskij Vestnik，July 1993，1，pp. 38-44.

［16］ 张进. 室内空气微生物污染与卫生标准建议值［J］. 环境与健康杂志，2001，18（4）：247-249.

［17］ 张铭建，曹国庆. 国内外室内空气微生物限值标准简介及对比分析［J］. 暖通空调，2019，49（5）：40-45.

［18］ 同济医护大学环境卫生教研室. GB/T 17093—1997 室内空气细菌总数卫生标准［S］. 北京：中国标准出版社，1997.

［19］ 中国疾病预防控制中心. GB/T 1883—2002 室内空气质量标准［S］. 北京：中国标准出版社，2002.

［20］ 中国疾病预防控制中心环境与健康相关产品安全所. WS 394—2012 公共场所集中空调通风系统卫生规范［S］. 卫生部，2012.

［21］ 香港特别行政区政府室内空气质量管理小组. 办公室及公众场所室内空气质量指引，2019.

［22］　李恒业. 大气中生物粒子的等效率直径及其有效滤材的研究 ［C］. 中国电子学会洁净技术学会第二届学术年会论文集，1986，170-174.

［23］　涂光备，张少凡. 纤维型滤料滤菌、滤尘效率关系的研究 ［J］. 洁净技术，1990（2）：20-21.

［24］　Karin K F，James T. Hanley，ASHRAE 909-RP，Determine the efficacy of antimicrobial treatments of fibrous air filters ［R］. ASHRAE，1996：9.

［25］　Sellers R F，Parker J. Airborne excretion of foot-and-mouth disease virus ［J］. The Journal of Hygiene，1969，67（4）：671-677.

［26］　薛广波. 现代消毒学 ［M］. 北京：人民军医出版社，2002.

［27］　丁有生. 紫外杀菌灯技术与应用 ［J］. 灯与照明，2015（39）：1-4.

［28］　于玺华. 空气净化是除去悬浮菌的主要手段 ［J］. 暖通空调，2011，41（2）：32-37.

［29］　Tian E，Mo J，Long Z，et al. Experimental study of a compact electrostatically assisted air coarse filter for efficient particle removal：Synergistic particle charging and filter polarizing ［J］. Building & Environment，2018，135：153-161.

［30］　毛华雄，徐文华. 空调系统中使用静电净化器的探讨 ［J］. 洁净与空调技术，2007（1）：31-34.

［31］　王志勇，邓高峰，徐昭炜，等. 静电式空气净化器对 $PM_{2.5}$ 净化效果研究 ［J］. 环境与健康杂志，2013.7（30）：643-644.

［32］　郭佳佳. 玻璃纤维和化学纤维滤料对悬浮细菌颗粒物的过滤性能研究 ［D］. 天津：天津大学，1997.

［33］　刘新，康颖，邹芳，等. 电晕放到自由基簇射技术杀菌试验研究 ［J］. 载人航天，2015（21）：125-129.

［34］　董非，李爱萍，杨彬，等. 医用空气净化消毒器杀菌效果的试验观察 ［J］. 中国卫生检验杂志，2007，017（006）：1088-1089.

［35］　韩贵媛. 微生物气溶胶在纤维滤料上过滤和繁殖规律的研究 ［D］. 天津：天津大学，2011.

［36］　孟蕾. 微生物气溶胶在空气纤维滤料上的繁殖和次生污染研究 ［D］. 天津：天津大学，2012.

［37］　Kemp P，Neumeister-Kemp H，Lysek G，et al. Survival and growth of micro-organisms on air filtration media during initial loading ［J］. Atmospheric Environment，2001，35（28）：4739-4749.

［38］　Martikainen P J，Asikainen A，Nevalainen A，et al. Microbial growth on ventilation filter materials ［J］. Indoor Air，1990（3）：203-206.

［39］　Neumeister H G，Moritz M，Schleibinger H，et al. Investigation on allergic potential induced by fungi on air filters of HVAC systems ［J］. Indoor Air，1996（3）：125-130.

［40］　Verdenelli M，Cecchini C，Orpianesi C，et al. Efficacy of antimicrobial filter treatments on microbial colonization of air panel filters ［J］. Journal of Applied Microbiology，2003，94（1）：9-15.

［41］　Wang Z. Survival of bacteria on respirator filters ［J］. Aerosol Science & Technology，1990，30（3）：300-308.

［42］　许钟麟，赵伟，孙宁. 适用于医院净化空调机组的干燥灭菌装置 ［P］. 实用新型专利，专利号201520478015.9

［43］　韩文东，孙志平，丁悦娜，等. 生物安全三级实验室核心区排风高效空气过滤器原位消毒的研究 ［J］. 微生物与感染，2012，7（3）：146-151.

［44］　居喜娟，薛广波，卞雪莲，等. 紫外线空气消毒器除菌效果的研究 ［J］. 中国消毒学杂志，1994，11（4）：223-226.

［45］　张娟银，朱军. 紫外线空气消毒所产生臭氧引起呼吸道过敏病例报告 ［J］. 中国消毒学杂志，1996，13（2）：100-101.

［46］　张润莉，李凤英. 紫外线空气消毒致病人呼吸抑制一例报告 ［J］. 中华护理杂志，1997，32（4）：248.

［47］ 于玺华. 紫外线照射消毒技术的特性及应用解析［J］. 暖通空调，2010（07）：68-72.

［48］ 沈同，王镜岩. 生物化学［M］. 北京：高等教育出版社，1998.

［49］ 池振明. 现代微生物生态学［M］. 北京：科学出版社，2006.

［50］ Meckes M C. Effect of UV light disinfection on antibiotic-resistant coliforms in wastewater effluents［J］. Applied and Environmental Microbiology，1982，43（2）：371-377.

［51］ 陈艳华，李晖，陆一平，等. 医院空气中细菌分类及耐药性分析［J］. 中国抗生素杂志，2006，31（8）：505-507.

［52］ 王燕，周垚，张映华，等. 紫外线照射对细菌耐药性的影响［J］. 中华医院感染学杂志，2010（20）：3355-3356/3363.

［53］ 孙荣同，王明义，高海娥. 紫外照射对两种不同类型细菌的影响［J］. 中国消毒学杂志，2009，26（2）：158-161.

［54］ Burget H A，Solomon W R. Sampling and analysis of biological aerosols［J］. Atmospheric Environment，1987，21：451-456.

［55］ Griffiths W D，Stewart I W，Futter S J，et al. The development of sampling method for the assessment of indoor bioaerosols［J］. Journal of aerosols science，1997，28：437-457.

［56］ Alvarez A J，Buitner M P，Stetzenbach L D. PCR for Bioaerosol Monitoring：Sensitivity and Environmental Interference［J］. Applied and Environmental Microbiology，1995，61：3639-3644.

［57］ Blachere F M，Lindsley W G，Slaven J E，et al. Bioaerosol sampling for the detection of aerosolized influenza virus［J］. Influenza and Other Respiratory Viruses，2007，1（3）：113-120.

［58］ May K R，G J Harper. The efficiency of various liquid impinger samplers in bacterial aerosols［J］. Br. J. Ind. Med. 1957，14：287-297.

［59］ Duchaine C，Theorne P S，Meriaux A，et al. Comparison of endotoxin exposure assessment by bioaerosol impinger and filter-sampling methods［J］. Applied and Environmental Microbiology，2001，67（6）：2775-2780.

［60］ Foarde K K，Hanley J T，Ensor D S，et al. Development of a Method for Measuring Single-Pass Bioaerosol Removal Ef. Ciencies of a Room Air Cleaner［J］. Aerosol Science and Technology，1999，30：223-234.

［61］ Richardson A W，Eshbaugh J P，Hofacre K C，et al. Respirator Filter Efficiency Testing against Particulate and Biological Aerosols under Moderate to High Flow Rates［J］. Battle memory institute and ECBC，2006.

［62］ Harstad J B. Sampling submicron T1 bacteriophage aerosols［J］. Applied Microbiology，1965，13（6）：899-908.

［63］ Shipe E L，Tyler M E，Chapman D N. Bacterial aerosol samplers：Ⅱ. Development and evaluation of the Shipe sampler［J］. Appl. Microbiol. 1959，7：349-354.

［64］ Tyler M E，Shipe E L. Bacterial aerosol samplers：Ⅰ. Development and evaluation of the all-glass impinger［J］. Appl. Microbiol. 1959，7：337-349.

［65］ Tyler M E，Shipe E L，Painter R B. Bacterial aerosol samplers：Ⅲ. Comparison of biological and physical effects in liquid impinger samplers［J］. Appl. Microbiol. 1959，7：355-362.

［66］ Lin X，Willeke K，Ulevicius V，et al. Effect of sampling time on the collection efficiency of all-glass impingers［J］ American Industrial Hygiene Association Journal，1997，58：480-488.

［67］ T horne P S，Kiekhaefer M S，Wgtten P，et al. Comparison of Bioaerosol Sampling Methods in Barns Housing Swine［J］. Applied and Environmental Microbiology，1992，58：2543-2551.

［68］ Parsons D，Nanduri J，Celik I. Collection efficiency of a personal cyclone sampler［J］. Options for control of influenza V1，2007，June 17-23.

[69] Lighthard B，Tong Y. Measurementg of total and culturable bacteria in the alfresco atmosphere using a wet-cyclone sampler [J]. Aerobiologia，1998，14：325-332.

[70] Moncla B W，A study of Bioaerosol Sampling Cyclones [D]. Taxas：A&M University，2004.

[71] Lindsley W G，Schmechel D，Chen B T. A two-stage cyclone using microcentrifuge tubes for personal bioaerosol sampling [J]. Journal of Environmental monitoring，2006，8：1136-1142.

[72] Sigaev G I，Tolchinsky A D，Sigaev V I，et al. Development of a cyclone-based aerosol sampler with recirculating liquid Film：Theory and experiment [J]. Aerosol Science and Technology，2006，40：293-308

[73] Aizenberg V，Grinshpun S A，Willeke K，et al. Measurement of the sampling efficiency of personal inhalable aerosol samplers using a simplified protocol [J]. Journal of Aerosol Science，2000，31，169-179.

[74] Agranovski I E，Safatov A S，Borodulin A I，et al. New personal sampler for viable airborne viruses：Feasibility study [J]. Aerosol Science，2005，36：609-617.

[75] Kenny L C，Stancliffe J D，Crook B，et al. The adaptation of existing personal inhalable aerosol samplers for bioaerosol sampling [J]. American Industrial Hygiene Association Journal，1998，59：831-841.

[76] Wang Z，Reponen T，Grinshpun S A，et al. Effect of sampling time and air humidity on the bioefficiency of fter samplers for bioaerosol collection [J]. Journal of aerosol science，2001，32：661-674.

[77] Heldal K，Skogstad A，Eduard W. Improvements in the quantification of airborne micro-organisms in the farm environment by epifluorescence microscopy [J]. Annals of Occupational Hygiene，1996，40：437-447.

[78] Faris G W，Copeland R A，Mortelmans K，et al. Spectrally resolved absolute fluorescence cross sections for bacillus spores [J]. Applied Optics，1997，36：958-967.

[79] Seaver M，Eversole D，Hardgrove J，et al. Size and fluorescence measurements for field detection of biological aerosols [J]. Aerosol Science and Technology，1999，30：174-185.

[80] Ho J. Future of biological aerosol detection [J]. Analytica Chimica Acta，2002，457：125-148.

[81] Agranovski V，Ristovski Z，Hargreaves V，et al. Real-time measurement of bacterial aerosols with the UVAPS：Performance evaluation [J]. Journal of aerosol science，2003，34：301-317.

[82] Eversole J D，Cary W K J，Scotto C S，et al. Continuous bioaerosol monitoring using UV excitation fluorescence：outdoor test results [J]. Field Analytical Chemistry and Technology，2001：15 (4)：205-212.

[83] Vasanthi S，Alan L H，Cathy S，et al. Multiple UV wavelength excitation and fluorescence of bioaerosols [J]. Optics Express，2004，12 (19)：4457-4466.

[84] Cheng Y S，Barr E B，Fan B J，et al. Detection of Bioaerosols Using Multiwavelength UV Fluorescence Spectroscopy [J]. Aerosol Science and Technology，1999，30：186-201.

[85] 中华人民共和国卫生部. 消毒技术规范. 北京：中国标准出版社，2002.

[86] 丁年平，张增峰，杨永强，等. 空气净化与消毒装置除菌效果影响因素研究 [J]. 中国消毒学杂志，2017，34 (3)：232-235.

[87] 中国建筑科学研究院有限公司. GB/T 34012 通风系统用空气净化装置 [S]. 北京：中国标准出版社，2017.

[88] 路宾，孙峙峰，徐昭炜，等. 国家产品标准《通风系统用空气净化装置》（GB 34012—2017）简介 [J]. 暖通空调. 2019. 49 (7)：11-16.